王　樹　槐　著
# 上海電力産業史の研究
The Historical Study of Shanghai Electric Power Industry, 1904〜1937

ゆまに書房

Wang Shu-huai
The Historical Study of Shanghai Electric Power Industry,1904〜1937
©Wang Shu-huai,2010
This translation is published by permission of the author.
Yumani Shobou,2010
ISBN978-4-8433-3063-0

# はじめに

　私が本書の訳者の一人である金丸裕一教授と知り合ったのは，およそ18～19年前のことになる。私たちは研究課題(中国の初期の電力産業)を同じくする研究仲間というべき間柄である。金丸教授の修士論文「中国の工業化と電力産業―抗戦前の上海市・江蘇省を中心に」は，民国80 (1991) 年1月に提出され，私の最初の中国電力産業史に関する論文「中国早期的電気事業，1882－1928」もまた同年3月に公刊された。それ以来の知り合いである。爾来互いに電力産業史に重点をおいて研究を進め，気がつけば早くも20年にもなろうとしている。お互いに研究で得たものは共有し，研究史料も交換してきた。私が金丸教授に送ったものは多くなかったが，金丸教授からは非常に多くのものをいただいた。しかもそれは非常に貴重な内容も含むものであったので，心から感謝している。

　齢を重ねた私は10年ほど前に一線を退き，その後は電気に関する研究も大いに減じて3本の論文を発表したに止まる。今回，現役中に執筆したものを中心に，6篇からなる論文が日本語で学術書として公刊される機会を得た。私は，多忙な業務にも拘わらず翻訳・編集作業に精励してくださった3人の日本人研究者に対して，心から謝意を表したいと思う。学術に国境が無いという確信が，私たちを結ぶ絆である。

　中国の初期の電気事業は，誕生した時から極めて困難な状況下におかれていた。中国人が設立した発電所の規模は小さく設備も粗末なものであった。出資した資金を失う事例がほとんどであり，生き延びることができた会社は多くない。その原因を推断して言えば，需要状況と供給状況の双方に問題があったのである。電気を供給する事業者は，資金は足りず人材も欠乏し，設備は劣悪で技術は低かった。そうした一方で需要状況はどうであったかというと，電灯を中心にした利用だけでは消費量は少なかった。電灯に換えずともランプなどは長年用いられ生活に密着しており安価でもあったので，桐油や灯油は重宝され続けた。熱源についても石炭や木材が何処にでもあり，低廉でもあったため電熱器具が市場でこれと競うというのは難事であった。そのため電熱用としての使用量も，微々たるものに止まった。電気が利用され

るかどうかはまさに発電所の死命であったが，それを左右したのは利用者であった。しかし，利用者はよく電気の利用を中止したり，料金支払いを拒否したりもした。こうしたことはよくおこり，事業者にとっては利用者が深刻な脅威でもあった。タチが悪い利用者がいた上に盗電行為も多く発生していた。これに加えて，軍隊・政府機関・社会団体・地方実力者などは電気を利用しはするが，料金を支払わないということも多かった。このため販売することができた電気の量というのも限られたものとなってコストは上昇し，電気料金が引き上げられもした。誠実な利用者にとってみれば甚だ不公平な状態であったし，電気料金が高くなると新たに顧客を獲得することは更に難しくなり，需要者の増加は遅々として進まなかった。このような需要する（と期待されていた）側と供給する側の諸要因が，電気事業の発展を大きく阻害していたのである。

　電気事業の発展は，人々が経済的な豊かさや質の高い生活を望む限り，求めざるを得ないものである。とりわけ最も強くもたれた期待は，各地で工業が発展して電力需要が増大することであった。大量の電力消費が電気事業の発展を促すことが期待されたのである。工場で大量に電力が消費されることにより電気事業の経営が順調となり，更に利便性が高い安価な電力が供給されるようになれば，工業の更なる発展も促されたはずである。上海は中国でも最も豊かな地域であり，工業もまた最先端の水準にあったので，上海の電気事業は発達し，需要（消費）する側と供給する側のバランスも他の地域と比較すると格段に良好であった。盗電行為や電気料金をめぐる紛争は頻繁に発生していたが，利用者数が最も多かった上海ではこの種のトラブルは少なかった。これは上海の恵まれた環境による賜物であろう。電力産業の発展は各地の社会の動態と密接な関わりがあったのである。

　本書に収録された6篇の論文は，上海における中国人が経営する主だった電力産業（滬西公司については中外合弁であり，経営権はなお外資の上海電力公司に掌握されていたが）を扱っているが，全ての企業を網羅してはいない。上海特別市（1927年の設置当時に接収されていなかった市郷を含む）全体には，他にも10数ヶ所の小規模発電所が存在しており，それらの動向と意義も検討するに値するであろう。以下，簡単に紹介する。

　1．呉淞宝明電気公司（1918年設立，資本金15万元，発電容量274kW）は，1930

年以降閘北水電公司から買電して転売していたが，1932年には同公司に買収された。
2．真茹区真茹電気公司（1918年，一説には1923年設立，資本金約3万元，発電容量37kW）は，1928年以降閘北水電公司から買電して転売。
3．閔行振市電灯廠（旧称は閔行電灯公司，1918年設立，資本金約3万元，発電容量37.5kW）は，華商電気公司の電気を転売していた。
4．高橋電灯公司（1918年，一説には1924年設立，資本金約2万元，発電容量48kW）は，1926年に浦東電気公司に併合された。
5．周浦鎮大明電気公司（1919年設立，資本金約1.2万元，発電容量15kW）は，1926年に浦東電気公司に併合された。
6．宝山淞浜電廠（1919年に設立申請，資本金約3万元，発電容量75kWの計画）は，正式には開業しなかったようであり，発電所関連の機材は閘北水電公司に買い取られた。
7．大場大燿余記電灯公司（1922年設立，資本金約2万元，発電容量30kW）は，1928年以降閘北水電公司の電気を転売，のちに大燿英記電気公司と改称するが，買電・転売の構造には変化なし。
8．江湾電灯公司は，1923年に閘北水電公司に併合された。
9．羅店鑫記電灯公司（1923年設立，資本金約2万元，発電容量45kW）は，閘北水電公司の電気を転売していたが，のちに大明電灯公司と改称，大燿英記電気公司の電気を転売するようになった。
10．青浦七宝電気廠（1934年登記，資本金1.5万元，発電容量25kW）は，1935年以降興市電気公司から買電して転売を開始。
11．莘荘興市電気公司（1934年設立，資本金2万元）は，華商電気公司の電気を転売。
12．莘荘利生電灯碾米廠（資本金約0.7万元）は，興市電気公司の電気を転売していた。

ここに列挙した12か所の小規模発電所は，それぞれ大規模発電所に合併されたり，改組・改称を重ねて組織を維持したものもあり，という各社各様であったが，一様に発電施設そのものは発電を停止してしまった。大規模な発電所の側は小さな電気会社を合併したり，発電した電気を売りつける子会社化を飽きることなく進め，上海域内のみならず上海市外にもその対象を拡大

していった。これは，初期の電力産業が経なければならなかった変容でもあった。上海地域においては大規模発電所の発展は速かったが，小規模な発電所の側の対応も素早かったのである。併合されたことは依然利用価値があったということであり，買電・転売についても将来的な可能性を示していた。かかる状況は他の地域と比較した場合，大変うまく対応したといえる。何故ならば他地域の小型発電所のほとんどは採算割れを起こすと跡形もなく消え去っていったからである。

　上海の外資系の発電所は，上海電力公司（かつての工部局電気処）と上海法商電車電灯公司が二大勢力であった。これら外資発電所については林美莉女士が「外資電廠的研究，1882－1937」（国立台湾大学歴史研究所碩士論文，1990年6月）において詳論している。上海地域全体を意識するならば，外資系の電気会社もまた当然，研究の範囲に含めなければならない。外資系の発電所は中国の初期電気事業にとっては，模範であるとともに痛痒と覚醒を与え続けた存在であり，後には強力な競争者ともなった。たとえば越界路にまで電力を供給し，中国資本の発電所へ電力供給（卸電）し，甚だしきにいたっては中国側発電所の経営を肩代わりしようとしたなど，いずれも中国人をして主権の喪失を痛感せしめたものであった。中国側による域内電力供給権回復の試みは，うまくいったものとそうでなかったものがある。そうした一方，外資系の発電所と中国側の発電所との関係というものは，競争があったものの協力関係もあり，敵でありながら友でもあった。中外の発電所の経営比較をすることにより成功と失敗の原因も観察できる。

　本書に収録された6篇の論文が考察する対象は広範である。発電所経営者の智慧・性格・経営戦略，企業の資産・設備・財務状況，利用者の実態，電力需要状況などの検討の外に，政治的な問題や民営か官営かの争い，派閥間の離合集散や駆け引き，更に外資発電所との越界路における電力供給交渉などである。このような広範な側面を見なければいけないのであるから，電力産業の発展というものは単に経済的な問題に止まるものではなく，社会・文化・気風などの全てを内包する現象であることを窺い知ることができる。また，社会的動乱により電力産業が致命的な打撃を受けることもある一方で，電力産業の側は工業の発展を扶助し牽引するという最大級の貢献を社会に対して行いうるのである。金丸裕一教授の修士論文は，早い時期にこの要点を

的確に把握した成果であった。電力と工業というのは，それぞれ互いに相手を欠くことができない不可分の関係にあり，その相互間の関連についての着目が，正に私たちの研究の重点なのである。

　政府の役割も非常に重要であった。公共事業をどうするか，どのような政策を策定するか，関連業者と利用者の損益をどうするかは，いずれも重大な問題であった。政府は電気事業経営の安定継続とその発展を促さなければならない一方で，民衆が電気を利用したことよって生じる負担についても配慮しなければならなかった。この二つのバランスを保つことは難しいことだった。この他にも中央政府の主管機関と地方政府の所管機関との間でよく意見が異なり，時として主張が食い違い争った。初期に江蘇省公署と地方公団が（民営化をめぐって）省議会を巻き込んで争った事例があり，下って上海市公用局の施策が中央政府の建設委員会の政策に違背していたなどの事例もあった。全国的な状況もおよそ類似したもので，事業者・利用者・中央政府・地方政府の各四者のいずれもが，虚しさを嘆じたものである。

　中国語には「事在人為」という表現法がある。電力事業に関わった人材も専論するに値するだろう。建設委員会・経済部・資源委員会の一次史料の中には，多くの人事関係文書があり，データベース化して分析すれば，瞬時に正確な指標が得られるであろう。資源委員会は1935年から1937年にかけて全国的調査を実施し，『中国工程人名録』（長沙：商務印書館，1941年）として出版している。ここには２万人以上の学歴や経歴，また高等教育機関50校（このうち電機工程科系を設置する学校は21校を数える）の工程科系卒業生の姓名が附録されている。こうした史料を電算処理して分析すれば，当時の電力界における人員の状況が判るだろう。全国各地の発電所に任用された経営者（経理）・技師の履歴書も保存されているので，それを利用して経営の成否や興亡の因果関係を探ることも可能であろう。

　研究するべき課題はあまりにも多い。若い研究者にこの営為を引き継いでもらい，「中国初期電気産業発展史　1882－1937」を解明してもらいたい。先ず関連する数値データを整備し，時間・空間にそった比較分析を行って発展の傾向を理解する。次いで，各地の重要であると思われる発電所について個別実証研究を深め，個々の特殊な状況を明らかにする。更に，様々な視点から全国的な比較考察を行う。この３つの分析・研究に基づいた綜合的な議論

によって，中国の初期電力産業発展の全容の理解は端緒につき，その興亡の原因や社会に対する貢献についての知見も深まるであろう。このような研究展望が妥当であるか否か，専門家諸賢による教示を請うものである。

　最後になったが，本書を一読して下さる研究者，とりわけ日本において歴史研究や経済史研究に従事する友人の皆様には，忌憚なきご批判をいただければと熱望している。また，出版事業が困難な中，学術書の刊行を引き受け，また優れた編集の作業に従事して下さった東京・ゆまに書房編集部の方々に，感謝の意を表明して擱筆する。

2009年12月　於台北南港

王　樹　槐

# 目次

はじめに

## 第1章　上海華商電気公司の発展：1904-1937年
　はじめに …………………………………………………………………1
　第1節　公司の設立 ……………………………………………………1
　　　　第1項　内地電灯公司 …………………………………………2
　　　　第2項　華商電車公司 …………………………………………4
　　　　第3項　華商電気公司 …………………………………………5
　第2節　出資金と設備 …………………………………………………7
　第3節　営業の拡大 ……………………………………………………11
　第4節　財務概況 ………………………………………………………14
　　　　第1項　資産と負債 ……………………………………………14
　　　　第2項　収支と損益 ……………………………………………17
　結　論 ……………………………………………………………………20

## 第2章　上海閘北華水電公司の電気事業：1910-1937年
　はじめに …………………………………………………………………25
　　　　第1項　官民合弁期（1910-1914） ……………………………26
　　　　第2項　官営期（1914-1924） …………………………………27
　第1節　組織と人事 ……………………………………………………29
　第2節　資金の調達 ……………………………………………………33
　第3節　設備と電力量 …………………………………………………36
　　　　第1項　発電設備と発電量 ……………………………………36
　　　　第2項　送電設備 ………………………………………………37
　第4節　営業の拡大 ……………………………………………………43
　　　　第1項　電気会社の買収 ………………………………………44
　　　　第2項　区内の電力供給権の回収 ……………………………44
　　　　第3項　同業電気会社への電力販売 …………………………45
　　　　第4項　利用者の増加 …………………………………………48
　第5節　財務概況 ………………………………………………………50
　　　　第1項　資産と負債 ……………………………………………50
　　　　第2項　収支と利益 ……………………………………………52
　結　論 ……………………………………………………………………57
　　　　第1項　周辺地域への貢献 ……………………………………59
　　　　第2項　租界電気業からの刺激 ………………………………59
　　　　第3項　政府の政策 ……………………………………………60
　　　　第4項　消費者との良好な関係 ………………………………61

## 第3章　上海閘北水電廠の民営化をめぐる抗争：1920-1924年

はじめに …………………………………………………………… 67
第1節　事の発端 ………………………………………………… 69
第2節　争論のはじまり ………………………………………… 72
　　第1項　淞浜公司設立の企て ……………………………… 72
　　第2項　沈鏞らの完全民営化案提出 ……………………… 76
　　第3項　民営化反対の声 …………………………………… 78
　　　　（1）民営化への直接的反対 …………………………… 78
　　　　（2）民営化への間接的反対 …………………………… 79
　　　　（3）水電廠長からの職権奪取の企み ………………… 80
　　　　（4）淞浜公司復活の陰謀 ……………………………… 80
　　第4項　民営化論 …………………………………………… 81
　　　　（1）官営と官民合弁への反対論 ……………………… 81
　　　　（2）市営化への反対論 ………………………………… 81
　　　　（3）廠長交代への反対論 ……………………………… 82
　　　　（4）淞浜公司復活への反対論 ………………………… 82
　　第5項　省公署の態度と商民の反発 ……………………… 83
　　第6項　省民合資案の省議会通過 ………………………… 85
第3節　暴露戦と妥協 …………………………………………… 88
　　第1項　告発と告訴の応酬 ………………………………… 88
　　第2項　省議会の乱闘と民営化案の可決の真偽について … 91
　　第3項　廠務委員による接収の試みと公団代表との妥協 … 93
　　第4項　廠産の争議 ………………………………………… 97
　　　　（1）廠産額とその所属について ……………………… 97
　　　　（2）見積問題 …………………………………………… 99
　　　　（3）営業権問題 ………………………………………… 100
第4節　抗争と終結 ……………………………………………… 102
　　第1項　争いの再燃 ………………………………………… 102
　　第2項　争いのピーク ……………………………………… 107
　　第3項　余波いろいろ ……………………………………… 109
結　論 ……………………………………………………………… 111

## 第4章　浦東電気公司の発展：1919-1937年

はじめに …………………………………………………………… 127
第1節　童世亨について ………………………………………… 127
第2節　公司の設立と組織 ……………………………………… 130
第3節　資金・設備と電気量 …………………………………… 135

　　　　第4節　営業の拡充 ……………………………………………………140
　　　　第5節　外部からの妨害と支援 ………………………………………145
　　　　　　　第1項　華商電気公司の妨害 ………………………………145
　　　　　　　第2項　浦東塘工局のいやがらせ …………………………147
　　　　　　　第3項　上海市公用局の苛求 ………………………………147
　　　　第6節　財務状況 ………………………………………………………154
　　　　結　論 …………………………………………………………………163

第5章　上海翔華電気公司：1923-1937年
　　　　はじめに ………………………………………………………………175
　　　　第1節　会社の設立と営業区の確定 …………………………………175
　　　　第2節　組織と人事 ……………………………………………………182
　　　　第3節　設備と電力量 …………………………………………………184
　　　　第4節　営業方針と概況 ………………………………………………187
　　　　第5節　財務概況 ………………………………………………………191
　　　　　　　第1項　資産と負債 …………………………………………191
　　　　　　　第2項　収支と利益 …………………………………………194
　　　　結　論 …………………………………………………………………198

第6章　滬西電力公司の設立をめぐる交渉：1932-1935年
　　　　はじめに ………………………………………………………………203
　　　　第1節　越界路に電力を供給する由来 ………………………………204
　　　　第2節　上海市政府の初期の対応 ……………………………………209
　　　　第3節　政府の最初の政策決定 ………………………………………212
　　　　第4節　交渉の過程と内容 ……………………………………………218
　　　　　　　第1項　法律 …………………………………………………221
　　　　　　　第2項　権利 …………………………………………………223
　　　　　　　第3項　財務 …………………………………………………227
　　　　　　　　　　（1）株式権利の配分 ……………………………227
　　　　　　　　　　（2）営業権の代価 ………………………………228
　　　　　　　　　　（3）報酬金 ………………………………………230
　　　　　　　　　　（4）減価償却 ……………………………………232
　　　　　　　　　　（5）電気料金問題 ………………………………234
　　　　第5節　上海市代表の失敗 ……………………………………………237
　　　　結　論 …………………………………………………………………247

　　　　訳者あとがき……………………………………………………………259

翻訳にかかわって …………………………………………………… 261

索引 ………………………………………………………………… 271

本文凡例
① 原著の注は、1),2),……という具合に示し、各省末尾ごとに収めた。
② 訳者による本文中の注記は、〔訳注： 〕として示した。
③ 訳者による補足は、本文中に適宜、（ ）、[ ]等で掲げた。

索引凡例
① 索引は、事項索引と人名索引とに分けて掲げた。
② 事項索引は、内容に即して重要な地名、会社、官署、事件などを採った。
③ 人名は、原則的にすべて拾ったが、「李某」などは採らなかった。

xiii

上海各電廠区域図

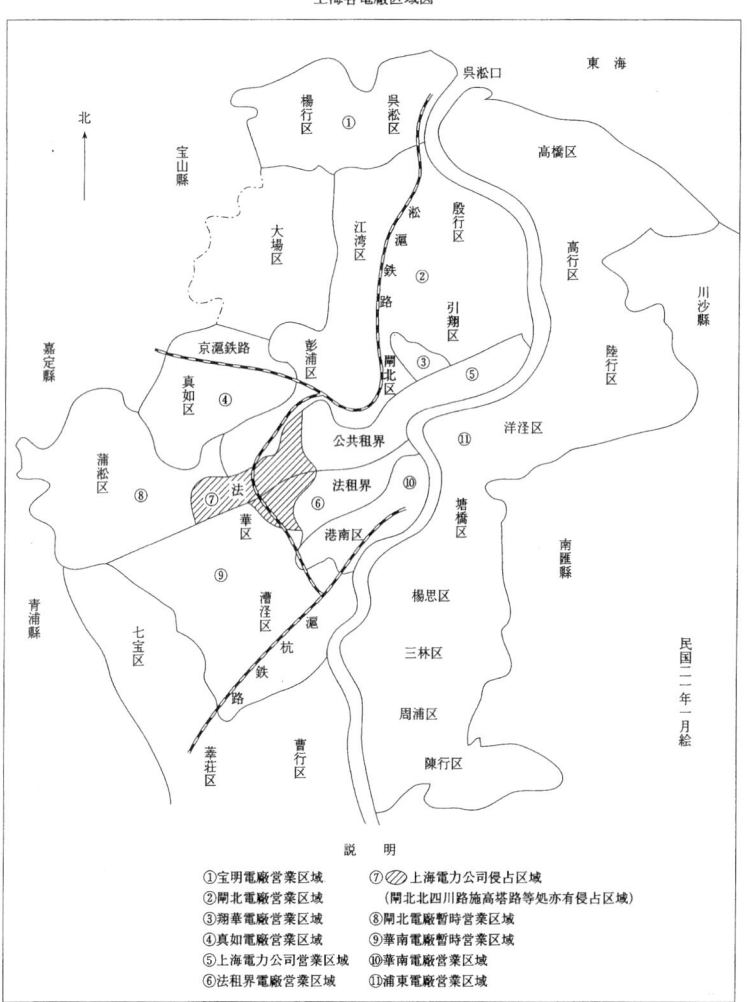

①宝明電廠営業区域
②閘北電廠営業区域
③翔華電廠営業区域
④真如電廠営業区域
⑤上海電力公司営業区域
⑥法租界電廠営業区域
⑦ 上海電力公司侵占区域
　（閘北四川路施高塔路等処亦有侵占区域）
⑧閘北電廠暫時営業区域
⑨華南電廠暫時営業区域
⑩華南電廠営業区域
⑪浦東電廠営業区域

民国二一年一月絵

出典：中国各大電廠紀要，34頁附図

# 第1章　上海華商電気公司の発展：1904-1937年

## はじめに

　電気事業は中国の伝統的社会にはなかった新しい産業である。新興の企業は社会の変容を体現するものであるが，旧中国の伝統の影から逃れきることもそうできない。上海の華商電気公司はそうした一例である。

　上海華商電気公司は，最も早い時期に中国人によって上海に設立された企業のひとつである。はじめは官営であった。設立準備は大変早く，1904年に上海の馬路総工程局が電灯部を設けたのが始まりである。1908年に民営化され「内地電灯公司」と改称した。1937年に日中戦争が勃発した時点で既に34年もの歴史があった。本稿ではその発展の経過を見る。本稿は企業史研究の一例として，構成も企業内部の経営状況の分析に重点を置く。また，電気事業は公共事業の一つであるので，それをとりまく諸環境とも密接な関係がある。その発展は周辺の電力需要によって定まり，社会への貢献もどれだけ電力を供給できたかに帰着する。企業と周辺の諸環境の関係との考察は利用者がどのような立場の人々であり，どのように振る舞った人々であったか，またどれだけの電気を使用したかによって観察することができる。そして，政府は電業者と利用者の間に在って，電業者の合理的な利潤を保障して電気事業を発展させるとともに，利用者の負担が適当かどうかにも注意を払わなければならない。

　政府がどのようにこの一新興企業に対応したかが，この華商電気公司の事例にあたって留意し答えを求めるべきことなのである。

## 第1節　公司の設立

　華商電気公司の前身は内地電灯公司である。1912年，内地電灯公司が華商電車公司を設立した。両企業はもともとは全く別個に経営していたが，1918年初頭合併し華商電気公司となった。まず両社の合併前の状況を見ておこう。

### 第1項　内地電灯公司

　内地電灯公司の前身の設立準備は蔡鈞が上海道台であった時（任期1897-1899）にすでに始まっており，銀8,895両で発電機を購入した。袁樹勳が上海道台であった1903年には大きな発電機を買い足し，銀13,000両を支払い，合計で31,500両余を支出した。電灯・電線・電信柱はその内には含まれていない[1]。1904年に上海の馬路総工程局は十六舗橋の南端に発電所を設けた。当時の電力はわずかなもので，外馬路と大埠頭大街一帯だけに供給した。これが南市の電灯の始まりである[2]。1905年，上海城廂内外総工程局がその経営と管理を引き継いだ。当時の電灯（16燭光計算）はおよそ1,100灯で，利用者の配分は表1の通りである。

　表1から街灯が占める割合が最も多く，官公署と発電所の割合は少なく，店舗と住居の電灯数の方が多いことが判る。毎月の支出は634.5両ある一方，収入の項目には店舗と住居があるだけで，それも全戸が収めたものではなかったため，毎月の収入はわずか97両であった[3]。もし1灯を最低で収入1.2両と見積もれば（最高1.8両），費用を支払っているのは80灯だけで，その他は全てさながら支払い免除扱いのような有様であった。電気の利用者の多くは特権階級の官僚であったことが想像できる。この官営の発電所の主な供電対象は街灯であり，官庁・官舎がそれに次ぎ，商店については三の次であったことが判る。

表1　利用者種別表　　　　　　　　　　　　　　　　　　（単位：灯数）

| 利用者種別 | 灯　数 | 1灯あたりの燭光数 | 16燭光換算数 | 合　計 | ％ |
|---|---|---|---|---|---|
| 沿浦大燈<br>老馬路等 | 40<br>71 | 192<br>32 | 480<br>142 | 622 | 56.5 |
| 官　公　署<br>總　　　局<br>発　電　所 | 31<br>12<br>13 | 32<br>32<br>32 | 62<br>24<br>26 | 112 | 10.2 |
| 商 店 住 居 | 225 | 16, 32 | 366 | 366 | 33.3 |
| 合　　　計 | 392 | | 1,100 | 1,100 | 100.0 |

出典：『上海市自治志』353頁。

内地電灯公司の毎月の赤字は約537両にもなっており，そのままでは経営は成り立たなかった。また同時に，電灯事業は広められるべき事業であるにも関わらず，政府は財政難であった。1906年，総工程局の理事たちが協議し，次のように決した。諸外国の電灯などの公共事業はすべて民営であるのだから，現有機械の見積価格を旧株とし，600株（1株100両）を新株として売り出して機械の購入に充てる。十六舗の小武当こと紫霞殿を改築して上海内地電灯公司にする。張煥斗（逸槎）を総経理に任じる。決議により制度を改めて株を売り出すと，一日で株式申込（認股）として10万元（約72,000両）を得たが，殊更に大きくする必要はないと提案する者があったので，それ以上増資はしなかった。現有機材は経年による腐蝕や壊損がみられ，外国人技師の見積もりにより機械部分を7,501両の株とした。不動産部分の評価額は10,350両であり，これに相当する株が上海道台により売却されて埋め合わせられた。

　紫霞殿は当時，警察の駐在場所になっていた。後方の建物には寺の住職が住んでおり，立ち退いてもいいと考えていたが，後に住民と連名で訴えた。上海県の調停を経て，会社が土地と建物の価格として5,919元を支払い，海音庵を修築して紫霞殿の神像を移し，引き続き住職として勤めることになった。この解決方法は，新興の商工企業の地方勢力に対する妥協と，政府が両者を調停したことを示している。

　こうして，1907年8月，（株式会社）内地電灯公司が正式に発足し，電線を通して電灯を点した。

　1908年9月以前の発電所の総工程局による負担分と収支状況は表2のとおりである。

　表2について補足すれば，1908年9月以降の電灯費収入は過去の未払い分

表2　発電所収支表，1905-1908
(単位：両)

| 時　　期 | 収入(電灯費) | 支出(発電所) | 支出(街灯)費 | 欠　　損 |
|---|---|---|---|---|
| 1905年10月-06年9月 | 2,863 | 7,781 | 2,768 | 7,686 |
| 06年10月-07年9月 | 3,060 | 7,604 | 5,210 | 9,754 |
| 07年10月-08年9月 | 488 | 6,751 | 6,051 | 12,314 |
| 合　　計 | 6,411 | 22,136 | 14,029 | 29,754 |

出典：『上海市自治志』118・123頁。

に充当されたが，発電所経費と街灯費の支出もあり，総工程局の赤字は以前にも増して厳しくなった。

1909年，内地電灯公司は分発電所を望道橋の水道事業所に建てた。1911年，上海市は金融危機に陥り資金繰りがうまくいかず，張煥斗はしばしば引退を口にした。会社組織は一新され，陸煕順（伯鴻）が経理となり，（経理を辞めた）張煥斗が補佐した。内地公司の経営は大変であったことが窺えよう。

### 第2項　華商電車公司

1911年，内地電灯公司は電車会社の設立を発起した。1912年2月，市政庁に内地公司の設立を上申していた時というのは，自治公所が南市への電車敷設を提議していた折りでもあったため，会社は電灯・電車の使用に適していると直流発電機を発注した。将来，電灯が増え電線が延長されたら交流発電機に改めればよく，直流電気は電車専用にすればよいと判断したのである。

電車会社設立のために提出した文書の要点は，以下の通りであった。

1．内地電灯公司は，水道事業所の大型発電機2台で電灯用に電力を供給しているが，使用量はわずか5分の3でしかない。その余りと現在使用されていない紫霞殿の小型発電機2台で電車8輌分の電力は充分なので新たに発電施設を造る必要がない。
2．先に電車の資本金15万元を募集して，電車車両を購入し，駅・線路・橋梁を建設する。
3．株の募集を容易にし，社長が安心して事業を進められるように，50年の専利権（特許）を与えてもらいたい。
4．将来，利益が上がれば，市政庁にも上納金（報効）を納める。
5．電灯・電車の経営は分け，互いに干渉させないようにする。
6．1カ月の見積もりは，収入9,000元，支出5,720元，利益は約3,000元。

市政庁は同意し，民政総長の李鐘珏（平書）が特に速く設立許可を出して，外国の企業が野心を逞しくするのを防いだ。発起人の18人の中に，市議員・市董事が3分の2を占めていたが，分割を画策したり，外国人に売り抜けするということはなく，設置建設が許された。会社は1913年3月に線路の敷設

表3　株式分散表

(単位：株)

| 項目　　　　　年 | 1918 | 1924 | 1928 | 1931 | 1934 |
|---|---|---|---|---|---|
| 増　加　株　数 | 10,000 | 10,000 | 10,000 | 10,000 | 10,000 |
| 購　買　株　主　数 | 118 | 163 | 347 | 228 | 630 |
| 株主あたりの平均数 | 847.5 | 613.5 | 288.2 | 436.7 | 317.5 |

出典：『建档』23-25-72, 26-1, 27-1。1株10元。

を始めた。創業時に横式双気筒直流発電機を使い，上記の申請書に従って操業・営業したが，資本金は40万元に改められた。先に受け入れた20万元を優先株とし，残りを普通株とした。株式募集の際に，半数の株は電灯公司の古くから株主が優先して購入した。株の官利（定率配当）はすべて年8％であった[12]。

1914年9月に，会社と市政庁との契約が成立した。要点は以下の通りである。

1．市政庁が電車路線の新規開設を希望する際には，必ず事前に華商に通知する。もし華商が引受けなければ，他から募集する。
2．華商の路線の200メートル以内には他の鉄道敷設を認めない。
3．華商の物品は税金を免除される。
4．市政庁は華商の一日の収入の3％を報酬金として得る。
5．営業期限は操業の日から数えて30年で，期限満了の際には市政庁が買い取って経営するか，華商が継続して営業するか，他人に経営させるかする。

この契約の主な内容は，業者の専営権と市政庁の報酬金を保障することを主眼とする簡単明瞭なものであった。会社の内部組織・設備・経営状況について市政庁は一切関与しなかった。電気事業について知らなかったためでもあるが，初期における政府の公共事業に対する態度は放任であった[13]。

### 第3項　華商電気公司

1918年，両社が合併し，華商電気公司となった。初期の会社の組織状況は

不明であるが，1929年末の組織は以下の通りであった[14]。
　この組織は適切なものだったのか，変更もされず1945年にも「協理（副社長）」というポストがあった[15]。
　株式の分散状況についての年毎の増資・購買状況は，以下の通りである。
　表3により，1928年に株主1人あたりの平均株数が最低であり，従来から

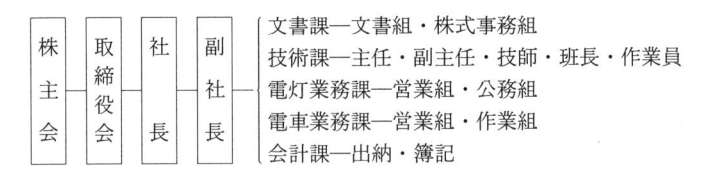

```
株主会 ― 取締役会 ― 社長 ― 副社長 ─┬─ 文書課―文書組・株式事務組
                                    ├─ 技術課―主任・副主任・技師・班長・作業員
                                    ├─ 電灯業務課―営業組・公務組
                                    ├─ 電車業務課―営業組・作業組
                                    └─ 会計課―出納・簿記
```

の株主の購入申込数が少ないことを説明している。一般の購入申込が多い原因は不明である。以前からの株主の購入数が少ないのは，1927年の北伐戦争による利益低減との関連ではないかと考えられ，旧来からの大株主はみな購入申込（認購）の量を減らしている。全体の傾向を見ると，1918年に合併した時の総株数，及び株主の数は最少であった。これは新会社が設立されたときには一般的な現象である。これ以降，増資分を購買する戸数は増加の傾向を見せた。株主1人あたりの平均株数が減少しているのは，株主の大衆化による。
　董事・監事の選出は所有する株式の権利を基準としながらも，持株数の多寡によらなかった。1934年を例にすると，杜月笙は1931年に1000株を購入しただけであり，凌伯華も1934年に500株を購入しただけであったが，彼らは強力な株主であった[16]。これは，持ち株数に関係なく支持がありさえすれば董監事に選出されることを説明している。杜月笙が支持されたのは，上海の裏社会の支配者であったためであるが，凌伯華が支持された理由は判らない。董事・監事の所有する株数は，1935年を例にすると，理事・監事22人で合計株数が129,657株，総経理の陸伯鴻の株数を加えると全部で146,528株であり，総数（50万株）の29.3％とかなりの割合を占めている。初期の董事・監事の姓名は判っていないが，しかし多くは大株主で，株式総数に占める董事・監事の株の割合はかなり高かったことは間違いないだろう。
　総経理の陸伯鴻は，名は熙順（上海人，1875-1937），清代の「秀才」で教会でフランス語と科学技術の知識を学び，『仏漢新辞典（法華新字典）』の編纂に

加わったこともある。外資会社（洋行）の職員を勤め，フランス租界の蒲石弁護士事務所に勤めていた（幇弁）。1911年に陸伯鴻は華商電気公司の経理に就任した。彼はこの外に閘北水電公司・大通仁記航業公司・和興碼頭堆棧公司の董事兼社長（総経理），新和興鋼鉄廠の董事，浦東電気公司・上海内地自来水公司の董事，上海フランス租界公董局の中国人董事など数々の職を兼ねていた。[17] その頭脳明晰，有能ぶりが窺える。

技師については，1918年の合併時には鄧根廉（無錫人，1897-?）が責任者だった。鄧は1918年に同済医工専門学科機械電工科を卒業し，1937年まで責任者として働いた。[18] 鄧の学歴と経歴は不十分のきらいがあり，会社の管理はよくなく，欠損が非常に多かった。このため，1923年に徐恩弟（呉興人，1890-?）をエンジニアとして招聘し，鄧を補佐にした。徐は1912年7月に上海工業専科学校（交通大学の前身）の電機系を卒業し，アメリカに留学して厚寧［コーネルか　詳細不明……訳者註］大学高等電気科1年に入り，アメリカのGeneral Electric Co.に実習エンジニアとして3年間勤め，帰国後は製造局の技師を1年，漢冶萍炭鉱のエンジニアとして6年勤めた。[19]（鄧根廉が参画した翌年）1924年，資本が増やされ設備も拡充されて経営が初めて軌道に乗った。年間の利益が約10万元となった。[20] 徐恩弟が会社に新たな基盤を作り上げたことが判る。1932年にはエンジニアを増やし，陸仲麟を雇い入れた。[21]

## 第2節　出資金と設備

華商公司の出資金の額面と払込済額は，表4のとおりである。

1918年の合併時，資本の額面は100万元であった。1937年には8倍に増え，払込済資本金は，約11倍に増えた。1918年の初期値が高いので増加率は高くなっていない。年ごとの払込済数と定額の差はほとんどなく，民間の株式購入と出資も活発であった。1934年，資本金はすでに600万元に達し，1936年には民営の発電所の第3位に位置することとなった。[22] 電気事業のほかに電車事業もあったが，1929年頃には電気部門の資本はまだ半数を占めるだけだった。[23] しかし，資金の大半は電気部門が使っている。1935年の固定資産を見ると，電気部門が74.4％を占め，電車部門が19.4％，業務部門が6.2％となった。[24] 600万元の中で，20％の資金が電車部門に消え，残りの480万元が電気部門に

使われていたことが判る。この金額を民営発電所の資金として他の会社と比較すると，第4位になる。

　会社の設備は，1918年の合併のときから直流発電機を使用していた。1921年10月，交流発電機に改め，4,000KVAの発電機を1台据え付けた。1923年7月に，8,000KVAの交流発電機1台を増設し，1926年3月に8,000KVAの発電機1台をまた増設した。こうして合計20,000KVAの発電容量，すなわち16,000ワットを保有するようになった。これ以降，1937年までこの出力を保った。

　南市の電力需要は切迫し，華商は1935年1月に新発電機15,000キロワット3台を据え付け，10月にジーメンス社に合計30,000キロワットの発電機2台を発注し，この工事完成の予定は1937年末を期していた。1937年に新工場が

表4　華商公司株式金額面及び払込済額　　　　（単位：元）

| 年別 | 株式額面 | 払込済額 |
| --- | --- | --- |
| 1918 | 1,000,000 | 740,000 |
| 1921 | 1,000,000 | 1,000,000 |
| 1922 | 1,000,000 | 1,000,000 |
| 1924 | 2,000,000 | 不　明 |
| 1926 | 3,000,000 | 不　明 |
| 1927 | 3,000,000 | 2,976,730 |
| 1928 | 3,000,000 | 2,992,980 |
| 1929 | 3,000,000 | 2,993,720 |
| 1930 | 3,000,000 | 2,993,960 |
| 1931 | 4,000,000 | 不　明 |
| 1932 | 4,000,000 | 3,792,608 |
| 1933 | 4,000,000 | 4,000,000 |
| 1934 | 6,000,000 | 6,000,000 |
| 1935 | 6,000,000 | 6,000,000 |
| 1936 | 6,000,000 | 6,000,000 |
| 1937 | 8,000,000 | 8,000,000 |

出典：陳真『中国近代工業史資料』第1輯619-621頁。厳震・王崇植『中国各大電廠紀要』（建設委員会，1932年）2-4頁。『中国年鑑』民国15年，下冊，957頁。『上海市年鑑』民国25年N38頁，民国26年N57頁。『上海市統計』民国22年「公用」6頁。『十年来上海市公用事業之演進』41頁。『中国電気事業統計』第6号17頁，第7号15頁。『中南支各省電気事業概要』109頁。

落成したが，日中戦争はすでに上海にまで広がり，華商は10月に発電機を停止し，やがて日本人によって華中水電公司に接収され，発電所内の機材は不幸にも北京［当時は北平と言った］の石景山鋼鉄工場（6,400キロワット）と博山発電所（3,200キロワット）に移設された。[26]

華商の電線設備については，表5の通りである。

1928年，会社はすでに相当の発展をみせ，電信柱6,127本を所有し，1936年には63％増加し，電線・地下ケーブルは約2倍に伸びた。電力供給していた地域が密集していたため，電線の増加が電信柱より多かった。

機械の使用と発電量の使用状況は表6の通りである。

表6は，機器が使用した電力（機量因素）はだんだん増え，機械が電力を消費するのが増えたことを示す。負荷として算出される電力分（負荷因素）もほぼ同様の増大する傾向を示しており，発電された電力がどんどん電線を通して使われていくようになったことを示している。会社にとってワット単位のコストは低減しているので，良好な現象であったことは確かである。

華商の電気量の損失については表7の通りである。

表7から，華商公司は早期には損失率が目立って高いことが判る。初期については浦東公司も似たようなものであったと言い得るが，それでも閘北公

表5　華商公司電線設備表

| 年別 | 電柱（本） | 空中ケーブル(km) | 地下ケーブル(km) | 水中ケーブル(km) |
| --- | --- | --- | --- | --- |
| 1927 | 5,851 | 不明 | 不明 | — |
| 1928 | 6,127 | 178.3 | 36.0 | — |
| 1929 | 6,500 | 175.6 | 39.9 | — |
| 1930 | 6,881 | 208.5 | 51.3 | — |
| 1931 | 7,286 | 218.6 | 56.7 | — |
| 1932 | 7,408 | 231.6 | 57.5 | — |
| 1933 | 7,693 | 238.4 | 58.8 | — |
| 1934 | 8,265 | 271.3 | 67.0 | 0.8 |
| 1935 | 9,372 | 313.9 | 71.1 | 0.8 |
| 1936 | 9,994 | 349.8 | 71.2 | 0.8 |

出典：『上海特別市行政統計概要』民国17年，257頁。『上海市統計』民国22年「公用」8頁。『21年営業報告』13頁。『23年営業報告』13頁。『24年営業報告』19頁。『中南支各省電気事業概要』123-124頁。『上海市年鑑』民国26年N57頁。

表6 設備利用率及び負荷率

(単位：元)

| 年別 | 発電容量 | 発電量 | 最高負荷 | 設備利用率 | 負荷率 |
|---|---|---|---|---|---|
| 1926 | 16,000 | 14,616 | 5,000 | 10.4% | 33.4% |
| 1927 | 16,000 | 17,941 | 5,450 | 11.5% | 33.6% |
| 1928 | 16,000 | 20,938 | 6,250 | 14.9% | 38.2% |
| 1929 | 16,000 | 26,330 | 7,350 | 18.8% | 40.9% |
| 1930 | 16,000 | 31,124 | 7,950 | 22.2% | 44.7% |
| 1931 | 16,000 | 35,881 | 9,500 | 25.6% | 43.1% |
| 1932 | 16,000 | 35,720 | 9,750 | 25.5% | 41.8% |
| 1933 | 16,000 | 49,460 | 12,300 | 35.3% | 45.9% |
| 1934 | 16,000 | 48,788 | 11,600 | 34.8% | 48.0% |
| 1935 | 16,000 | 49,342 | 13,200 | 35.2% | 42.7% |
| 1936 | 16,000 | 60,822 | 14,796 | 43.4% | 46.9% |

出典：表5と同じ。『上海市統計』7頁。

司と比べると非常に高い。1933年以降も，浦東・閘北の両社と較べてまだ非常に高く，1936年になってようやく損失が始めて閘北を下回ったのである。こうした損失率の原因は，電線が長過ぎることだけではなく，その他の原因によっても作り出された。盗電もその一因である［次節参照］。

表7 電気量損失表

(単位：千W・%)

| 年別 | 発電 | 購電 | 合計 | 売電 | 自用 | 損失 | 損失率 | 閘北 | 浦東 |
|---|---|---|---|---|---|---|---|---|---|
| 1929 | 26,330 | — | 26,330 | 22,083 | — | 4,247 | 16.1 | — | — |
| 1930 | 31,124 | — | 31,124 | 26,305 | — | 4,819 | 15.5 | 8.1 | 16.9 |
| 1931 | 35,881 | 255 | 36,136 | 30,007 | — | 6,129 | 17.0 | 12.7 | 17.2 |
| 1932 | 35,720 | 1,365 | 37,085 | 29,052 | (2,700) | 5,333 | 14.4 | 15.3 | 14.6 |
| 1933 | 49,460 | 3,136 | 52,596 | 45,186 | (3,280) | 7,410 | 14.1 | 9.9 | 9.1 |
| 1934 | 48,788 | 9,934 | 58,722 | 46,756 | 3,344 | 8,622 | 14.7 | 9.5 | 8.4 |
| 1935 | 49,342 | 14,021 | 63,363 | 50,767 | 3,651 | 8,945 | 14.1 | 13.2 | 10.1 |
| 1936 | 60,822 | 15,305 | 76,127 | 61,901 | 4,506 | 9,720 | 12.8 | 13.3 | 9.2 |

出典：表5と同じ。『上海特別市行政統計概要』256頁。『上海市統計』9頁。
説明："—"の不明部分は自家用分が損失の中に含まれていると思われる。カッコ内の自家用数値は損失の数値からこの数を除いて推算した。閘北は閘北水電公司，浦東は浦東電気公司の損失率を表す。

## 第 3 節　営業の拡大

　1927年，上海特別市公用局ができる前の華商電気公司の営業範囲は南市の周辺であった。[27] 市政府は，1928年11月には漕河涇一帯，9月には法華鎮への電柱・電線敷設を許可し，10月に漕涇区の龍華站への電線敷設を許可した。[28] 1933年にその営業区は滬南・漕涇両区の全域と法華・蒲松の両区の大西路・虹橋路以南の地区に及んだ。1936年には曹行郷にまで発展し，1937年には曹行郷の全区域が営業範囲となっていた。[29]

　営業区を拡大するほかに，卸電（電気の卸売）事業も外に向けた営業拡大の一つの方法であった。1930年，華商は浦東電気公司への送電契約を締結し，翌年3月から電力供給を開始した。1934年1月には閘北水電公司と相互電流契約を締結した。9月には松江の莘荘・興市電灯公司と送電契約を締結し，翌年から履行した。1936年の春に松江電気公司と契約し，年末に通電した。この年には，この外に上海県閔行鎮の振市電灯公司・青浦県の珠浦電灯公司と契送電約を締結し，年末に通電した。[30]

　また，業務拡大方法のひとつとして，フランス租界が越境して行っていた電気供給の回収もあった。徐家匯のキリスト教会はフランス資本の電気会社であった法商電気公司が電力を供給をしていた。公用局が何度も回収の交渉に赴き，1929年4月に華商電気公司が電力供給することになり，法商電気公司には補償金として1,759両が支払われた。また，法商電車電灯公司が営業する水道事業所が滬南区に設けられており，ここも法商電気公司の電気を使用していた。水道事業所とは工巡捐局との取り決めがあり，華界が電力自給できるようになったら，すぐに法商からの電力購買を中止すると定められていた。市政府はこれに基いて交渉し，1929年4月に華商公司が電力供給を始めた。[31]

　華商公司の契約者の増加状況は，表8の通りである。

　表8から，契約者の増加は1927年を初期値とすると，電熱利用者がもっとも多くて7.7倍に増えている。（工業用）電力利用者がこれに次ぎ3.5倍，電灯利用者が最少で2.5倍の増加である。しかし，これは発展の傾向を現しているに過ぎず，中国における電気使用の始まりというのは，まず電灯から使い

表8　華商公司の歴年契約者

| 年別 | 定額灯(灯数) | 従量灯 | 電力（馬力） | 電熱合 | 計 | 同業 |
|---|---|---|---|---|---|---|
| 1926 | — | 16,878 | 437( 4,481) | — | 17,315 | — |
| 1927 | (4,813) | 18,793 | 557( 3,019) | 168 | 19,518 | — |
| 1928 | (5,130) | 22,068 | 747( 4,444) | 168 | 22,983 | — |
| 1929 | (5,464) | 24,273 | 864( 5,698) | 240 | 25,377 | — |
| 1930 | — | 28,251 | 968( 6,197) | 290 | 29,509 | — |
| 1931 | 76(5,992) | 32,415 | 1,178( 7,769) | 388 | 34,057 | 1 |
| 1932 | 76(6,061) | 35,293 | 1,301( 7,674) | 490 | 37,160 | 1 |
| 1933 | 79(6,397) | 39,374 | 1,490( 8,666) | 588 | 41,530 | 1 |
| 1934 | 80(6,637) | 43,745 | 1,705( 9,758) | 857 | 46,387 | 1 |
| 1935 | 80(6,704) | 45,736 | 1,683(10,125) | 1,079 | 48,578 | 2 |
| 1936 | — | 47,228 | 1,970(11,300) | 1,292 | 50,490 | 4 |

出典：表5と同じ。また『二十四年営業報告』18頁。『中南支各省電気事業概要』119-120頁。
説明：定額灯使用者の欠けている分は従量灯使用者に含まれている。

始めたため初期値が比較的高く，そのために増加率が低いという事情がある。実際の数字を見れば，電灯利用者は28,000軒あまりに増加し，毎年平均3,000軒以上が増えているから，かなり多いと言えよう。（工業用）電力用利用者は3.5倍に増加し，馬力は3.7倍に増加しているが，実際の数字を見れば工業用電力の増加には限界があったことが判る。

表9は各種の利用者の電気ワット数である。

表9と表10から，（工業用）電力用が最多であるが総数の半分を過ぎず，閘北・浦東両社との差は大きい。華商電気公司の社会的貢献は家庭用電力であり，工業用電力についての貢献は少なく，電車用電力も10%以下と低かった。

華商の電気料金（家庭用）は1ワット0.23元で後に0.21元に改められた。[32] 1926年に電灯用電力は1ワット0.2元に下げられ，1926年に更に0.18元に改めて1937年までそのままであった。電力価格（工業用）ははじめ1ワット0.045元，16年に0.062元，1936年に0.06元に下げられた。電熱価格は1ワット0.042元，1937年までずっとそのままで，電気料金について言えば最も低い会社の一つであった。

このように華商の電気料金は低廉であったが，それでも利用者は盗電をした。他の会社も同じような状況であった。1929年，上海の各民営の電気公司

表9　市場別使用電力量

(単位：千W)

| 年 | 従量灯 | 定額灯 | 電力 | 電熱 | 街灯 | 電車 | 同業 |
|---|---|---|---|---|---|---|---|
| 1929 | 9,527 | — | 12,531 | — | — | — | — |
| 1930 | 10,345 | — | 15,750 | 210 | — | — | — |
| 1931 | 10,715 | 285 | 14,668 | 155 | 1,195 | 2,990 | — |
| 1932 | 10,800 | 283 | 13,343 | 419 | 1,239 | 2,968 | — |
| 1933 | 12,100 | 286 | 18,758 | 453 | 1,293 | 3,690 | 5,326 |
| 1934 | 13,434 | 304 | 21,022 | 628 | 1,360 | 3,990 | 6,019 |
| 1935 | 13,595 | 293 | 24,419 | 1,125 | 1,417 | 4,066 | 5,851 |

出典：『中国各大電廠紀要』4頁。『21年営業報告』13頁。『23年営業報告』13頁。『24年営業報告』18頁。

表10　使用電量の百分率

| 年 | 従量灯 | 定額灯 | 電力 | 電熱 | 街灯 | 電車 | 同業 |
|---|---|---|---|---|---|---|---|
| 1931 | 35.7 | 0.9 | 48.9 | 0.5 | 4.0 | 10.0 | — |
| 1932 | 37.2 | 1.0 | 45.9 | 1.4 | 4.3 | 10.2 | — |
| 1933 | 28.9 | 0.7 | 44.7 | 1.1 | 3.1 | 8.8 | 12.7 |
| 1934 | 28.7 | 0.7 | 45.0 | 1.3 | 2.9 | 8.5 | 12.9 |
| 1935 | 26.8 | 0.6 | 48.1 | 2.2 | 2.8 | 8.0 | 11.5 |

出典：表9と同じ。

は合同して「盗電禁止規則22条」[33]を定め，厳しく防止したのであるが，盗電する者は多かった。1934年，華商公司は盗電事件70件を見つけた。翌年には52件に減ったが，これでも少ないとは言えない[34]。そのうち，光華生記電器行の盗電については訴訟をおこし，翌年8月に終了した。光華電器行は電気の専門業者であり，盗電も電気機器内に仕掛けがあり盗電の仕組みも狡猾で発見が難しいものであり，他の事案とは違い摘発も簡単なことではなかった。摘発後も悪知恵は尽きず徹底的に否認し，裁判所の判決にまで至ってやっと従った。しかしながら，光華は賠償金については更に弁護士をつかって控訴し，公用局と建設委員会にも提訴した。その悪賢さが判るが，結局，華商に2,000元の賠償金を支払って決着した[35]。1936年に別の盗電の訴訟事案がある。盗電者は華商公司の賠償費の請求が多過ぎると建設委員会に訴えたのである。これは上海市公用局の調停で解決した[36]。ほとんどの盗電事件は華商と内々で

解決し，裁判まで争う者は少なく，建設委員会にまで争う者は更に少なかった。他の会社にはこうした事件は少なく，華商公司だけに多い。華商の営業地域には盗電者がかなり多かった。盗電は電気料金が高いために起こるのではなく，電気料金との関係はほとんどないことが判るだろう。盗電は高知能型の犯罪で，電気店を営業できるほどの知識のある者が盗電しているのであるから，モラルの問題である。盗っ人猛々しく公然と訴えて争論し，それがもてはやされるなど盗電を恥とも思わない当地の社会の気風に関わる問題であろう。

## 第4節　財務概況

会社の財務については，資産・負債と，収支・損益の2つに分けて論じる。

### 第1項　資産と負債

表11から判るように，資産の増加は1927年から1936年にかけて2.9倍に増加したが，株式はこの期間に2倍になったに過ぎない。財務構成上は困難であるように見える。しかし，固定資産は1928年から2.4倍にしか増えていないが，流動資産はおよそ4倍に増加しているので大きな困難は生じていない。流動資産の分類表もこの点を証明している（表12参照）。

表12からリスクが窺えるのは売掛金（応収款）・証券と投資の2項であるが，大きな不安材料になるほどではない。1935年に増加しているのは銀行預金（銀行来往存款）がもっとも多い。このような資産の増減は財務構成と関係し，流動負債がどの程度かを見ることができる。

固定資産の分類は表13の通りである。

固定資産の構成はあまり変化がない。初期の土地建物（房地）・発電機（発電）・電車事務所費（車務）がかなり多いが，これは一般的な現象である。これは，工場等の建設や機械・車両の購買・設置をまず終わらせてから電線や利用者設備の整備をするためである。実際，発電容量は1936年になっても増加しておらず，発電設備が占める割合は次第に減少し，送配電（輸配）と利用者設備（用戸）の割合が次第に増加している。初期には事務設備（事務）の項目がないが，1936年にはこの項目の設備が大きく増えている。これは初期

表11　華商公司資産表

(単位：元)

| 年 | 資産総額 | 固定資産 | % | 流動資産 | % |
|---|---|---|---|---|---|
| 1927 | 4,765,620 | — | — | — | — |
| 1928 | 4,904,716 | 3,600,000 | 73.4 | 1,304,716 | 26.6 |
| 1929 | 5,365,975 | 3,903,591 | 72.7 | 1,462,384 | 27.3 |
| 1930 | 5,856,586 | 4,254,193 | 72.6 | 1,602,393 | 27.4 |
| 1931 | 7,550,971 | 5,252,326 | 69.6 | 2,298,645 | 30.4 |
| 1932 | 7,997,312 | 5,583,803 | 69.8 | 2,410,509 | 30.2 |
| 1933 | 8,963,684 | 6,202,039 | 69.2 | 2,761,645 | 30.8 |
| 1934 | 11,661,382 | 7,145,715 | 61.3 | 4,515,667 | 38.7 |
| 1935 | 12,561,060 | 8,173,432 | 65.1 | 4,387,628 | 34.9 |
| 1936 | 13,738,244 | 8,521,866 | 62.0 | 5,216,378 | 38.0 |

出典：『上海市統計』民国22年「公用」7頁。『中国各大電廠紀要』4頁。「上海華商電気公司財産目録」『電業季刊』2期（1930年8月）9-11頁。21年、23年、24年の『営業報告』の関連ページ。『中南支各省電気事業概要』111-112頁。

表12　流動資産分類表

(単位：元)

| 項目 | 1932年 | % | 1935年 | % |
|---|---|---|---|---|
| 現　　　金 | 21,786 | 0.9 | 42,470 | 1.0 |
| 銀 行 預 金 | 595,670 | 24.7 | 2,629,408 | 59.9 |
| 売 　掛　 金 | 635,770 | 26.4 | 546,651 | 12.4 |
| 前 　払 　金 | 609,584 | 25.3 | 347,234 | 7.9 |
| 材　　　料 | 485,518 | 20.1 | 409,034 | 9.3 |
| 證 券 及 投 資 | 59,177 | 2.5 | 362,225 | 8.3 |
| 其　　　他 | 3,004 | 0.1 | 50,606 | 1.2 |
| 合　　　計 | 2,410,509 | 100.0 | 4,387,628 | 100.0 |

出典：『21年営業報告』5頁。『24年営業報告』9頁。

にはその重要性に注意を払っていなかったが，近代化していく上で必要なことで，会社が正常に発展していることを現している。1936年に土地建物の資産は大きく減少するが，原因は不明である。

　会社の負債状況については表14のとおりである。

　表14から，株が増加しないとその割合が下降する傾向が見られる。株が占める割合が大変高く，同時に積立金（公積金）・減価償却は会社の資金となり，

表13　固定資産分類表

(単位：千元)

| 項目＼年別 | 1928 | % | 1929 | % | 1932 | % | 1934 | % | 1935 | % | 1936 | % |
|---|---|---|---|---|---|---|---|---|---|---|---|---|
| 房　地 | 670 | 18.6 | 746 | 19.1 | 876 | 15.7 | 899 | 12.6 | 1,095 | 13.4 | 720 | 8.4 |
| 発　電 | 1,350 | 37.5 | 1,353 | 34.7 | 1,902 | 34.1 | 2,121 | 29.7 | 2,614 | 32 | 2,620 | 30.8 |
| 輸　配 | 700 | 19.5 | 870 | 22.5 | 1,445 | 25.9 | 1,882 | 26.3 | 1,793 | 21.9 | 1,944 | 22.8 |
| 用　戸 | − | − | − | − | 321 | 5.7 | 597 | 8.4 | 960 | 11.8 | 1,130 | 13.3 |
| 車　務 | 880 | 24.4 | 856 | 21.9 | 963 | 17.2 | 1,561 | 12.8 | 1,583 | 19.4 | 1,579 | 18.5 |
| 事　務 | − | − | 70 | 1.8 | 77 | 1.4 | 86 | 1.2 | 128 | 1.5 | 527 | 6.2 |
| 合　計 | 3,600 | 100.0 | 3,904 | 100.0 | 5,584 | 100.0 | 7,146 | 100.0 | 8,173 | 100.0 | 8,520 | 100.0 |

出典：表11と同じ。更に民国17年2月15日、「公司呈」『建档』23-25-72、26-1。
説明："−"は資産がないことを示すのではなく、原表にその項目のないことを表す。25年の合計数は表11と千元余り差があるが四捨五入したためである。17年の積載運搬費10万元は送配電設備に含めた。

表14　公司負債表

(単位：千元)

| 項目＼年別 | 1929 | % | 1932 | % | 1934 | % | 1935 | % | 1936 | % |
|---|---|---|---|---|---|---|---|---|---|---|
| 株　　　式 | 3,000 | 55.9 | 4,000 | 50.0 | 6,000 | 51.5 | 6,000 | 47.8 | 6,000 | 43.7 |
| 公　積　金 | 276 | 5.1 | 590 | 7.4 | 564 | 4.8 | 672 | 5.3 | 850 | 6.2 |
| 減価償却 | 219 | 4.1 | 922 | 11.5 | 1,718 | 14.7 | 1,918 | 15.3 | 2,320 | 16.9 |
| 長期負債 | 615 | 11.5 | 173 | 2.2 | 241 | 2.1 | 547 | 4.3 | 274 | 2 |
| 短期負債 | 788 | 14.7 | 1,731 | 2.7 | 2,040 | 17.5 | 2,147 | 17.1 | 2,948 | 2.4 |
| 利　　　益 | 468 | 8.7 | 578 | 7.2 | 1,098 | 9.4 | 1,277 | 10.2 | 1,346 | 9.8 |
| 合　　　計 | 5,366 | 100.0 | 7,994 | 100.0 | 11,661 | 100.0 | 12,561 | 100.0 | 13,738 | 100.0 |

出典：表11と同じ。
説明：利益には年末に分配するものを含む。

株と併せて最高で71％、最低で65％を占めた。長短期の負債が占める割合は、相対的に減少しており、最高値26.2％から、最低値約4.4％となり、金額としても多くはなかった。またその流動資産の中の現金・貯金・売掛金（応収款）・前払金などは多い。1932年にはその数は長短期の負債と大して差がなく、1935年にはそれを超過していた[37]。このような財務構成は健全なものであり、外から資金を借りる必要はほとんどなかった。

表15 歴年収支・利益表

(単位：元)

| 年別 | 収　入 | 指　数 | 支　出 | 指　数 | 利　益 | 指　数 |
| --- | --- | --- | --- | --- | --- | --- |
| 1926 | 1,841 | 103 | 1,035 | 82 | 806 | 154 |
| 1927 | 1,780 | 100 | 1,258 | 100 | 522 | 100 |
| 1928 | 2,107 | 118 | 1,480 | 118 | 627 | 120 |
| 1929 | 2,586 | 145 | 1,838 | 143 | 748 | 143 |
| 1930 | 2,863 | 161 | 2,051 | 163 | 785 | 150 |
| 1931 | 3,443 | 193 | 2,650 | 211 | 793 | 152 |
| 1932 | 3,097 | 174 | 2,526 | 201 | 571 | 109 |
| 1933 | 4,359 | 245 | 3,341 | 266 | 1,018 | 195 |
| 1934 | 4,645 | 261 | 3,561 | 283 | 1,084 | 208 |
| 1935 | 4,814 | 270 | 3,538 | 281 | 1,276 | 244 |
| 1936 | 5,112 | 287 | 3,769 | 300 | 1,343 | 252 |

出典：表11と同じ。更に民国17年11月24日、「趙以廉報告」『建档』23-25-72, 26-1。
説明：趙以廉報告の収入部分は表16と同じで、前年より614,141元減少していると言っているので、1926年の収入は1,841,409元と推測した。しかし、支出は1,563,995元と言っており、1927年の数値と合わない。又、前年より528,793元増えたとも言っているので、これによると前年の支出は1,035,202元となる。このように1926年の数値には再考の余地があるが、指数は1927年を基数とした。

## 第2項　収支と損益

会社の収支損益状況は、表15の通りである。

表15に並ぶ数は総収支であり、電気と電車の双方の収支を含んでいる。指数を見ると、支出の増加が収入の増加を大幅に超え、これが利益部分の成長が小さい原因である。収入のうち、1927年と1932年はマイナス成長であるが、これは社会不安によるものである。支出には大きな影響はない。利益への影

表16　電気収入表

(単位：元)

| 年別 | 電灯収入 | ％ | 電力収入 | ％ | 合計 |
| --- | --- | --- | --- | --- | --- |
| 1928 | 1,114,000 | 79.5 | 288,000 | 20.5 | 1,402,000 |
| 1929 | 1,438,019 | 76.0 | 455,049 | 24.0 | 1,893,000 |
| 1930 | 1,503,392 | 72.8 | 562,164 | 27.2 | 2,065,556 |

出典：民国19年11月8日「上海市函」「17年収支表」『建档』23-25-72, 4。『中国各大電廠紀要』4頁。

表17　収入種別表

(単位：千元)

| 年別<br>項目 | 1931 | % | 1932 | % | 1933 | % | 1934 | % | 1935 | % |
|---|---|---|---|---|---|---|---|---|---|---|
| 電　灯 | 1,809 | 68.2 | 1,653 | 66.3 | 2,143 | 62.3 | 2,375 | 62.6 | 2,397 | 60.4 |
| 電　力 | 618 | 23.3 | 617 | 24.7 | 824 | 24.0 | 933 | 24.6 | 1,069 | 26.9 |
| 電　熱 | 9 | 0.3 | 16 | 0.6 | 19 | 0.6 | 26 | 0.7 | 46 | 1.2 |
| 街　灯 | 28 | 1.1 | 29 | 1.2 | 31 | 0.9 | 32 | 0.8 | 33 | 0.8 |
| 電　車 | 184 | 6.9 | 176 | 7.1 | 148 | 4.3 | 159 | 4.2 | 164 | 4.1 |
| 同　業 | — | — | — | — | 186 | 5.4 | 187 | 4.9 | 169 | 4.2 |
| 自家用 | — | — | — | — | 82 | 2.4 | 80 | 2.1 | 91 | 2.3 |
| 雑　項 | 4 | 0.2 | 2 | 0.1 | 5 | 0.1 | 5 | 0.1 | 4 | 0.1 |
| 小　計 | 2,652 | 100.0 | 2,493 | 100.0 | 3,437 | 100.0 | 3,797 | 100.0 | 3,972 | 100.0 |
| 電　車 | 682 | | 523 | | 821 | | 744 | | 625 | |
| 非営業 | 109 | | 81 | | 102 | | 104 | | 216 | |
| 合　計 | 3,443 | | 3,097 | | 4,360 | | 4,645 | | 4,814 | |

出典：『21年営業報告』9・14頁．『23年営業報告』11・14頁．『24年営業報告』14・18頁．『中南支各省電気事業概要』114-115頁．
説明：1931・1932年の電車業務支出の中の電気代は電気収入の中に入っている。追徴電気代は数が少ないので電灯収入に含む。

響は大きく，1932年の利益は1927年に及ばない。1932年の第１次上海事変は，電気と電車の双方の収入を減らし，１年で346,000元余を減少させた。そのうち，電車部門が16万元余と大きく減少し，その余が電気と雑項部門であった。百分率で計算すると前年より10％減少し，そのうち電車部門は4.8％減り，電気が4.4％，雑項収益が0.8％減った。電車部門自体の収益は19.3％減少した。住民が避難して乗客が減少し，戒厳令で夜間の電車運行時間が短縮され，更に銅貨の価値が下がったために損失が増大した。同年の減少率は上半期が８割，下半期は２割であった。[38]

　初期の収入類別は資料がないためにはっきりしないが，わずかに知り得る1928年から1930年の概略の数字が表16である。1931年以降は資料が比較的多いので別に表17とした。

　表17から（工業用）電力収入の増加が大変多く，その他の電気関連部門を加えると増加分は更に多くなることが明らかである。しかし，電灯と街灯収入が占める割合が依然として高い。支出に関しては初期の詳しい資料がほとんどなく，残っているものは総数が合わないだけでなく分類項目も年毎に違い，

表18　支出種別表 (単位：千元)

| 項目 \ 年別 | 1931 | % | 1932 | % | 1934 | % | 1935 | % | 1936 | % |
|---|---|---|---|---|---|---|---|---|---|---|
| 発電 | 998 | 37.7 | 1,053 | 41.7 | 1,348 | 37.8 | 1,473 | 41.6 | 1,727 | 45.8 |
| 輸配電 | 361 | 13.6 | 333 | 13.2 | 445 | 12.5 | 397 | 11.2 | 350 | 9.3 |
| 営業 | 133 | 5 | 135 | 5.3 | 208 | 5.8 | 188 | 5.3 | 240 | 6.4 |
| 車務 | 652 | 24.6 | 570 | 22.6 | 931 | 26.1 | 845 | 23.9 | 788 | 20.9 |
| 管理 | 506 | 19.1 | 435 | 17.2 | 629 | 17.8 | 635 | 18 | 664 | 17.6 |
| 合計 | 2,650 | 100.0 | 2,526 | 100.0 | 3,561 | 100.0 | 3,538 | 100.0 | 3,769 | 100.0 |

出典：表17と同じ。

表19　利益・利益率 (単位：元)

| 年別 | 利益 | 株式定額 | 利益率 |
|---|---|---|---|
| 1926 | 806 | 3,000 | 26.9% |
| 1927 | 522 | 3,000 | 17.4% |
| 1928 | 627 | 3,000 | 20.9% |
| 1929 | 748 | 3,000 | 24.9% |
| 1930 | 785 | 3,000 | 26.2% |
| 1931 | 793 | 4,000 | 19.8% |
| 1932 | 579 | 4,000 | 14.3% |
| 1933 | 1,018 | 4,000 | 25.5% |
| 1934 | 1,084 | 6,000 | 18.0% |
| 1935 | 1,276 | 6,000 | 21.3% |
| 1936 | 1,343 | 6,000 | 22.4% |

出典：表4・表15と同じ。

表20　電車事業の損益表 (単位：元)

| 年別 | 収入 | 支出 | 利益(＋)欠損(－) | 損益／収入の比率 |
|---|---|---|---|---|
| 1931 | 682 | 652 | ＋30 | 4.4% |
| 1932 | 523 | 570 | －47 | 9.0% |
| 1933 | 821 | 833 | －12 | 1.5% |
| 1934 | 744 | 931 | －187 | 25.1% |
| 1935 | 625 | 845 | －220 | 35.2% |
| 1936 | 602 | 788 | －186 | 30.9% |

出典：表17と同じ。管理費と雑項の支出は含まない。

比較が困難なのでここでは論じない。

1931年以降の支出類別は表18の通りである。

表18から支出構造の変化はあまりないことが判る。発電（買電も含む）の増加はかなり多く，上昇傾向を示している。電力供給部門は下降傾向を示し，原因は営業範囲が集中し，費用の増加が限られているためである。管理と事務部門は落ち着いている。電車部門は多かったり少なかったり，不規則である。1936年の支出総額は1931年に比べて42％増えているに過ぎず，全体的に見ると大きく発展しているとはいえない。

資本に照らした会社の利益と利潤の比率は，表19の通りである。

表19から，1932年以外には毎年の利益率が17.4％以上，最高で26.9％に達していることが明らかである。こうした収益性の高さは，おもに人口が集中した地区を持っていたため電灯用の電力販売が多いことに起因する。この間の上昇下降の原因は，資本額の増加開始直後には利益は生じにくく，利益率はこのために下降，その後は上昇し続けたところにある。

電車部門は利益が少なく欠損が多かった。表20の通りである。

表20から欠損が次第に増えて，多いときには電車事業（車務）の欠損は収入額の35％にも相当していたことが判る。その原因を推測すると，①上海市の各業が不景気で乗客が減少した；②バスの運行で乗客を奪われた；③銅貨の兌換率が下がったなどが挙げられよう[39]。もし，電車が出資分を割らなかったら，電気部門の利益は3％前後上昇したはずである。

## 結　論

華商電気公司の設立と民営化，及びその後の発展は大変順調なものであった。営業区である南市は商店が多く，資金も集めやすかったので，資金面でも困難はなく，上海の中国人経営の比較的規模の大きい電気会社6社の中でも資金が豊富であったと言える。会社の利益能力は電灯使用者が多くて電気料金が比較的高いためであり，他社の利益獲得率よりかなり高かった。これらは会社をとりまく諸環境がよかったためである。華商公司の地方社会に対する貢献は主として電灯事業にあり，（工業用）電力がこれに次いだ。しかしこうした好条件も，会社の経営の成功をもたらすことはできなかった。

華商公司の初期における間違った判断は，まず技術面では不適切な直流発電機を採用したことである。1916年に，交流発電機に改めようと計画し機械を発注したが，第1次世界大戦の影響で遅延し，1920年6月にやっと交流発電機が設置された。1921年3月に，交流発電機が故障し，紆余曲折を経て1922年4月に修理が終わった[40]。また初期の電車の技術も拙劣で，童世亨が新聞紙上で批判したが，西洋人技師を信用した陸伯鴻は受けつけなかった[41]。また，利用者は華商公司に不満を持ち，電灯が暗いので電気料金は半額だけ納めたいという抗議の手紙が会社に送られたこともあった。「電車は租界より少ないのに人を傷つける乱暴な運転をする。電灯は租界より高いのに暗い」とされたこともあった。更に続けてこうある，電車は止まり，電灯は消え，交通は不便で，商業はふるわず，夜間学校は休み，人々が公私で被っている損失は計り知れないと。会社が設備を一新し，更に1923年に徐恩弟をエンジニアとして招聘して，状況はやっと好転した[42]。

　1929年12月，張宝桐が華商公司を視察し，以下のように報告した。「会社組織を改めたというがまだ健全でなく，管理面も散漫で，6つの課に分けて事務を行っているが，灯務課の1課だけで職員が50人以上いるなど経済的合理性に欠けている。電車部門でも修理維持費の支出が大きく，毎月5万元以上を支出し，収入はわずかにその支出に相当する程度である。帳簿は旧式のものを従来どおり使用し，近く公用局により改善を督促する[43]。」このように建設委員会の華商公司に対する評価は高いとは言えず，1930年から1935年までの5年間，1931年に1度表彰されただけであり，閘北公司の5回，浦東公司の6回の表彰に遠く及ばなかった。1937年，建設委員会は「南市の華商電気公司は古くからあり，電車事業を兼営しているが電灯の利益には遠く及ばない。そういうこともあり，電力事業には淡泊である」と評した。陸伯鴻は閘北水電公司と華商電気公司の両社を経営していたが，両者の成績は同様ではなかった。「南市（華商電気公司）は人材不足で，組織が散漫であるのが誠に惜しい[44]」と評した。

　要するに，会社には2つの大きな欠点があった。1つは管理のあり方に難があり，もう1つは電車部門の経営が不振であった。陸伯鴻にも相応の責任はあるが，会社の成功は職員全体の協力と努力とがあってようやく達成できるものであるだろう。

政府は支援することを方針としたのか，民営化と保有車両を増やすことを支援し，営業区の拡大も地方の需要に従って決め，何ら会社に害を与えなかった。利益が多かったため，電気料金を早く引き下げ，このため業者と利用者の間に電気料金の紛争が起こらず，利用者に多少の不満はあったにしろ1-2人の事でしかなかった。このように，その発展は満足とは言えないにしろ，平穏で順当なものであり，上海の各電気会社の中では，比較的うまくいっていた。閘北水電公司と浦東電気公司に比べても大変幸運であったといえるだろう。官紳（官吏と地方エリート）が協力し合った賜と言えよう。

　官紳が協力したことは伝統的な地域社会のあり方を象徴しているが，士紳（地方エリート）は以前よりも積極的に地方経済に関わろうとし，外資の侵入を防がなければと敏感にもなっていた。華商公司の経営は理想的とは言えなかったが，それを誰か特定の者のせいにはできない。それは寧ろ組織が大き過ぎたことにあり，これは旧来の社会のあり方に関わることであるだろう。後から設立された閘北水電公司・浦東電気公司の両社の経営は更によかった（閘北水電公司は第2章，第3章参照，浦東電気公司は第4章参照）。これはより大きく変わることができたためである。近代化しようとするなら，大きく変わらなければならなかった。

---

1）　楊逸『上海市自治志』（成文影印本，1974年）354頁。
2）　姚文枏『上海県続志』（民国7年刊本，成文影印本，1970年）2巻49頁。
　　東亜同文会『中華民国実業名鑑』（1934年），962頁。陳真『中国近代工業史資料』（三聯書店，1958年）第1集619頁。
3）　『上海市自治志』353頁。
4）　前掲書の353頁，光緒32年4月22日「呈滬道文」。李平書『且頑老人七十自述』（中華書局，1922年）186頁。姚文枏纂『民国上海県志』（1936年）巻11，22頁には実収資金は6万両余と書いてある。
5）　『上海自治志』354-357頁。
6）　前掲書，539-546頁。
7）　実業部国際貿易局『中国実業誌』（実業部，1933年）「江蘇省」1113頁。
8）　民営化後も，街灯費は総工程局（後に自治公所と市役所に改められる）が負担した。最高で年18,104両，最低で10,026両であった。『上海自治志』123-125頁。

9) 『上海県続志』2巻49頁。『且頑老人七十自述』186, 197頁。『民国上海県志』巻11, 22頁。中国商学会『上海商行録』（商務印書館, 1916年）363頁には陸伯鴻・莫子経・張逸槎の3人の経理を列挙している。
10) 『上海県続志』2巻、50頁、宣統3年に設立したと書いてある。『上海市自治志』867-868頁。
11) 『上海市自治志』870, 1001, 1005頁。『且頑老人七十自述』198頁。民国17年1月4日「呈交通部」『建設委員会档案』（以下『建档』。台北・中央研究院近代史研究所蔵）23-25-72, 26-1。
12) 民国19年1月21日「張宝桐報告」『建档』23-25, 21-5。『中国近代工業史資料』第1集620頁。
13) 民国17年1月4日「呈交通部文」『建档』23-25-72, 26-1。『中国近代工業史資料』第1集619-620頁。
14) 民国19年1月21日「張宝桐報告」『建档』23-25, 21-5。
15) 民国34年9月25日「呈文」『経済部档案』（中央研究院近代史研究所蔵）18-25-11, 9。
16) 『建档』23-25-72, 26-1, 27-1, 株主名簿。
17) 沈暁陽・施海根「南市電車的創辦者陸伯鴻」（『旧上海風雲人物』上海人民出版社, 1992年）2集133-134頁。徐友春『民国人物大辞典』（河北人民出版社, 1991年), 988頁。
18) 民国17年1月14日「公司呈」『建档』23-25-72, 26-1。民国36年6月19日「公司呈」『経済部档案』18-25-11, 9。
19) 民国17年2月15日「公司呈」『建档』23-25-72, 26-1。
20) 民国17年11月24日「趙以麈報告」『建档』23-25-72, 26-1。
21) 『中華民国実業名鑑』962頁。
22) 中国建設委員会『中国電気事業統計』（1937年）第7号15-17頁。
23) 民国19年1月21日「張宝桐報告」『建档』23-25, 21-5。
24) 『民国24年営業報告』9頁。『建档』23-25-72, 26-2。
25) 民国19年1月21日「張宝桐報告」『建档』23-25, 21-5。『中華民国実業名鑑』962頁。満洲電業株式会社『中南支各省電気事業概要』（1939年）110頁。上海通志館『上海市年鑑』（中華書局, 1936年）N38頁。
26) 華商公司『民国24年営業報告』1頁。民国37年1月9日「呈経済部文」, 民国37年4月21日「資源委員会函経済部」, 7月28日の華商公司の返還申請,『経済部档案』18-25-11, 9。
27) 上海市地方協会『上海市統計』（商務, 1933年）「公用」6頁。

28) 民国17年10月8日「公司呈」『建档』23-25-72, 26-1。上海特別市『公用局業務報告』1928年7-12月, 60頁。
29) 『上海市統計』「公用」6頁。民国25年5月12日, 26年7月14日「上海市函」『建档』23-25-72, 27-1, 27-2。『建設委員会公報』65期（1936年6月）73頁。上海特別市『公用局業務報告』1929年1-6月, 83-84頁。
30) 『建設委員会公報』38期（1934年3月）138頁。45期（1934年10月）70頁。65期（1936年6月）43頁。民国23年9月14日「批」。25年2月28日・29日, 3月28日「上海市函」。11月24日「華商公司呈」。『建档』23-25-72, 26-3, 27-2。
31) 上海特別市『公用局業務報告』1929年1-6月, 84-88頁。
32) 『民国上海県志』民国24年巻11, 23頁。
33) 民国19年1月10日「張宝桐報告」『建档』23-25-72, 26-3。「附於華商公司営業章程内」。
34) 『民国23年営業報告』4頁。『民国24年営業報告』5-6頁。
35) 民国25年6月16日から8月12日までの公司と建設委員会の往来文書『建档』23-25-72, 27-1。
36) 民国25年10月24日「程年彭呈」, 12月14日までの関連文書『建档』23-25-72, 27-1。
37) 民国21年は長短期の負債が1,904千元で, 現金・預金・売掛金・前払金の4項の合計が1,862千元だった。24年も長短期負債は2,694千元, 現金等の資産4項の合計は3,565千元でなお資産は負債額を超過していた。
38) 『民国21年営業報告』1-4頁。
39) 『民国21年営業報告』4頁, 『民国23年営業報告』5頁, 『民国24年営業報告』7頁。
40) 『申報』（上海書店影印本, 1983年）民国9年5月10日164冊181頁。9年7月30日165冊536頁。10年3月29日169冊492頁。11年4月17日179冊179頁。
41) 童世亨『企業回憶録』（光華印書館, 1941年）上冊50-58頁。童は日本に留学して電気工学を学んだ浦東電気公司の創設者である。
42) 『申報』民国10年4月2日169冊557頁。10年4月5日169冊613頁。
43) 民国19年1月21日「張宝桐視察報告」『建档』23-25, 21-5。
44) 建設委員会全国電気事業指導委員会「十年来中国電気事業建設」（『建設』20期1937年2月）57頁。

〔原載：郝延平・魏秀梅主編『近世中国之伝統与蛻変　劉廣京院士七十五歳祝寿論文集』上冊 581-603頁 中央研究院近代史研究所 1998年〕

# 第2章　上海閘北華水電公司の電気事業：1910-1937年

## はじめに

「閘北」の名称の由来は大略以下のとおりである。康熙11年（1672），呉淞江に水門［閘］がつくられたが（現在の福建路近くの川沿い），高潮が押し流してしまった。康熙14年（1675），同じ場所に水門を再建し，これが後に「老閘」と呼ばれた。雍正13年（1735），老閘の西，3華里（1.5km）にまた水門がつくられた。これは「新閘」と呼ばれ，乾隆2年（1737）に完成した。嘉慶年間（1796-1820）に，2つの水門の付近にはすでに市場が形成されたが，呉淞江以北はまだ農作地帯であった。同治10年（1871），新閘は水門としての機能を失ったが，光緒年間に「新閘」の北側が発展し「閘北」の名称が使われはじめた[1]。

道光25年（1845）以降，英・米・仏等は相次いで上海に租界を設け，その範囲を拡大していった。光緒25年（1899），租界は更に大きくなり，上海の人士の憂慮を引き起こした[2]。1900年に陳紹昌らによって閘北工程総局が組織された。これは民間組織であり，力は弱かった。光緒32年（1906），上海市馬路工巡総局に改められ，政府機構になったため，権限は自然と大きなものとなった。公布された担当の事業は，道路敷設・舗装・街灯の設置，水道局設立などであった。上海道台（蘇松太道）・蔡乃煌は商人・李鐘鈺らに速かに閘北水電公司を設立するよう命じた[3]。

閘北水電公司の発展は，3期に分けられる。

1．官民合辦期。1910（宣統2）年から1914（民国3）年。
2．官営期。1914（民国3）年から1924（民国13）年。
3．1924（民国13）年以降の民営（商辦）期。

以下，第1・2期の概況を述べる。

## 第1項　官民合弁期（1910-1914）

　1910年，地方官庁は外国商人が租界を越えて水道・電気事業を経営して主権を侵害していることに鑑み，特に官股（株式）を発行して閘北水電公司を組織した。上海道台は両江総督に次のように上申した。

　「上海の北市［閘北］地域は日に日に繁栄しているが水の便が悪く，イギリスの会社と契約を結んで水道管をつないで水を買おうとしていました。そこで地方の名士と商人は協議いたしまして，水の購入は自弁の方がよいとの結論に達しました。内地水廠公司の外国人エンジニアのエンジェルに見積もり・計画させたところ，水道事業所を設立するついでに発電機1台を購入すれば，余った電気は2000個の電灯の用に供することができるとのことです。これらの事業には銀20万両が必要です。私，上海道台が商部から10万両借り入れ，更に別に10万両の借金をしようと思います。開業後1年以内に株式を募集し，それぞれの官と民に借金を返還することとし，もし足りなければ，先に部の借金を清算します。それでも不足なら，毎年の支出の利益からかき集めて完済します」。

　両江総督・張人駿はこれによって上奏するとともに，外務部・農工商部・度支部にも通知して検討させた。宣統2年2月16日（陽暦1910年3月26日），許可の硃批が下った。これが閘北水電公司の始まりであった。同年，潭子湾に建設が始まり，8月に完成し，宣統3年9月に会社は発足した。辛亥革命のために民間から資本を集めることが困難となり，1912年，日本資本の大倉洋行から30万両を借り入れ，水道事業所の機械購入に充てた。1913年，更に10万両を借りて水塔を設置し，借入額の合計は40万両となった。借款の条件は以下のとおり大変厳しいものだった。年間の利息は8.5％，1917年から5年で返済し，担保は閘北水電公司の資産であった。閘北公司の用いる石炭はすべて大倉の支店に発注しなければならない。閘北が他所から購買する機材は先に債権者と協議し，もし価格が高かったり機材が用途に合わない場合に限って他所から購入する。閘北公司が外国人エンジニアを招聘し，あるいは現任のエンジニアの契約延長をしたいときには，先に債権者と協議し日本人エンジニアを招聘しなければならない。閘北公司が新たな借金をするときには先に債権者（＝大倉洋行）と協議しなければならない。借款の条件としては

大変厳しいものであった。しかも，折角借りた金の多くは軍用に流用されてしまったことも，水電公司の財政を困難なものとした。

民国の初期，大倉洋行は水電公司が元利の支払いをしなかったとして水道事業所を奪って支配しようとしたが，地方人士は反対して政府に水電公司を守ることを求め，1914年4月に省営に改められて，省署が借款返還の責任を負った。[7)]

## 第2項 官営期（1914-1924）

省政府が経営を引き継いだ後も，依然として資金面は苦しかった。水電廠内の支出に加え，大倉洋行への借金もあった。当時の技師のオーストリア人のエンジェルが，工部局の電気を購入して販売すれば儲けることができると提案したため，工部局電気処と5年の契約を結んだが，租界の工部局の代理商のような存在に成り下がってしまった。エンジェルが職を去った後は，専任の技師がいなくなり電線からの電力損失が大変多くなった。1919年，汪正聯を主任技術員に任じて改善を図り，省政府を経て交通部に登記申請をした。7月22日交通部は電政司監理科の副科長・王蔭承と呉淞無線電局工程司・華蔭薇を調査に赴かせ，9月12日両人は報告を提出し，租界の電気を安直に買って済ませるのではなく，我が国の公営事業は自力で行なうことを提唱すべきであるとした。10月交通部は許可証を発行し，省営とする法的手続きが完了した。

この10年間の官営・省営期の詳細な状況は不明だが，省営にしても順調でなかったことだけははっきりしている。閘北の人口は日々増加し「営業は日に広がるも電気量は足らず」という有様であった。1922年1月地方公団は水電公司の設立準備を始め，当廠を民営に改めることを省署に請願し，省署と省議会が議論した。12月17日，省議会大会で出席者82人により，改組辦法が通過した。内容は以下の通り。

① 省の支出で処理する
② 廠を抵当として費用を準備し，借金して経営する
③ 民間から資金を募って合弁とする

ただし，省の金庫は空で，官股の発行も難しかったので，各公団は3番目の方法での処理を請うた。総資本は400万元で，省・公団・県の商会が3分の

1ずつを占め，公の見積もりではもともと生産高があり，民営に改め，省の株は省議会によってその職権を行使する[8]。この後事情が大きく変化し，争いが熾烈になり，公団と省署の争いと議員の派閥争いはストライキという波乱を起こした後，やっと民営に改まった。1924年8月4日，総会を開催し，9月に民営に改めた。資本金は400万元だった[9]。閘北公司は工場の代価として1,262,000元余を，更に営業権として60万元を支払った[10]。

本稿はこれ以降の第3期を主として，組織・資本・設備・営業・財務等の項目に分けて叙述し，その他の企業との比較を通してその業績と成果を明らかにしたい。

本稿は企業史の一事例研究であり，その内部の運用形態を観察し，その成功と失敗の原因を探りたい。事例研究では企業とそれを取り巻く社会環境との関係にも留意する必要がある。上海の電気事業を取り巻く社会環境は以下の3方面があった。

1．上海市の電気事業の発展は，当時の社会環境と租界の電気事業と密接な関係があった。閘北水電公司の設立は上海租界の水道・電力事業の拡張を防ぐものであった。また，双方とも互いに大きな影響を与えあったものである。
2．電気事業は公共事業のひとつであり，政府が監督・管理しなければならない。このため，政府の政策が企業の発展に対して強い影響を与える。
3．電気事業の需要と供給双方に事情があるものである。企業の提供する製品の品質と価格は，消費者の需要と価格への欲求と相互に影響しあうものであり，双方がうまく折り合って始めて電気事業の発展の道がひらける。閘北で主に求められていたのは工業用電力と電灯用電力であった。閘北公司の地域に対する貢献はここに存し，工業用電力を提供したことは，電灯用電力を提供したことに優る意義があった。

以上の3点については結論の中で検討したい。

## 第1節　組織と人事

　閘北公司の初期の組織については不明であるが，1929年については下図の通りである。[11]

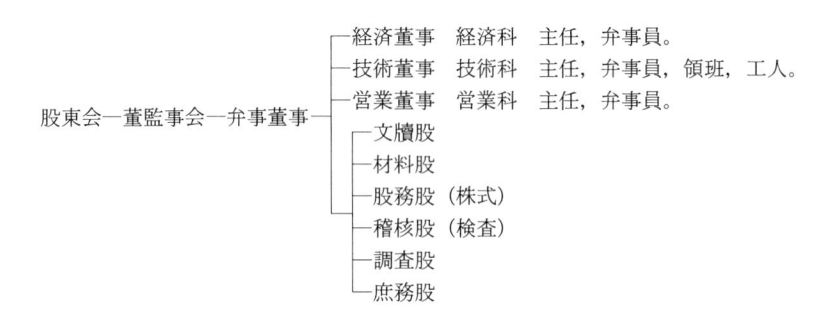

```
                    ┌─経済董事　経済科　主任，弁事員。
                    ├─技術董事　技術科　主任，弁事員，領班，工人。
                    ├─営業董事　営業科　主任，弁事員。
股東会─董監事会─弁事董事─┼─文牘股
                    ├─材料股
                    ├─股務股（株式）
                    ├─稽核股（検査）
                    ├─調査股
                    └─庶務股
```

　この組織は少し奇妙である。企業の所有権者と，経営人員が混在している。もし董事の中に技術人員が欠けていたら，技術董事は何を生産するのか？ 1932年の第1次上海事変以後，閘北公司が銀行団から借金した際に，銀行団はこの組織系統を批判し，公司には辦事董事が3人いて「職権が統一されていないので，制度を改善して効率を上げるべきである」とした。[12] このため経

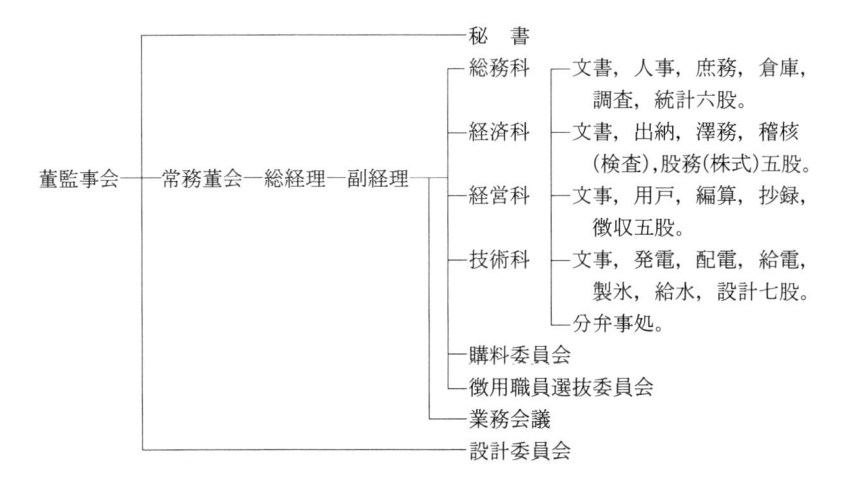

```
                                    ┌─秘　書
                                    ├─総務科─┬─文書，人事，庶務，倉庫，
                                    │       │  調査，統計六股。
                                    ├─経済科─┬─文書，出納，澤務，稽核
                                    │       │  （検査），股務（株式）五股。
董監事会─常務董会─総経理─副経理─┼─経営科─┬─文事，用戸，編算，抄録，
                                    │       │  徴収五股。
                                    ├─技術科─┬─文事，発電，配電，給電，
                                    │       │  製氷，給水，設計七股。
                                    │       └─分弁事処。
                                    ├─購料委員会
                                    ├─徴用職員選抜委員会
                                    ├─業務会議
                                    └─設計委員会
```

理制に改められた。閘北公司は1933年5月13日の株主会議で組織章程を改め「董事会を経理制に改め、総経理一人を置く。董事会から委託を受けて会社の一切の業務と、所属する職員の任免・指揮・監督を主宰する」とし、4つの科に分けて科長一人を置き、必要に応じて副科長を設けた。[13]

新しい組織系統は以下の通りである。[14]

1937年、技術科は水務科と電務科の2つに分かれた。それぞれ科長一人を置き、総工程師を兼任した。[15] 以前の組織より優れており、株式業務・検査を経済科に含めて別に総務科を設けた。このほか委員会を加え、各科から人員を派遣して参加させた。企業内部の横のつながりということができよう。

公司の人事の変動は大きくなかった。1931年から1937年の董事については以下の通りである。

監察人は朱棄塵・徐乾麟・王雲甫・李済生・施肇祥（1933年から施博羣と改

**表1　董事姓名表**

| 姓名 　　　　年 | 1931 | 33 | 35 | 36 | 37 |
|---|---|---|---|---|---|
| 施　肇　会 | 長 | 長 | 長 | 長 | 長 |
| 馮　柄　南 | 常 | 常 | 常 | 常 | 常 |
| 楽　振　栄 | 常 | 常 | 常 | 常 | 常 |
| 朱　壽　丞 | 常 | 常 | 常 | 常 | 常 |
| 徐　春　栄 | 常 | 常 | 常 | 常 | 常 |
| 沈　聯　芳 | － | － | － | － | － |
| 朱　孔　嘉 | － | － | － | － | － |
| 陸　伯　鴻 | － | － | － | － | － |
| 陳　炳　謙 | － | － | － | － | － |
| 何　楳　軒 | － | － | － | － | － |
| 王　顯　華 | － | － | × | × | × |
| 鍾　秉　峯 |  | － | × | × | × |
| 王　子　司 |  | 常 | 常 | 常 | 常 |
| 銭　永　銘 |  | － | － | － | － |
| 施　肇　祥 |  | － | － | － | － |
| 徐　新　六 |  |  | － | － | － |
| 張　雲　博 |  |  | － | － | － |

出典：民国20～23年の業務報告及び各年の董監事職員表。
説明：長は董事長、常は常務董事、－は董事、空白と×は董事に当選していない事を表す。

表2 董事の籍貫，職業及び持株数

| 職別＼籍貫職業 | 浙江 | 江蘇 | 広東 | 官僚 | 商人 | 銀行界 | 合計 |
|---|---|---|---|---|---|---|---|
| 董事長 | 1 | | | 1 | | | 1 |
| 常董 | 3 | 1 | 1 | 2 | 2 | 1 | 5 |
| 董事 | 5 | 3 | 1 | 1 | 6 | 2 | 9 |
| 監察 | 4 | 1 | | | 3 | 2 | 5 |
| 合計 | 13 | 5 | 2 | 4 | 11 | 5 | 20 |
| 合計株数 | 12,270 | 3,831 | 2,782 | 2,939 | 12,940 | 3,004 | 18,883 |
| ％ | 65 | 20.3 | 14.7 | 15.6 | 68.5 | 15.9 | 100 |
| 毎人平均株数 | 943.8 | 766.2 | 1,391 | 734.8 | 1,176 | 600.8 | 944.2 |

出典：「1935年董監事名録」『建档』23-25-72，17。
説明：職業は資料のもので分類した。実際には1項だけでない。

める）である。総経理は陸伯鴻が兼任した。董事は1933年から15人に改められ，監察は5人で合計20人であった。1935年の20人の籍貫・職業・持株数を表にすると表2の通りである。

表2より，浙江人が多く，江蘇人がこれに次ぎ，広東人がその次であるのが判る。職業から言えば，商人が多く，銀行界がそれに次ぎ，官僚がその次である。グループごとの持株を見てみると籍貫・職業と株数の多寡は同じである。個人の持株についていえば，広東人がトップで江蘇人が一番少なく，商人がトップで官僚が最後である。官僚が董事長をするのは持株が多いためではなく，当時，官職が尊敬されていたためである。このような組織のあり方は閘北公司の株主の概況を表しており，浙江人士の上海での経済的な実力も示していた。

総経理の陸伯鴻は上海人で，清朝の秀才であり，中法中学を卒業後，フランスへの留学経験もあった。上海商工界の著名人であり，ほかに華商電気公司・大通仁記航業公司・和興碼頭堆棧公司の各企業の董事兼総経理であり，新和興鉄廠董事長，浦東電気公司・上海自来水公司董事，上海フランス租界工董局の中国人董事などの職を兼任していた[16]。これらの兼任する要職の多さからも，その頭脳の明晰さと有能さが窺える。

技術人員ははじめはオーストリア人のエンジェルであったが，彼の離職後は専任の技師が不在となった[17]。1917年，泰県人の単毓斌が廠長になり，その

後，蔣某・湯文鎮が任ぜられた。民営化の後は廠長を設けるのをやめた。民営化後の主任技師・汪正聯は江南高等実業学校の電工専科を卒業して，日本で実習し，帰国後は南京電灯廠の電務主任に任ぜられた[18]。次には，徐仁鏐が後任となった。徐は南京省立第一工業学校の電機専科を卒業し，大場大耀電灯公司の技師を2年勤めた[19]。その次の施道元・汪康培の学歴・経歴はよく判らない。1931年，沈銘盤が主任技師に任じられ，1937年には水務科長に任じられ，電務科長は陳良輔が後任になった。沈は呉県人で，上海震旦大学の土木工程師で，フランスのパリ高等電気専科学校（Ecole Supérieure D'électricité）の電機工程師で，パリ発電所と多生斯水電機製造廠で実習した[20]。陳良輔は浙江の鎮海人で，1923年に交通大学電機工程科を卒業し，後にアメリカの彼芝堡［訳注：ピッツバーグか］大学で電機工程師の学位を取り，建設委員会に長年勤めた[21]。主任技師の学歴・経歴は不明者もいるが，前述のとおり多くは電気を専攻した人材であり，最後の2人は留学歴もあるなど学歴はかなりのもので，閘北公司の良好な基礎を築くことになった。

閘北公司の従業員の増加状況は表3の通りである。

閘北公司の営業区の拡大と利用者の増加，資金・資産・収支の相対的な増加によって，従業員数も自然と増加した。その増加率は利用者の増加率よりも低いが，収入の増加率より高く，合理的な現象である。人員の増加は業務の増加と呼応するべきだが，会社の業務が増加しても人員が不足しなければ同じ比率で増やす必要はない。ここで収入の増加が比較的緩やかになったのは，（工業用）電力利用の増加と電気料金の値下のためである。大筋において，

表3　職員と利用者の増加比較

| 年 | 職員実数 | 指　数 | 利用者指数 | 収入指数 |
|---|---|---|---|---|
| 1929 | 262 | 100 | 100 | 100 |
| 1930 | 294 | 112 | 108 | 108 |
| 1931 | 385 | 147 | 160 | 149 |
| 1936 | 587 | 224 | 286 | 162 |
| 1937 | 676 | 258 | — | — |

出典：『中華民国実業名鑑』931頁。『上海市統計』民国22年「公用事業」9頁　『實档』17-22, 132-1。『中南支各省電気事業概要』93頁。

従業員の増え方は合理的であり，人事管理の適切さを証明している。

## 第2節　資金の調達

閘北水電公司の資本の発展は表4の通りである。

表4から，実収資本は1924年の130万元余から1936年の864万元余に増え，6.6倍の増加である。しかし，なお資金不足で1936年の総資産は22,127,426元に達した。1930年に永豊等の銭荘から100万両を借り入れ，5年に分けて返済した。[22]

1932年の第1次上海事変の影響を受けた約80万元の損失の中，電気部門の損失は約695,000元であった。9月1日，上海市は建設委員会に救済方法を相談し，建設委員会はエンジニア（技正）惲震を派遣した。先ず公用局長・黄伯樵と会って相談し，発電所を上海電力公司に貸さないという原則を決めた。

表4　閘北公司資本

(単位：元)

| 年 | 定　額 | 実収額 | 資　料 |
|---|---|---|---|
| 1924 | 4,000,000 | 1,311,950 | ①930頁。 |
| 1925 | 4,000,000 | 2,000,000 | ②7頁，先に半数を集めた。 |
| 1926 | 4,000,000 | ― | |
| 1927 | 4,000,000 | 2,673,175 | ①，③公用事業，6頁，④41頁。 |
| 1928 | 4,000,000 | 2,949,010 | ⑤，⑥，③ |
| 1929 | 4,000,000 | 3,624,890 | ②9頁，③ |
| 1930 | 6,000,000 | 3,910,590 | ②9頁，③，⑦ |
| 1931 | 6,000,000 | 5,675,620 | ⑦，③では5,681,020元となっている。 |
| 1932 | 6,000,000 | 5,678,795 | ⑧ |
| 1933 | 6,000,000 | 6,000,000 | ⑨官利の中から321,205元を補足。 |
| 1934 | 6,000,000 | 6,000,000 | |
| 1935 | 8,000,000 | 7,573,220 | ⑩，⑪ |
| 1936 | 10,000,000 | 8,641,160 | ⑫ |

出典：①『中華民国実業名鑑』。②『中国各大電廠紀要』。③『上海市統計』民国22年。④『10年来上海公用事業之演進』。⑤『上海市公用局業務報告』民国17年7月至12月。⑥民国19年1月21日「張宝桐報告」『建档』22-25, 21-5。⑦『20年公司業務報告』。⑧『21年公司業務報告』。⑨『22年公司業務報告』。⑩『上海市年鑑』民国25年N40。⑪『中国電気事業統計』第6号，17頁。⑫第7号，15頁。

このため至急，22万元を支払わなければならず，上海市は報酬金を担保として100万元を貸し付けたいとし，建設委員会は1年ごとに返される義和団事件の元利を民間電気業者に貸し付けようとしたが，いずれも急場には間に合わなかった。翌日，ふたりは四行準備庫総理の銭永銘を訪れ，交通銀行経理の王子松も同席していたが，以下のように主張した。閘北公司の債務を整理して一つにまとめて，人事制度を改めさせる。公用局は書面で閘北にその旨を通知し，閘北公司が中国銀行界と協議するか，または政府の名義で代わりに借金してもよい。もし糸口があれば閘北公司自身が貸す側と相談するか，あるいは政府が相談に同席してもよい。1933年1月16日，閘北公司は交通銀行等の15の銀行・銭荘の代表と借入契約にサインした。合計借入額は215万両であった。惲震はこの借金が成功したことを非常に賞賛すべきだと大いに喜んだ。銀行界はこれまで電気事業に投資することに懐疑的であったが，今回は交通銀行が詳しく調査し，大局に配慮したとしたのだとした。閘北公司は破産に瀕していたが，この借入金によって復興，維持ができることを喜ばしいことだと考えた。上海電力公司は以前から閘北に野心を抱いていた。もし発電所を上海電力公司が借りて使うなどということになっていたら，上海の電気事業は重大な危機に陥ったはずであった。政府は銀行と協力して，その野心を抑え込んだ。[24]

借入契約によれば借金は215万両，期限は5年，2年目から元金を返済する。利息は10%，3ヶ月に1度利息を支払い，期限に払えなければ元金に計上する。貸した銀行は12行，銭荘3業者，交通銀行と四行儲蓄部の2行がそれぞれ30万両を投資したのが最多で，その他の10行は10万から20万両，3行が10万両以下だった。[25] この10万両という数字は決して高くはない。最多の交通銀行の30万両について言えば，1934年の貸付263,655,285元のうち，30万両（416,667元に相当）は総貸付額の0.16%を占めるに過ぎず，交通銀行の1934年の定期貸付82,958,471元の5%にしかすぎない。[26] 銀行界の閘北公司への貸付には慎重さが窺える。

この貸付の条件は非常に厳しいもので，利息が高い上にすべての資産を担保にしている外にも，銀行団は5人委員会を組織した。下記の事項に対して閘北公司はこの5人委員会の同意を得なければならなかった。

① 公司総経理と各科主任の進退

②　公司の通常・臨時の双方の予算の編成
③　公司のすべての費用の支払い
④　公司のすべての材料の購買
⑤　公司の営業と工程計画の変更

更に委員会が任じた監視委員を会社に常駐させることとし，後に唐在章が任命された[27]。上海市公用局は契約には特に意見はなかったが，以下の2点については態度を保留していた。

1．公司の銀行団との関係は，市の監督権を何等制約しない。市政府と閘北公司の契約は依然として有効である。
2．営業権がもし債務によって移転する際は，監督機関の審査の上許可を得なければならず，担保品の処分も同様である[28]。

借入契約の成立後，閘北公司は経理制に改組し，陸伯鴻を総経理にした。
財務方面では，1932年に以前からの抵当付借金1,342,657元があり，1933年には3,163,832元に増えて，1,821,175元増えた。しかし，新しい借入金で，古い借金を返して借金をまとめたので，1933年の定期借金は616,400元余に，流動負債は696,900元余に減少し，対外負債はわずかに507,800元余増えるに止まった[29]。

1934年，閘北公司はなお経済的な圧力に面していた。銀行団から借りた金は今後3年以内に完済しなければならず，同時に拡大のための経費が増えることは必至であった。そのため，社債を発行して返済期間を延長して，債権額も緩和させ，古い借入金を返済し，その余りで新しい発電機を購入しようと考えた。1933年末，閘北公司の資産はすでに1,300元余に達したが，資本総額はその半分にも及ばず，社債の発行も可能だった。1934年2月16日に会社債450万元の発行を決めた。年利8％，半年に1度利息を支払い，元金は8年で完済し，額面の98％で販売した［98発行］。1934年11月に募集を完了して，銀行団の借入金とその他の古い借入金をすべて完済した[30]。1936年，6年に分けて完済する以外の条件は前回の社債と同じの第2次会社債150万元を発行し，4月30日に募集を完了した[31]。銀行団からの借入金は閘北公司の迅速な回復を促し，その功績は大きかった。社債の発行は閘北の財務に更に好転させ

た。以上の経緯から考えると，もし資金が充足すれば，中国人の自営電気事業経営は発展を期することができたことが判る。

## 第3節　設備と電力量

発電所の設備はおもに発電設備と配電設備であり，電力量は自家発電と購入電力の2つである。以下，順に述べてゆく。

### 第1項　発電設備と発電量

閘北公司は，初期には上海工部局から電気を購入することが主であったが，それを何時までも続ける訳にもいかなかった。1925年11月，江湾電灯廠を買収し，1,200kwの発電機を有したのが将来の自家発電の基礎であった[32]。更に上海特別市公用局が設立されると，上海工部局電気処から電力を買うことは利権を損ねていると閘北公司に発電所建設を促した[33]。閘北公司は1928年2月，美最時洋行（Melchers）に受熱面積800㎡の計水管式ボイラー3台と加熱機・節炭機を発注した。蒸気タービン発電機2台は各10,000kwであった。発電所用の500kwの蒸気タービン1台とその他の機械で合計515,000米ドルであった。

表5　閘北公司自家発電量

(単位：kw)

| 年 | 発電容量 | 最高負荷 |
| --- | --- | --- |
| 1930 | 20,500 | — |
| 1931 | 20,500 | 10,600 |
| 1932 | 20,500 | 10,100 |
| 1933 | 20,500 | 9,800 |
| 1934 | 20,000 | 15,500 |
| 1935 | 22,000 | 15,500 |
| 1936 | 32,000 | 20,200 |
| 1937 | 32,000 | — |

出典：『建档』23-25-72, 19, 20。
説明：『中南支各省電気事業概況』92頁には1937年に14,000kwの発電機を追加購入したと書いてあり，104頁では12,500kwであると書いてあるが共に誤りである。12,500はおそらくKVAの単位で合計10,000kwである。『十年来上海公用事業之演進』40頁にも同じようにKVAをkwにする誤りがある。

9月, 軍工路に発電所の建設を始めて, 1930年5月に完成, 12月24日に送電を開始した。[34] 閘北公司には2台の機械があり, 1台はフル稼働し, 1台はいざという時の予備とした。34年, 需要の激増によって最高負荷が21,527kwに達したため, 経済的な効率から2台の発電機を同時に使用することにした。発電機の増設は自然な流れであった。34年の春に, 2,000kwの発電機1台と付属品を購入契約し, 500kwの発電機を下取りに出すことになった。1935年にまた10,000kw発電機1台とボイラー3台を購入し, 8月21日に建設委員会は営業許可証を発給した。[35][36] 自家発電容量の合計は1937年3月まですでに32,000kwに達した。1937年4月にはまた更に, 新通公司に10,000kwの発電機を発注し, 1938年7月末に装備が一新される予定であった。[37] しかし日中戦争の勃発後の1937年9月, 発電所は被弾して制御室が損害を受け, 閘北は完全に戦時地区となってしまった。[38]

発電容量と最高負荷率を表にすると上表のとおりである (表5)。

表5から1936年の最高負荷率は1931年頃のほぼ2倍に増加していることが判る。これは社会の需要増加を説明している。閘北公司の1936年の発電容量をそれ以前とくらべると56%増である。1937年に購入契約した10,000kwを含めると, すでに2倍あまりに増加している。こうした増加の傾向は社会の発展と会社の資金状況の好転と密接な関係があった。

第2項 送電設備

閘北公司は当初購入した電力の転売が主であり, その主要な設備は送電と配電のための装置であった。1930年末に軍工路の発電所は12,500KVAの2台の変圧器を備え, 電圧は33,000V, 済陽橋と小沙渡の2ヶ所の総変圧所に送電し, 各所に分送した。[39] 大体において閘北中区・東区は発電所から電力供給し, 西区は工部局か上海電力公司から電力購入して転売していた。[40] その送電 (輸電)・配電の発展情勢は数年来の電柱の数量と電線の長短で概況を知ることができる (表6参照)。

1932年の減少の原因は第1次上海事変の影響を受けたことによる。閘北公司の電線の損失は大きかったが, 幸い発電所の機械は損害を受けなかった。戦争が始まるとすぐに電線が局地的に損害を受けた。2月6日, 済陽橋の変圧所が被弾し, 停電区域が拡大したので一部は上海電力公司の電力に頼って

表6　閘北公司輸配電線の発展

(単位：kw)

| 年 | 鉄柱(本) | セメント柱(本) | 木柱(本) | 合計 | 指数 | 地下ケーブル(km) | 空中線(km) | 合計 | 指数 | 変圧器(KVA) | 指数 |
|---|---|---|---|---|---|---|---|---|---|---|---|
| 1927 | − | − | − | 4,095 | − | − | − | − | − | − | − |
| 1928 | − | − | − | 5,419 | 100 | − | 157 | 157 | 100 | 17,295 | 100 |
| 1929 | − | − | − | 5,950 | 110 | 2 | 173 | 175 | 112 | 20,045 | 116 |
| 1930 | − | − | − | 7,187 | 133 | 6 | 218 | 224 | 143 | 79,471 | 460 |
| 1931 | 249 | 15 | 7,787 | 8,051 | 149 | 22 | 233 | 255 | 162 | 82,905 | 479 |
| 1932 | 251 | 17 | 6,295 | 6,563 | 121 | 23 | − | − | − | 70,395 | 407 |
| 1933 | 298 | 90 | 7,978 | 8,366 | 154 | 23 | 339 | 362 | 231 | 75,460 | 436 |
| 1934 | 318 | 216 | 9,250 | 9,784 | 181 | 38 | 395 | 433 | 276 | 93,195 | 539 |
| 1935 | 322 | 710 | 10,195 | 11,227 | 207 | 59 | 486 | 545 | 347 | 119,445 | 691 |
| 1936 | 322 | 710 | 11,547 | 12,579 | 232 | 70 | 536 | 606 | 386 | 132,255 | 765 |

出典：『上海市統計』民国22年，「公用事業」7頁。『中華民国実業名鑑』930頁。『中南支各省電気事業概況』108頁。『22年業務報告』16頁，『23年業務報告』11頁，『25年業務報告』19頁。

表7　閘北公司の損失

(単位：元)

| 項　目 | 修理費用 | ％ | 支払済修理費 |
|---|---|---|---|
| 電務資産 | 657,600 | 89.5 | 617,136 |
| 水務資産 | 24,800 | 3.4 | 29,800 |
| 河瑞里房屋 | 22,500 | 3.0 | − |
| 車輌雑器 | 30,000 | 4.1 | − |
| 合　計 | 734,900 | 100.0 | 646,936 |

出典：『21年業務報告』3-10頁，45頁。

電力供給を維持した。

　第1次上海事変による損失状況を表にすると表7のとおりである。

　支出済修理費は電柱と電線が多く，合計417,931元である。次に済陽橋変圧所の修理費161,476元，その他の変圧所37,729元である。水道管の修理費は29,800元である。この以外の部分の電線はまだ修復されていない。1933年には大場区の電線が修復された。[41]

　表6から1936年と1928年を比較すると，電柱の増加がおよそ2倍であるが，電線の増加はおよそ4倍である。この両者の差の原因は，1つには鉄柱とセメント柱の増加によって，木の電柱より電線の距離が長くなったことによる。

もう１つは社区内の利用者が増加して電線の密度が高くなったことである。変圧器容量の大量増加がこれを証明している。

閘北公司はもともと工部局電気処から電力を購入して転売することが主であった。初期の工部局電気処との契約は未見で不明であるが，新しく結んだ契約は1925年１月１日から1930年６月末までである。1930年12月，閘北公司は自家発電していたが，１万kw容量がわずか１台とまだ十分ではなく，また電力需要は日ごとに増加したため，上海電力公司から電力を買わなければならなかった。[42] 電力購入の条件は31年の年頭１月25日に合意したが，時局の緊張により上海市公用局への審査申請もまだであったが，先に上海電力公司と契約を締結し，第１次上海事変時と事変後の電力供給の助けとなった。[43] 公用局へは２月５日になってようやく申請した。

（この申請に先立って）1930年12月16日中華民国国民政府は，外国人とのあらゆる契約締結は審査を受けなければ無効であるという訓令を出していた。1931年12月25日になって，建設委員会は上海市政府に以下のように通知した。閘北公司の上海電力公司との電力購買契約は，上海電力公司がまだ電気事業者の地位を取得していないために，中央主管機関の許可を経なければならないものである。[44] 1932年７月８日，上海市政府は両者間の契約草案と併せて公用局の審査意見３点を送付した。

1．閘北公司が電力を急ぎ必要とし，上海電力公司がこの好機を逃さなかったため，条件は過酷なものとなり，電気代とkWh数は皆厳格に規定されている。第３条では契約の有効期間が15年と規定され，延長することも許している。しかしながら，このことは閘北公司が自力で発電事業を行うことを何等妨げるものではなく，すべては依然として閘北公司が判断して決めることができる。ただ，もし閘北公司が（電気の受け売りを続け）利を貪るにとどまれば，永遠に上海電力公司の下風に立つことになりますが。
2．電力を供給する地域については，租界と上海の西の滬西を閘北公司が電力を供給してはならないことが規定されています。第１条，第16条は閘北公司が電気を規定の地区の外に転売してはならないことを定め，電気を売る区域図まで付け加えている。しかしながら上海市は既に閘北公

司，華商公司の2社に対して上海の西方の滬西へ電力を供給することを許可しておりまして，このような規定は当市の監督権限に対しても差し障りがあります。それで，削除すべきであると言っておるのですが，まだ言うことを聞きません。上海電力公司はというと滬西へ越境して行っている電力供給を閘北公司に返すことを望んでいます。
3．閘北公司がしなければいけないこと。
　①15年満期になれば，再延長はしない。急ぎ電力が必要となれば両者は新たに別の契約を結ぶ。
　②もともとの規定では最大の需要電力が4,000kWh以上とされたが，最大の需要電力は8,000kWh以下とされるべきである。
　③発電事業を拡大する計画を実際にもつべきである。[45]

7月13日，惲震は上海に赴き，公用局と会談して以下の3点を決めた。

1．第1・16条と付図は削除すること。
2．公用局は閘北公司と保証契約をむすび，厳しい罰則を決めること。閘北公司に発電機や発電所を拡大すると決心させ，いつまでも外国人の助けを求めないと確約させる。
3．契約の文言はアメリカの法律の文言に準拠すること。

　7月26日，建設委員会は上海市政府に，申し出は審査を経て許可が与えられるだろうと通知した。[46]しかし，この件が終わる前にまた違う事案が発生していた。
　1932年冬，上海電力公司は閘北公司に電気を供給するために幹線ケーブルを設置したいと考えた。幹線ケーブルを使わないと送電は現有の電線でするしかなく，電線が長くなると損失が大きく，両社にとって不経済であり，いち早く幹線ケーブルを設立したほうがよいと考えたのである。上海電力公司が租界内の敷設を行い，閘北公司はその幹線ケーブルにつなげれば電気料金を低廉なものにでき，両社が費用を節約できた。公用局はこの幹線ケーブルの設置については専ら閘北公司が利益と安全を図ったものであるとして許可してもよいとしたが，前の契約がまだ締結されていないとして更に3点の要

望を出した。

1．手続きの問題がある。まず許可を下さいと申請があるはずなのにそれもしないうちに契約を結んでいるので，契約が効力を発する日時は許可の日から数える。
2．電力供給区域の問題は修正しなければならない。
3．必ず守ってもらうのは，15年の満期後延長はできず，電力購入は最大で12,000kwを上限とすることである。閘北公司がこの両項に違反したら即刻処分する。

これに対して閘北公司は即答せず，回答を引き延ばして，1937年の初めにやっと以下のように回答した。

1．手続問題はなにとぞ寛大に処置を願いたい。しかし，契約の有効期間は1935年1月1日の本線に通電された日から数えるべきである。
2．電力供給区域の問題は，上海電力公司がもとの契約がすでに成立していると主張し，改修を拒んでいる。何度も争ってやっと付属条項の修正に応じた。公共租界・フランス租界・滬西電力公司の営業区を除いて，閘北公司は購入した電力を販売できる。もし，自家発電で以上の3区に販売しても，契約の制限を受けないはずである。
3．保証問題については，閘北公司は早くから拡大計画を進めているので，何かこのことで改めて保証する必要はないはずである。

　上海市公用局としては1と2に関しては特に意見はなかった。3に対しても特に因縁をつけるつもりはなかった。しかし，購買電力量は抑制されるべきであると考えた。最大の購買電力の容量を12,000kwとし，緊急時には6,000kw分追け加えさせて，公司が18,000kwの購入が可能であるとした。閘北公司には楊樹浦の変圧所に7,500KVAの2台の変圧器しかなく，その最大容量はわずか12,000kwでしかない。設備を増やそうと思えば先ず役所の審査を仰がなければならないので，監督機関として決定権を保持できる。閘北公司がこの点については契約の規定の違反罰則に依るべきであり，保証罰則で扱

表8　閘北公司の購入電力量

(単位：千kWh)

| 年 | 購 入 量 | 最高負荷 | 負 荷 率 |
|---|---|---|---|
| 1924 | 6,400 | 3,200 | 22.8 |
| 1925 | 17,800 | 3,800 | 53.5 |
| 1926 | 26,000 | 6,000 | 49.5 |
| 1927 | 29,500 | 6,575 | 51.2 |
| 1928 | 35,600 | 8,702 | 46.7 |
| 1929 | 44,200 | 9,192 | 55.0 |
| 1930 | 46,515 | 10,597 | 50.1 |
| 1931 | 26,007 | 4,875 | 61.0 |
| 1932 | 32,642 | 9,430 | 39.5 |
| 1933 | 16,879 | 5,885 | 32.7 |
| 1934 | 19,592 | 6,027 | 37.1 |
| 1935 | 35,186 | 6,702 | 52.5 |
| 1936 | 34,940 | 7,219 | 48.4 |

出典：『20年業務報告』17-18頁。『21年業務報告』13頁。『22年業務報告』15頁。『23年業務報告』9頁。『中国電気事業統計』第6号17頁，第7号15頁

われるべきではないとしているのは，閘北公司が受ける罰を軽くしてもらおうという意図が明白である。詰まるところ閘北公司に最大電力購入量12,000kwという一定の制約を課すのがよいと思われる。つきましては建設委員会におかれては審査の上決定の回答ありたしと，上海市公用局は建設委員会に要望した。3月4日の建設委員会からの回答は審査の上それを許可する内容であり，この案件は終わった。以上の経緯から，政府・上海電力公司・閘北公司の三者は三様であったことが判る。政府は利権の回収を目論んでいた。上海電力公司は滬西への供給権を維持しようと考えていたが滬西電力公司はすでに1935年に設立し電力供給権は保証されていたので傍観する立場であった（第6章参照）。閘北公司は自社が需要に充分応えることのできない発電力不足であることを自認してかなり譲歩してもよいと考えていた。

　閘北公司の購入電力量の推移は表8のとおりである。表8から1930年が最高で，1931年は自家発電により大きく電力購入量が下がっている。1932年にはまた大量の電力購入をしているが，これは第1次上海事変の影響である。その後は正常な状況下で推移したと見るべきである。閘北公司は白廠で発電

表9  閘北公司の自家発電と購入電力のコスト比較　　　（単位：分0.01元kWh)

| 年 | 1932 | 1933 | 1934 | 1935 | 1936 |
|---|---|---|---|---|---|
| ① 自電発電 | 2.057 | 1.449 | 1.653 | 1.583 | 1.372 |
| ② 購電 | 2.632 | 2.792 | 2.612 | 1.862 | 1.89 |
| 1 kW 毎の差 | 0.575 | 1.343 | 0.959 | 0.279 | 0.518 |
| ②/①×100 | 128.0 | 192.7 | 158.0 | 117.6 | 137.8 |

出典：『中南支各省電気事業概況』108-109頁。

した分だけでは，日々増加する需要に応じられなかった。自家発電と電力購買の両方で利益の上では差が大きかったが，政府は利権を回収することを考えていた。

両社の発電コストを比較すると表9の通りである。購入する電力の価格はとても高かったが，1935年から下がり始めている。これは石炭価格が下ったためである。自家発電と購入のコストの差は大きく，1933年が最高で数倍の値になっているが，通常は約30％くらいであった。以上，表9の5年間の購入電力量で計算すると，多い年で合計881,421元，平均で毎年176,284元を支出し，これは5年間の利益の20.3％を占めた。

## 第4節　営業の拡大

初期の営業区は大まかに言って閘北地域であった[48]。省府が経営を受け継いでから1923年に交通部に申請して，閘北地区に発電所を造ろうという申請を，一律に暫時延期させた[49]。上海特別市ができると，その営業区は東北は黄浦江沿いの張家浜まで，東南は公共租界と隣接している部分まで，西南は蘇州河に沿って陳家渡まで，西北は彭浦・江湾等の鎮にまで広がった[50]。1931年，閘北公司が上海市公用局と結んだ契約で，その営業区は江湾・彭浦・閘北・引翔・殷行（張家浜以南）・蒲淞（蘇州河の北，陳家渡の東）等の地区であるとはっきり決められた[51]。1932年，宝明公司を合併したことにより，呉淞区と楊行郷までを得，1933年には，彭浦区が大場・劉行・羅店などまで拡大された[52]。1935年，碑坊路口・飛行場・江橋鎮・華漕鎮・陳思橋・諸熅鎮の6ヶ所に電線の設置を申請し，蒲淞区全域を包括し，嘉定県との境にまで達した[53]。

営業（区）の拡大方法は，次の3つに分けられる。

## 第1項　電気会社の買収

　初期に江湾電灯廠を買収し，次いで宝明電気公司を買収した。宝明電気公司は1918年の設立，資本金は15万元，実収はわずか4万元だった。呉淞区・楊行郷を営業区とし，発電量は56KVA（約45kw，ガス機），2,000燭の電灯に供給できた。1921年，112KVA（90kw）のガス機1台を増設，1926年には更に175KVA（140kw）のディーゼル機1台を増設し，合計で275kwとなった。1929年最高負荷が209kwに達し，これ以上の増設はしなかった。1930年9月，閘北公司から電力を購入した。1931年，新しい電線が完成し，5月1日に通電した。しかし，1932年初めに第1次上海事変で蒙った破壊から回復できず，閘北公司によって買収された。現有資本133,660元，半額66,830元で買収した。宝明公司の負債79,800元，応収款18,158元は閘北公司が処理し，合計128,552元を支払った。1932年10月21日にサインして買収手続が完了し，翌1933年に許可が降りて引き継がれた[55]。

## 第2項　区内の電力供給権の回収

　電力供給権を回収したのは合計で5ヶ所であった。

① 光復路は上海電力公司が越境して電力供給していた。1931年，上海電力公司はケーブルの修理により，市の公用局に営業許可証の交付を求めた。公用局はこれを退け，閘北公司に回収させて，9月1日から電力供給を引き継いだ。
② イギリスの業広公司の新建大楼（東嘉興路とジェスフィールド路の交差点）はもとは上海電力公司から電力を供給されていたが，市公用局は閘北公司に通電を命じ，8月下旬から引き継いだ[56]。
③ 蘇州河の北岸の立徳油廠は電力使用量がとても多く，もとは工部局から電力供給を受けていた。幾度か交渉したが，契約時期がまだ終わっていないという理由で閘北公司からの電力供給を拒んでいた。1933年6月，上海電力公司からつないでいたケーブルが破損したので回収し，11月29日から閘北公司が電力供給を始めた。

④　定海島はもともと浚浦局から上海電力公司の電力を購入していた。閘北公司の営業区に属していたため、該局は浦東公司からの電力購入に同意して、もとからあった電柱と電線は浦東が購入し、1934年1月に引き継いだ。

⑤　宝山路外順里の住民の電気は十数年間、京滬路から供給され、何度も交渉したが、鉄路局は自らの所有でありとし自分のところで電力供給すると譲らなかった。閘北公司は営業権と土地の権利は無関係である上に、当地はすでに外順房屋（不動産）公司によって貸し出され、鉄路局とはすでに関係ないと主張し、両者は争って譲らなかった。第1次上海事変後、公用局長・黄伯樵が京滬・滬杭甬両路長に異動し、住民の再度の請求に快諾し、1933年6月に閘北公司から電力供給されるようになった。[57]

## 第3項　同業電気会社への電力販売

同業電気会社への電力販売（卸電）は営業拡大の一つの方法であった。上海に工場を設立することは、政治状況も比較的安定し、電力供給もしやすかったが、1927年以降には工業家は江蘇の奥に工場を建てることもメリットが多いと考えるようになった。労働者が訓練・管理しやすく、仕事の効率もより高く、原料と市場に近かった。江蘇省の内地が発展の趨勢を見せていた。電気会社としても、もし内地に向けて卸電営業を拡大できれば、電力需要に応えるのみならず、内地の工業を育てることになり、自身の営業を拡大することなく、大きな成果を挙げることが可能だったのである。[58]

閘北公司から電力を買って転売した初めての発電所は、大耀余記電灯公司であった。1922年に宝山大場郷に設立し、資本金は2万元、発電容量は30kw、直流式ガス機であった。1924年、登録が許可されたが、この年に兵禍によって大きな損失を受けた。1928年8月、閘北から電力供給を受けてどうにか維持し、現有の直流発電機は使用を止めていた。[59]

2つ目は宝山羅店纒記電気公司である。ここは1923年に設立され、資本金は2万元、発電容量は45kw、閘北公司からの購入は少なかった。1933年11月、この会社は大耀に営業権を譲渡し、その譲渡金額は1万元だった。しかしまだ金銭の払い渡しをしていなかった。この会社は後に大明電灯公司と改名し、

大耀から電力供給を受けた。大耀は閘北公司から電力の供給を受けていたので，大明も間接的に閘北から電力購入していたのである。[60]

3つ目は真茹電気公司である。1928年夏，曁南(きなん)大学が校舎を増築して電力使用量が激増し，真茹公司は閘北公司から電力購入することになり，同年の10月10日から通電した。毎月2,500kwを購入し，1kwあたり0.07元であった。[61]

4つ目は翔華電気公司であった。翔華は自社での発電はせず，1930年からは全部閘北公司から買った電力を転売していた。1935年に再び契約をむすび，7年の期限で最高電力容量は2,000kw，基本電気料金は1kwあたり4.2元，流動電気料金1kwあたり0.013元，1935年の購入量は3,863,900kw，1936年は7,121,210kwであった。[62]

5番目は浦東電気公司であった。1933年2月，浦東公司は閘北公司から電力を購入し，陶家宅配電所に水中ケーブルを接岸させ，12月22日に通電した。まず高橋区に供給し，後に陸行鎮・高行鎮・洋涇区北部にも範囲を拡大した。1935年の閘北公司の購入量は4,616,550kw，1936年には6,951,878kwであった。[63]

6番目は嘉定華興永記電灯廠である。華興は1927年に設立され，独資経営で資本金は25,000元，発電容量は40kwだった。1926年に顧吉生は11,500両で華興を買収して，華興永記電灯廠と改名し，資本金は42,000元に増額した。[64][65] 1934年，嘉豊紡織染公司が500-600kwの電気量を必要としたが供給できなかったので，嘉興は閘北公司から電力を買うことに同意した。閘北公司は嘉定に電柱を建て，嘉興の求めに応じただけでなく，華興・南翔の両社の需要にも応じた。1936年，華興はまた閘北から電力購入し，3年の契約を結び，最高量200kw，基本電気料金は第1の100kwは1kwあたり5.5元，第2の200kwのときは1kwあたり5元，200kw移譲のときは1kwあたり4.5元であった。流動電気料金は1kwあたり0.015元であった。[66]

7番目は嘉定南翔生明電気公司であった。1919年，孫志厚が資本2万元を集めて南翔電灯公司を設立した。発電容量は35kw，1920年に登録し，資本金を3万元に増額し，発電容量は40kwに増えた。1924年，更に3万元を増資，1932年にも3万元を増資して，1933年に生明電気公司に改組し，資本金は合計10万元，ディーゼル発電機を購入して発電容量は合計180kwになった。1934年から電力を輸送したが，馬力不足で電灯が点滅する有様だったので，南翔商会は改善を要求した。[67] 価格は華興より安かったが，これは契約の時期

が異なるためである。

　8番目は華商電気公司との相互電力供給である。相互電力供給は時には営業範囲の拡大となった。上海市政府はこの二大電気公司が連絡をし合い，相互に調整・協力することを望んでいた。1932年，両社は協議を始め，33年末に通電工程が完成し，1934年1月4日に通電した。[68]

　営業区の拡大は購入電力発電量もそれに従って増加した（表10参照）。

　表10から，1927年を初期値とすると1936年まで総電力量は4倍半に増えた。そのうち自家発電の増加が最多で，1932年の特殊状況を除けば，1936年は1931年に比べて倍以上に増えている。電力購入は30年を初期値とすると，この後はこの年の購買量を超えることはなかった。1925・26年に増加の傾向を示している。これは社会の需要が増加したためであり，閘北公司の自家発電量がなお拡大の努力をしなければならなかったことを説明している。

　電気量はすべて販売していたのではなく，一部は自社で使い，ほかに送電時の損失もあった。表11はその2つについての表である。

**表10　閘北公司購電量と発電量**　　　　　　　　　　　　　　　　　　（単位：千kWh）

| 年 | 購電量 | ％ | 発電量 | ％ | 合　計 | 指　数 |
|---|---|---|---|---|---|---|
| 1924 | 700 | 100.0 | — | — | 700 | 2 |
| 1925 | 1,800 | 100.0 | — | — | 1,800 | 6 |
| 1926 | 27,429 | 100.0 | — | — | 27,429 | 95 |
| 1927 | 28,835 | 100.0 | — | — | 28,835 | 100 |
| 1928 | 35,693 | 100.0 | — | — | 35,693 | 124 |
| 1929 | 43,477 | 100.0 | — | — | 43,477 | 151 |
| 1930 | 46,515 | 98.7 | 615 | 1.3 | 47,130 | 163 |
| 1931 | 26,007 | 37.4 | 43,605 | 62.6 | 69,612 | 241 |
| 1932 | 32,642 | 63.2 | 19,033 | 36.8 | 51,675 | 179 |
| 1933 | 16,879 | 24.1 | 53,119 | 75.9 | 69,998 | 243 |
| 1934 | 19,592 | 21.9 | 69,877 | 78.1 | 89,469 | 310 |
| 1935 | 35,186 | 32.5 | 72,925 | 67.5 | 108,111 | 357 |
| 1936 | 34,946 | 26.7 | 96,125 | 73.3 | 131,071 | 455 |

出典：『上海特別行政統計概要』民国17年，「公用」201頁。『上海市統計』民国22年，「公用」9頁。『中華民国実業名鑑』931頁。『中国各大電廠紀要』7頁。『閘北水電公司業務報告』民国20年，21年，22年，23年，25年。『中国電気事業統計』第6号16頁，第7号14頁。『中南支各省電気事業概要』108頁。

表11　電量販売、自用及び損失

(単位：千kWh)

| 年 | 総電量 | 販　売 | ％ | 自　用 | ％ | 損　失 | ％ |
|---|---|---|---|---|---|---|---|
| 1928 | 35,693 | 28,394 | — | — | — | — | — |
| 1929 | 43,427 | 38,574 | — | — | — | — | — |
| 1930 | 47,131 | 42,700 | 90.6 | 616 | 1.3 | 3,815 | 8.1 |
| 1931 | 69,612 | 55,752 | 80.1 | 5,008 | 7.2 | 8,852 | 12.7 |
| 1932 | 51,675 | 41,445 | 80.2 | 2,332 | 4.5 | 7,898 | 15.3 |
| 1933 | 69,998 | 57,855 | 82.7 | 5,164 | 7.4 | 6,979 | 9.9 |
| 1934 | 89,469 | 75,122 | 84.0 | 5,828 | 6.5 | 8,519 | 9.5 |
| 1935 | 108,111 | 87,471 | 80.9 | 6,387 | 5.9 | 14,253 | 13.2 |
| 1936 | 131,071 | 106,859 | 81.5 | 6,786 | 5.2 | 17,426 | 13.3 |

出典：表10。

　表11から，1930年は自家発電が数日に過ぎないため少なく，水道事業所の電気使用はその中に含まれていないので，販売量が高くなっている。損失率の多寡は一定せず，1932年は第1次上海事変の影響を受けてかなり多く，電線を伸ばしたことによっても損失率は増えた。しかし，大体においては特に高いとは言えない。

#### 第4項　利用者の増加

　従来の区域での増加以外にも，営業区の拡大によって利用者が増えていった。年来の利用者の増加状況は表12の通りである。

　表12から，従量制電灯利用者（表灯戸）が1936年は1926年に比べて2.8倍に増加し，電灯数で数えると4.2倍あまりに増えていて，電灯のある住居の大幅な増加を表している。定量制電灯使用者（包灯戸）は大幅に減っていて，電灯設備の進歩を説明している。電熱利用者は15倍以上に増え，生活水準の向上を示している。（工業用）電力利用者は2.9倍に増加し，馬力で計算すると3.2倍あまりに増えていて，工業用電力の成長の速さを示している。

　各種の利用者の実際の電力使用量は表13の通りである。

　1929-1936年に（工業用）電力は87％増加し，同時期の電力利用者の増加率(70％)を越えた。各戸の平均の電力利用量は43.9千kwから48.3千kwに増加し，工業用電力の増加の大きさを見ることができる。電灯用電力は53％増えたが，

表12 閘北公司電気利用者

| 年 | 表灯戸(電球数) | 包灯戸(電球数) | 電力戸(馬力) | 電熱戸(kW) | 街灯電球数(kW) | 同業 |
|---|---|---|---|---|---|---|
| 1926 | 9,996(49,134) | | 443(10,631) | | | |
| 1927 | 10,368 | | 461 | 51 | | |
| 1928 | 13,145 | | 616 | 96 | | |
| 1929 | 15,370 | | 749(12,061) | 130 | | 1 |
| 1930 | 18,351(140,475) | 595(2,637) | 919(15,063) | 264(1,252) | 2,324(179) | 1 |
| 1931 | 23,458(169,967) | 488(2,532) | 1,110(19,630) | 514(2,400) | 2,729(201) | 1 |
| 1932 | 18,048(126,255) | 310(2,298) | 816(19,959) | 436(1,912) | 2,751(207) | 1 |
| 1933 | 21,249(156,156) | 179(2,058) | 959(21,334) | 511(2,322) | 3,318(253) | 3 |
| 1934 | 25,338(183,466) | 69(1,630) | 1,107(24,307) | 706(3,214) | 3,828(296) | 5 |
| 1935 | 26,175(195,400) | 74(1,673) | 1,163(29,753) | 737(3,398) | | 6 |
| 1936 | 28,011(207,600) | 74(1,666) | 1,270(34,133) | 770(3,578) | 4,097(324) | 6 |

出典:1926年は民国17年9月4日の上海市調査表によった。『建档』23-25, 3-1。1927～29年は『中華民国実業名鑑』930頁を参照。馬力数は『中国各大電廠紀要』8頁。1930～36年は『公司業務報告』。1935～36年は『上海市年鑑』のN40頁(35年)、N57頁(36年)も参照。『中南支各省電気事業概要』103頁。
説明:空欄は資料欠如。

利用者の増加率(82%)には及ばなかった。各戸の平均電力量は561kwから305kwに減り、中・下層の利用者が増えたことが窺える。このことは電気の普及を説明しているが、実際には利用者の割合はまだ住居の19%に過ぎなかっ

表13 各種利用者の使用電力量 (単位:千kWh)

| 年\種別 | 包灯戸(定量制電灯) | 表灯戸(従量制電灯) | 電力戸(工業用) | 電熱戸 | 街灯 | 浄水所 | 同業 | 合計 |
|---|---|---|---|---|---|---|---|---|
| 1929 | — | 5,611 | 32,883 | 80 | — | — | — | 38,574 |
| 1930 | 662 | 5,926 | 30,297 | 134 | 730 | 4,951 | — | 42,700 |
| 1931 | 491 | 7,698 | 40,714 | 241 | 829 | 5,779 | — | 55,752 |
| 1932 | 346 | 3,463 | 32,953 | 86 | 712 | 3,885 | 2,346 | 43,791 |
| 1933 | 394 | 6,435 | 41,787 | 299 | 984 | 4,474 | 3,482 | 57,855 |
| 1934 | 271 | 7,755 | 44,224 | 418 | 1,153 | 5,462 | 15,839 | 75,122 |
| 1935 | 283 | 8,132 | 52,212 | 523 | — | 5,375 | 20,946 | 87,471 |
| 1936 | 286 | 8,269 | 61,325 | 750 | 1,395 | 4,995 | 29,839 | 106,859 |

出典:表12。
説明:1929年水電廠の用電は電力の中に含む。35年の街灯用電については不明。

表14　電灯と電力の使用量比較

（単位：千kWh）

| 年 | 電灯 | % | (工業用)電力 | % | 合　計 |
|---|---|---|---|---|---|
| 1929 | 5,611 | 14.6 | 32,883 | 85.4 | 38,494 |
| 1930 | 6,588 | 17.9 | 30,297 | 82.1 | 36,885 |
| 1931 | 8,189 | 16.7 | 40,714 | 83.3 | 48,903 |
| 1932 | 3,809 | 10.4 | 32,953 | 89.6 | 36,762 |
| 1933 | 6,829 | 14.0 | 41,787 | 86.0 | 48,616 |
| 1934 | 8,026 | 15.4 | 44,224 | 84.6 | 52,250 |
| 1935 | 8,415 | 13.9 | 52,212 | 86.1 | 60,627 |
| 1936 | 8,555 | 12.2 | 61,325 | 87.8 | 69,880 |
| 合計 | 56,022 | 14.3 | 336,395 | 85.7 | 392,417 |

出典：表13。
説明：電灯用電は包灯戸と表灯戸の両者の合計である。

[69]た。同業への電力販売（卸電）は13倍にも増えたが，顧客数としての増は6倍に止まっている。同業の電気会社への電力販売(卸電)の伸びは突出している。電力工業の発展が大型化に向かい，小型の発電所が淘汰されることは必至であった。

　閘北公司の電力供給は電灯用と工業用の電力供給が主であり，閘北公司の社会への貢献もそこにあった。

　電灯・(工業用)電力の電力使用量は表14の通りである。

　表14から閘北地区は工業用電力が主で，更に増加する傾向にあることが見ることができる。

## 第5節　財務概況

　閘北公司の財務概況は資産と負債，収支と利潤の2つに分けて見よう。

### 第1項　資産と負債

　閘北公司の資産は，1924年の設立時には見積もり資産が1,262,000元，ほかに60万元が営業費として加えられ，合計で約180余万元であった。1927年からの資産概況は表15の通りである。

表15から，総資産の増加が大変多く，1936年はすでに1927年の4.6倍で，9年のあいだに4倍余に増えている。1936年の電力業務資産は水道業務資産の2.6倍で，会社の重点が電力事業にあったことが判る。
　表16に電気業務資産の分配状況をまとめた。

**表15　閘北公司資産**

(単位：千元)

| 年 | 総資産 | 電務資産 | 水務資産 | 他項資産 | 流動資産 |
|---|---|---|---|---|---|
| 1927 | 4,806 | — | — | — | — |
| 1928 | 5,630 | — | — | — | — |
| 1929 | 7,316 | — | — | — | 1,363 |
| 1930 | 10,047 | 7,020 | 849 | 744 | 1,434 |
| 1931 | 14,802 | 8,031 | 3,775 | 1,128 | 1,868 |
| 1932 | 14,857 | 7,857 | 3,844 | 1,068 | 2,088 |
| 1933 | 16,367 | 8,679 | 3,983 | 1,139 | 2,566 |
| 1934 | 17,859 | 9,467 | 4,222 | 1,324 | 2,846 |
| 1936 | 22,127 | 10,738 | 4,150 | 4,963 | 2,276 |

出典：『上海市統計』民国22年，「公用事業」7頁。『10年来上海公用事業之演進』41頁。『中国各大電廠紀要』9頁。『中南支各省電気事業概要』94頁。『中華民国実業名鑑』93頁。民国21年10月15日，「上海市函」『建档』23-25-72, 13。民国20〜25年の業務報告。他項資産の内には業務資産を含む。

説明：1930年の水務資産がきわだって低いが，これは土地・不動産をすべて電務の中に入れてあるためである。1936年の部分の電務資産は建設委員会の計算法にもとづき，このためその他の資産が減少している。1932年には損失の40万元余を減らしている。

**表16　電務資産分配**

(単位：千元)

| 年＼項目 | 土地 | 建物 | 発電 | 輸電 | 給電 | 合計 |
|---|---|---|---|---|---|---|
| 1930 | 193 | 159 | 3,795 | 2,677 | 196 | 7,020 |
| 1931 | 233 | 202 | 4,034 | 3,248 | 315 | 8,032 |
| 1932 | 233 | 202 | 4,195 | 3,080 | 148 | 7,858 |
| 1933 | 250 | 208 | 4,444 | 3,518 | 258 | 8,678 |
| 1934 | 324 | 1,119 | 3,650 | 4,047 | 327 | 9,467 |
| 1936 | 333 | 1,268 | 3,753 | 4,862 | 522 | 10,738 |

出典：民国21年10月15日，上海市函，民国20〜23年の『業務報告』，『建档』23-25-72, 13, 14, 16。『中南支各省電気事業概要』95-97頁。

説明：1934年は資産を二重に見積もっているので前年との差が大きい。

表17　閘北公司負債

(単位：千元)

| 年項目 | 1931 実数 | % | 1932 実数 | % | 1933 実数 | % | 1934 実数 | % | 1936 実数 | % |
|---|---|---|---|---|---|---|---|---|---|---|
| 株　　式 | 5,681 | 38.4 | 5,679 | 37.2 | 6,000 | 36.5 | 6,000 | 33.6 | 8,641 | 39.0 |
| 公 積 金 | 413 | 2.8 | — | — | 41 | 0.2 | 550 | 3.1 | 331 | 1.5 |
| 減価償却 | 1,264 | 8.5 | 1,561 | 10.2 | 1,885 | 11.5 | 2,469 | 13.8 | 3,873 | 17.5 |
| 準　　備 | 221 | 1.5 | 271 | 1.8 | 271 | 1.6 | 172 | 1.0 | 811 | 3.7 |
| 保 証 金 | 931 | 6.3 | 832 | 5.5 | 1,102 | 6.7 | 1,304 | 7.3 | 1,432 | 6.5 |
| 長期負債 | 4,795 | 32.4 | 5,276 | 34.6 | 5,770 | 35.2 | 5,428 | 30.4 | 4,675 | 21.1 |
| 短期負債 | 1,172 | 7.9 | 1,639 | 10.7 | 934 | 5.7 | 723 | 4.0 | 999 | 4.5 |
| 利　　潤 | 325 | 2.2 | — | — | 364 | 2.2 | 1,213 | 6.8 | 1,365 | 6.2 |
| 合　　計 | 14,802 | 100.0 | 15,258 | 100.0 | 16,367 | 100.0 | 17,859 | 100.0 | 22,127 | 100.0 |

出典：表15。
説明：1932年の損失400,122元のため合計数と資産総数には400,122元の差がある。

　1933年以前は発電設備資産が多く，電気の固定資産の半数余りを占めている。34年以降，発電所や建物の増加で資産が増えて発電設備資産の占める割合が低くなり，送電設備に及ばなくなった。この後の営業区の拡大で，送電設備は更に増えた。

　閘北公司の負債部分は，水道と電力で合算したものであり，電気部門だけを抽出することができない。会社全体の負債は表17の通りである。

　表17から，株式（股本）の占める割合は1936年以外はだんだんと低くなる傾向にあり，株式の増加が必要であった。長短期の負債は1932年を最高として下降し，1936年まで25.6％に過ぎず，減価償却預金も大幅に上昇して利益も大いに増え，年来の流動資金も大幅に増加する。1936年に長期の負債と同じくらいになった。これは財務構造の大幅な改善を説明している。

### 第2項　収支と利益

　収支と利益を表18にまとめた。
　収入と支出の成長はほぼ同じである。[70] 1932年の第1次上海事変の影響で収入は大幅に減ったが支出は増加して唯一の欠損の年となっている。利益から損失を引いた数は毎年（1926-1936年）平均で738,455元であり，大変多い。利

益の伸びには見るべきものがある。

　水道・電気部門の収入については資料がそろわず，わずかに1930年から1936年しか判らないが，これを表19にまとめた。

　表19によれば，1932年の収入は大幅に減少し，1931年の38%減である。表の損失400,122元のほかに公定積立金などの項目に646,895元が転入されてい

表18　閩北公司水電収益総表
(単位：千元)

| 項目＼年 | 収　入 | 指　数 | 支　出 | 指　数 | 益(＋)損(－) | 指　数 | 支出/利益 |
|---|---|---|---|---|---|---|---|
| 1924 | — | — | — | — | 123 | — | — |
| 1925 | — | — | — | — | 397 | — | — |
| 1926 | 1,368 | 100 | 919 | 100 | 449 | 100 | 48.9 |
| 1927 | 1,381 | 134 | 1,446 | 157 | 385 | 86 | 26.6 |
| 1928 | 2,291 | 167 | 1,690 | 184 | 601 | 134 | 35.6 |
| 1929 | 2,724 | 199 | 1,990 | 217 | 734 | 163 | 36.9 |
| 1930 | 2,928 | 214 | 2,214 | 241 | 714 | 159 | 32.3 |
| 1931 | 4,051 | 296 | 3,150 | 340 | 901 | 200 | 28.6 |
| 1932 | 3,134 | 229 | 3,534 | 385 | -400 | -89 | -11.3 |
| 1933 | 3,733 | 273 | 2,927 | 319 | 806 | 179 | 27.5 |
| 1934 | 4,803 | 351 | 3,591 | 391 | 1,213 | 270 | 37.8 |
| 1935 | 5,230 | 382 | 3,874 | 422 | 1,356 | 302 | 32.1 |
| 1936 | 5,511 | 403 | 4,147 | 451 | 1,364 | 304 | 32.9 |

出典：表15。
説明：利益の中から公積金と賞与金は除いていない。1932年の収入には年来の公積金と31年の株主紅利647,000元が繰り込まれている。

表19　閩北公司水電収入
(単位：千元)

| 項目＼年 | 1930 実数 | % | 1931 実数 | % | 1932 実数 | % | 1933 実数 | % | 1934 実数 | % | 1936 実数 | % |
|---|---|---|---|---|---|---|---|---|---|---|---|---|
| 電　務 | 2,256 | 77.0 | 3,083 | 76.1 | 1,925 | 77.4 | 2,870 | 76.9 | 3,643 | 75.8 | 4,321 | 78.4 |
| 水　務 | 622 | 21.3 | 919 | 22.7 | 543 | 21.8 | 834 | 22.3 | 1,040 | 21.7 | 1,065 | 19.3 |
| 雑　項 | 50 | 1.7 | 49 | 1.2 | 19 | 0.8 | 29 | 0.8 | 120 | 2.5 | 125 | 2.3 |
| 合　計 | 2,928 | 100.0 | 4,051 | 100.0 | 2,487 | 100.0 | 3,733 | 100.0 | 4,803 | 100.0 | 5,511 | 100.0 |

出典：民国20〜25年公司業務報告。

て，合計で1,047,017元減っている。1933年はまだ1931年の状況が回復していないが，1934年に初めてこれを越え，1931年より18.6%増加している。収

表20　閘北公司電務収入細目

| 項目 \ 年 | 1930 実数 | % | 1931 実数 | % | 1932 実数 | % | 1933 実数 | % | 1934 実数 | % | 1936 実数 | % |
|---|---|---|---|---|---|---|---|---|---|---|---|---|
| 電　灯 | 1,052 | 46.6 | 1,357 | 44.1 | 641 | 33.2 | 1,105 | 38.5 | 1,346 | 36.9 | 1,467 | 34.0 |
| 電　熱 | 7 | 0.3 | 11 | 0.3 | 5 | 0.3 | 14 | 0.5 | 23 | 0.6 | 41 | 0.9 |
| 電　力 | 1,063 | 47.1 | 1,545 | 50.1 | 1,093 | 56.8 | 1,493 | 52 | 1,634 | 44.9 | 1,917 | 44.4 |
| 同　業 | — | — | — | — | 84 | 4.3 | 128 | 4.5 | 470 | 12.9 | 745 | 17.2 |
| 街　灯 | 15 | 0.7 | 18 | 0.6 | 13 | 0.7 | 22 | 0.8 | 27 | 0.7 | 30 | 0.7 |
| 水廠用電 | 107 | 4.7 | 127 | 4.1 | 81 | 4.2 | 94 | 3.2 | 120 | 3.3 | 112 | 2.6 |
| 補収或賠償 | — | — | 18 | 0.6 | 2 | 0.1 | — | — | 17 | 0.5 | 3 | 0.1 |
| そ の 他 | 12 | 0.6 | 7 | 0.2 | 7 | 0.4 | 14 | 0.5 | 6 | 0.2 | 6 | 0.1 |
| 合　計 | 2,256 | | 3,083 | | 1,926 | | 2,870 | | 3,643 | | 4,321 | 100.0 |

出典：表19。

表21　電灯と電力の収入比較　　（単位：千元）

| 年 | 電灯 | % | 電力 | % |
|---|---|---|---|---|
| 1927 | 701 | 49.5 | 715 | 50.5 |
| 1928 | 906 | 49.6 | 920 | 50.4 |
| 1929 | 1,022 | 49.8 | 1,029 | 50.2 |
| 1930 | 1,066 | 49.9 | 1,069 | 50.1 |
| 1931 | 1,322 | 45.1 | 1,609 | 54.9 |
| 1931a | 1,376 | 46.9 | 1,555 | 53.1 |
| 1932 | 653 | 37.3 | 1,098 | 62.7 |
| 1933 | 1,126 | 42.8 | 1,507 | 57.2 |
| 1934 | 1,372 | 45.3 | 1,657 | 54.7 |
| 1936 | 1,497 | 43.3 | 1,958 | 56.7 |

出典：表19。1927～31年の資料は『中華民国実業名鑑』930頁。
説明：電灯収入は街灯収入を含み，電力収入は電熱収入を含む。民国20年の業務報告資料と『実業名鑑』は一致していないので，1931aとして表に加えた。

入の種別を見ると，電気業務が76％以上を占め，水道業務はわずか21％程度である。雑項収入は1934年が最も多く，利息収入と電柱・電線の設置補助金によるものである。

初期の電気業務収入は，電灯と（工業用）電力の2部門に関してしか判らない。前後の比較の便宜のため，これを表20にまとめた。電気業務収入中の各項の細目は，1930年から1934年・1936年しか判っていない。

表20から，（工業用）電力収入が1位を占め，次に電灯，その次に同業者への電力販売（卸電）となっており，電熱収入の占める割合はとても小さいが増加が早いことが判る。

電気業務収入の主要な来源は電灯・（工業用）電力であった（表21参照）。

表21から（工業用）電力収入の占める割合は50％以上で，電灯が50％以下であることが判る。時系列で見ると，（工業用）電力収入は1931年から大きく増加した。水道事業所の電力と同業の収入を加えると，電力収入は更に高くなる。1932年に66％を，1934年は62％を占めた。電力価格が比較的安いとはいっても，収入の大部分を占めていた。

表22　閩北公司支出細目

(単位：千元)

| 項目 | 1931 実数 | % | 1932 実数 | % | 1933 実数 | % | 1934 実数 | % | 1936 実数 | % |
|---|---|---|---|---|---|---|---|---|---|---|
| 水　　務 | 277 | 8.8 | 212 | 6.0 | 229 | 7.8 | 284 | 7.9 | 280 | 6.8 |
| 電　　務 | 1,568 | 49.8 | 1,357 | 38.4 | 1,396 | 47.7 | 1,617 | 45 | 1,961 | 43.5 |
| 営　　業 | 75 | 2.4 | 65 | 1.9 | 84 | 2.9 | 132 | 3.7 | 123 | 3 |
| 事　　務 | 220 | 7 | 269 | 7.6 | 287 | 9.8 | 394 | 11 | 448 | 10.8 |
| 利　　息 | 422 | 13.4 | 530 | 15 | 547 | 18.7 | 500 | 14 | 470 | 11.3 |
| 報　　酬 | 52 | 1.6 | — | — | 38 | 1.3 | 59 | 1.6 | 71 | 1.7 |
| 減価償却 | 417 | 13.2 | 297 | 8.4 | 325 | 11.1 | 584 | 16.2 | 716 | 17.2 |
| 準 備 金 | 100 | 3.2 | 50 | 1.4 | — | — | — | — | — | — |
| 割賦償還 | 19 | 0.6 | 19 | 0.5 | 21 | 0.7 | 21 | 0.6 | 28 | 0.7 |
| そ の 他 | — | — | 735 | 20.8 | — | — | — | — | 50 | 1.2 |
| 合　　計 | 3,150 | 100.0 | 3,534 | 100.0 | 2,927 | 100.0 | 3,591 | 100.0 | 4,147 | 100.0 |
| 利　　益 | 901 | | — | | 807 | | 1,213 | | 1,356 | |

出典：1931～36年の公司業務報告，『中南支各省電気事業概要』97-97頁。
説明：1932年のその他の項目は当年の損失である。

支出の項目は表22の通りである。

水道業務・電力業務の支出比率と利息は下がる傾向にある。しかし，営業・事務等の費用の増加が目立つ。人員増加のためである。給与も工賃も増えた。業務も増え，新しい支出項目も増えて支出が増え，納める税金も増えた。

表23から，電気業務支出は発（購）電費用が最も多いが，これは燃料など

表23　電気業務支出細目　　　　　　　　　　　　　　　　　　　（単位：千元）

| 年\項目 | 1931 実数 | % | 1932 実数 | % | 1933 実数 | % | 1934 実数 | % | 1936 実数 | % |
|---|---|---|---|---|---|---|---|---|---|---|
| 発電 | 1,455 | 92.8 | 1,251 | 92.1 | 1,244 | 89.1 | 1,466 | 90.7 | 1,985 | 85.6 |
| 輸電 | 62 | 4.0 | 49 | 3.7 | 85 | 6.1 | 151 | 9.3 | 335 | 14.4 |
| 給電 | 51 | 3.2 | 57 | 4.2 | 67 | 4.8 | | | | |
| 合計 | 1,568 | 100.0 | 1,357 | 100.0 | 1,396 | 100.0 | 1,617 | 100.0 | 2,320 | 100.0 |

出典：1931～36年の『公司業務報告』。
説明：発電には電力購入費用を含む。1934年の部分は以前と変わっていて減価償却費を出している。34, 36年の輸電と給電は合計してある。

表24　利益獲得力　　　　　　　　　　　（単位：千元）

| 年 | 利益 | 実収資本 | % |
|---|---|---|---|
| 1924 | 123 | 1,312 | 9.4 |
| 1925 | 397 | 2,000 | 19.9 |
| 1926 | 449 | 2,000 | 22.5 |
| 1927 | 385 | 2,673 | 14.4 |
| 1928 | 601 | 2,949 | 20.4 |
| 1929 | 734 | 3,625 | 20.2 |
| 1930 | 714 | 3,911 | 18.3 |
| 1931 | 901 | 5,676 | 15.9 |
| 1932 | -400 | 5,679 | -7.0 |
| 1933 | 806 | 6,000 | 13.4 |
| 1934 | 1,213 | 6,000 | 20.2 |
| 1935 | 1,356 | 7,573 | 17.9 |
| 1936 | 1,364 | 8,641 | 15.8 |

出典：表4，表18。

の支出のためである。1934年を例にすると，燃料費は832,830元で，電力購入費は52,667元，両者の合計で1,344,497元，電気業務支出の83.2%を占めた。営業区の拡大により，比率が増えたのは送電（輸電）・給電の両項目であった。

閘北公司は毎年利益があり，公定積立金と董監事と従業員の報酬，株主の所得は，利益の一部を占めたに過ぎない。株式と利益との比較は表24の通りである。

表24から，利益獲得能力の高さが見出せる。1924年は，民営化（商辦）の初年であり内戦の影響もあって利益はかなり少なかった。1932年は第1次上海事変の影響で損失が非常に多く，唯一の欠損の年となった。1933年には正常に回復した。閘北公司の経営は大変順調だったと言えよう。

## 結　論

設立から1936年にいたるまでの間，閘北水電公司が最も発達したのは第3期であった。1930年から自家発電を始めたことで，更に新しい展開があった。1932年の第1次上海事変によって被害を受けたが，回復は早かった。1931年から35年まで毎年，建設委員会の栄誉報奨を受け続けたことは，経営が成功していたことを表している。

では，初期には何を失敗したのか？　第3期の成功はなぜか？　この章ではこの問題を考えてみたい。

閘北公司の初期の失敗の原因は3つあげられる。

1. 環境。清末民初，閘北地区の人口は少なく，商工業は未発達（後と較べて）であり，電力の需要量も多くなく，うまくいかなかった。こうした状況は他の中国の初期の電灯会社にも共通してよく見られる困難であった。
2. 資金不足。日本の大倉洋行から借りた借款は軍事用に流用されてしまったので省営に改められた。その理由は資金難であった。しかし，省営にしても資金は充分なかったので，民営に改められた。
3. 技術不足。初期は外国人エンジニアに依存していたが，その離職後，会社の資料にエンジニア名が見当たらないのは，技術水準が低かったこ

とを表すだろう。この2点は初期の発電所によくある現象であった。

　1924年，民営に変わってから資本金が増え，技術人員のレベルも高くなり，前述の2，3の問題点は改善された。1932年，第1次上海事変の破壊によって大きな損失を受けたが，幸い銀行団の資金援助があり，後に社債を発行し，財務整理の大きな手助けとなった。長短期の負債も減少し，資本も増え，財務構造は更に健全となり，業務の拡大も相俟って収入は増加し，これに伴い利益も増加し，電力業務部門は最大の貢献をした。
　業務の拡大や経営の適切さは社員の努力によること大であり，社長1人の力だけではいかんともしがたい。1934年，閘北公司の営業報告では以下のような指摘がある。

　　本公司はもとより社会サービスと社員たちの奮闘精神を有し，培った信用はすでに大衆の共感を得て十分な効果をあげている……金融界企業家と同業の各電力会社は本公司はサービスが行き届き，十分な安全を提供し，価格は公正低廉で，厚く信頼されている。[71]

1937年には建設委員会が以下のように言っている。

　　閘北公司の事務処理は適切で，営業も発展し，第1次上海事変においてもよく努力して回復し，引き続き新発電所を建設し，政府の期待を裏切らず，連続して建設委員会の報奨を受けるという栄誉を得，その料金値下で工業界の動力の需要に答え，特に賞賛すべきである。南市（華商電気公司）は業界トップで，電車業を兼営しているが電灯の利益には遠く及ばない。…経理（支配人）の陸伯鴻は商業界の重鎮で，閘北・南市の両社は彼の主管であるが，南市がよき補助者に欠け，組織が散漫なのは惜しむべきである。[72]

　以上の引用文から，閘北公司の経営が適切であり，社員の努力にも多くを負っていたことが判るだろう。
　閘北公司の外界との関係もまた重要である。以下，いくつかに分けて論じ

る。

## 第 1 項　周辺地域への貢献

　閘北地区は人口が増加し，商工業が発達し，とりわけ工業発展がめざましく，電気の需要増も表す。閘北の営業区内の人口は1929年には約65万人だったが，36年には95万人，すなわち46％増加した。電力使用の人口の増加は少なくともこの比例にともなうものだった。閘北地区はもともと工業区域であったが，工業用電力はもとはほとんどが自家発電であったが，閘北公司の電力供給は信頼されるようになり，多くが閘北公司の電力を使うようになっていった。1934年には20の工場・企業・機関などが閘北公司の電力を使用するようになった。合計で2,302馬力（1,717kw）であった。翌年は，更に大きな工場が閘北公司の電力に換えたので，5,500kw以上であっただろうと推計できる。[73] 1936年に販売した電力量は1928年の3.6倍，そのうち（工業用）電力の増加が最も多く，これは工業環境の整備に閘北公司が尽力した結果でもある。

## 第 2 項　租界電気業からの刺激

　閘北水電公司の設立の目的は，租界の水道・電気事業の拡大を阻止することであった。しかし，設立後は設備不良のため，工部局の電気を転売することが主要な業務となっていた。上海電力公司が設立されると，再び契約を結び，閘北公司はその電力を多く購買することで日々増加する需要に応じようとした。1932年の第 1 次上海事変で被害をこうむったときは上海電力公司の電力に多くを頼ってしのいだ。電力購買のコストが自家発電に較べて高く，いくつかの悪条件があっても閘北公司は上海電力公司とのこのような関係を必要とし，受け入れざるを得なかった。と同時に，将来の計画として自社で発電することも切実に考えざるを得なかった。

　租界の工部局は電力営業区の拡大を図り，好き勝手にも，たとえ境界を越えて送電線を延長できなくても，電力販売（卸電）の形で営業を拡大することはできると考えた。第 1 次上海事変以降，閘北公司が財務上の困難に直面すると，上海電力公司は同社を借り受けようとした。この陰謀は中国の朝野の反対をひきおこし，銀行団が協力してこの危機を乗り切った。

　租界の電気料金は比較的安かったので，新興の中国の電気会社も電気料金

を下げ，利用者を満足させた。

こうした租界の電気事業［訳注：当初は租界工部局の電気処，その後はその事業部門が米国資本に売却された上海電力公司。他にフランス租界の電気事業もあった］からの刺激は，よくない影響もあったにせよ，中国の朝野の自力更生を喚起する良剤となった。

### 第3項　政府の政策

閘北公司はその設立計画以降，地方政府が重要な役割を演じた。はじめは上海道台であり，次に江蘇省政府，更に上海市政府であった。上海市政府の基本政策は，閘北・華商の両社を育てることにあった。

上海特別市政府公用局が設立されると，すぐに上海の電気事業を調査し，当時の各発電所の欠点として以下の3つを掲げた。

1．会社はどれも一様ではない，上海市区に10ヶ所もの業者が入り乱れている。経営が適切ではない業者もあれば，需要者の要求に応えていない業者もある。
2．資本が小さい。最大でも300万元しかなく，最少では2万元余しかない。いずれも発展するのが難しい。
3．電気料金がばらばらである。利用者に不公平感を生み出し，利用者と事業者の争いのもととなっている。

公用局は上海の電気事業を統一しようと計画し，外国人の利権を奪おうとする野心とその進捗を封じ込めようと5つの方針をたて計画を進行させようとした。

1．電気会社の発電の改良は，閘北・華商の両社を主とする。
2．規模の小さい発電所を停止し，大発電所からの電気を転売させる。
3．閘北・華商の両社の送電線をつないで，相互に融通させる。
4．電気料金を統一する。
5．租界から越境して供給されている電気供給を自分たちの手にとりもどす。
4.と5.は実現できなかったし，3.は浦東公司の発展に大きな影を落とし

たものである。しかし，閘北公司としては1932年に政府の援助を受けて金を借りて，その後財政改革もして自前の発電所を建てることができたことなどは，政府の政策に多くを負ったといえる。

### 第 4 項　消費者との良好な関係

消費者が商品やサービスに求めるものというのは，品質がよくて価格が安いことに外ならない。閘北公司の供電は，料金が安くて安心できたと，非常な満足を与えたものであった。

1．電気は品質優良で電圧は安定し，停電もなかった（戦時は例外）。閘北公司は年来の工程を拡大し，設備を改良し，効率を上げ，需要に応え，良好な信頼を獲得した。
2．電気料金の適正さ。1919年の電灯を例にすると，基本の電気料金は1 kwあたり0.24元，1926年には0.22元に下がり，1929年には0.20元，1930年には0.18元に下がり，上海電力公司と比べても3厘安かった。閘北公司はもともと基本消費量制［底度制］を設けていなかったが，1929年に実行しようとした。しかし，閘北の各団体が反対したので，公用局がそれを考慮してしばらく先送りになった。後に石炭価格が上昇したため，1931年1月1日からの実施を許可されたが，第1次上海事変の影響により7月まで実施を延期した。このため，消費者は不満を言わなくなった。[74] 電気料金が適正だったので利用者と事業者に争いは発生しなかった。[75] 閘北公司の料金回収は，なるべく催促するという方法をとり「婉曲に言うか，期限内の支払いを促し，事情を見てそれぞれ処理した」。[76] 金が動かなければ電気を停めるという中国社会の機微を反映したものであった。

閘北公司の電気事業は成功と言い得る。閘北公司は中国人が経営する近代化企業の代表であり，それは技術と経験の積み重ねの賜であり，資本の増大とその進歩がその成功をもたらしたのである。

---

1）　鄭祖安「近代閘北的興衰」『上海研究論叢』第2輯102-103頁。1989年2月。

2） 陳俊徳「上海西人居留区域界外馬路拡張略史」，呉圳義編『上海租界問題』31-38頁。1980年。劉恵吾『上海近代史』323-324頁。1987年2版。
3） 鄭前掲論文104・107頁。劉前掲書325頁。
4） 汪敬虞『中国近代工業史資料』第2輯821-822頁。1957年。民国8年5月16日「江蘇省咨」『建档』23-25-72，12-1。
5） 李平書『且頑老人七十歳自叙』194頁。民国11年刊本。『上海市年鑑』民国24年，N38頁。「王蔭承呈」（民国8年9月12日，『建档』23-25-72，12-2）では借款の単位は元であると言っている。しかし，民国8年5月16日，6月27日，7月4日の「江蘇省咨並合同」では両であると言っており，5月27日「交通部咨」でも両だと言っている。『建档』23-25-72，12-1。
6） 民国8年7月4日「江蘇省政府咨・附借款合同」『建档』23-25-72，12-1。
7） 民国8年9月12日「王蔭承呈」『建档』23-25-72，12-2。
8） 『申報』民国10年1月15日，第169冊230頁。11年12月18日第187冊386，389頁。民国12年2月3日「閘北地方自治籌備会呈」『建档』23-25-72，12-1。
9） 建設委員会編『中国各大電廠紀要』6頁。民国21年。経済部編『中国経済年鑑』K758頁。民国24年再版。
10） 東亜同文会編『中華民国実業名鑑』970頁。1934年。『申報』民国13年5月1日第202冊13頁。韓国鈞『永憶録』32頁。1941年。
11） 民国19年1月10日「張宝桐視察報告」『建档』23-25-72，12-2。
12） 民国21年9月22日「惲震呈」『建档』23-25-72，13。
13） 民国23年4月20日「閘北公司呈」「董監職員名冊」『建档』23-25-72，13。
14） 『閘北水電公司22年業務報告書』（以下『××年業務報告』と略記する）3頁。
15） 民国26年5月4日「閘北公司呈」『建档』23-25-72，19-1。
16） 中国徴信所『上海工商人名録』124頁（1936年再版）。徐友春『民国人物大辞典』988頁（1991年）。その他，事業は多くすべては入れていない。1937年の年末に刺殺。享年62歳。
17） 民国8年9月12日「王蔭承呈」『建档』23-25-72，12-1。
18） 民国8年5月16日「江蘇省政府咨」『建档』23-25-72，12-1。
19） 民国11年9月21日「江蘇省政府咨」『建档』23-25-1，71-1。
20） 民国21年10月5日「上海市函」『建档』23-25-72，13. 楊家駱『民国名人図鑑』第12巻35頁（1937年）。
21） 民国26年5月4日「閘北呈」『建档』23-25-72，19-1。陳良輔はかつて米国ニューアーク［訳注：原文では紐華州。ニューアーク市のあるニュージャージー州の事か］で公務のエンジニアを勤め，建設委員会の戚野堰電廠の工程師兼機務課長，

発電所主任兼機務課長，電機製造廠製造課長，建設委員会設計委員等の職を勤めた。
22) 『20年業務報告』35頁。
23) 民国21年9月22日「惲震呈」『建档』23-25-72, 13。
24) 民国22年1月17日「惲震呈」『建档』23-25-72, 14。
25) 同上。交通銀行・四行儲蓄会はそれぞれ30万両，金城・塩業の両行は20万両，永亨銀行・永豊・致祥銭荘は13万両，四明・上海市・中国塩業・国華・浙江興業等の銀行は10万両，中華勧工・恒利銀行の両行は97,500両，同春銭荘は65,000両であった。
26) 『中国銀行年鑑』民国26年B16-17頁。
27) 唐在章（1886-？），上海人，日本の早稲田大学卒。会計師。楊家駱『中国名人図鑑』第1巻23頁。
28) 22年3月13日「上海市函」「附22年1月17日契約」
29) 『22年業務報告』42-43頁。
30) 民国23年10月13日「上海市函」，10月18日「回函」『建档』23-25-72, 15。『23年業務報告』30-31頁。
31) 『新聞報』民国25年4月28日「発行広告」『中南支各省電気事業概要』91頁，発行額が1,215,000元だとしているが，誤りである。
32) 『中国年鑑』民国15年957頁。
33) 民国16年からずっと督促していた。『中国各大電廠紀要』7頁。『上海特別市公用局業務報告』民国17年1月至6月，45-46頁。18年1月至6月，76頁。
34) 民国19年1月10日「張宝桐報告」『建档』23-25-72, 12-2。『中国各大電廠紀要』7頁。『中国経済年鑑』民国23年K758頁。
35) 『23年業務報告』7, 24頁。
36) 民国24年5月20日「閘北公司呈」, 8月21日准『建档』23-25-72, 16。『建設委員会公報』第45期（1934, 10）44頁。
37) 民国26年4月2日「閘北公司呈」『建档』23-25-72, 19-1。
38) 民国26年9月6日「閘北公司呈」『建档』23-25-72, 20-1。
39) 民国19年1月10日「張宝桐報告」『建档』23-25-72, 12-2。
40) 『21年業務報告』14頁。
41) 『21年業務報告』3-10頁, 45。『22年業務報告』25頁。
42) 民国20年2月17日「上海市函」『建档』23-25-72, 12-2。
43) 『20年業務報告』4頁，民国21年7月8日「上海市函, 附閘北公司与上海電力公司購電簽約経過書」『建档』23-25-72, 12-2。

44) 『建設委員会公報』第20期（1932，2）142-3頁。すでに電気事業者の地位を得ていれば、電力購入契約は地方監督機関に届けて許可を得るだけでよく、中央主管機関には書類が転送され受理してもらうだけだった。
45) 民国21年7月8日「上海市咨」『建档』23-25-72, 12-2。
46) 民国21年7月26日「函上海市」『建档』23-25-72, 12-2。
47) 民国26年2月17日「上海市函」「附合同」。3月4日「回函」。『建档』23-25-72, 18。
48) 民国8年10月11日「立案文」『建档』23-25-72, 12-1。
49) 民国12年10月24日「江蘇省政府咨」『建档』23-25-72, 12-1。
50) 民国19年1月21日「張宝桐報告」『建档』23-25, 11-5。
51) 『20年度業務報告』2頁。『中国各大電廠紀要』6頁。
52) 『22年業務報告』5頁。
53) 民国24年4月22日「閘北公司呈」『建档』23-25-72, 17。
54) 『海関報告』民国8年736頁、民国10年第2冊70頁。『中国経済年鑑』民国23年K758-9頁。『20年業務報告』9, 21頁。
55) 民国21年11月30日、23年6月1日「上海市函」『建档』23-25-72, 15。『22年業務報告』4-5頁。
56) 『20年業務報告』21頁。
57) 『22年業務報告』26-27頁。
58) 『23年業務報告』28頁。
59) 民国11年9月21日「江蘇省政府咨」。20年2月19日「令江蘇省建設庁」『建档』23-25-72, 71-1「附供電合同」
60) 『中華民国実業名鑑』975頁、民国22年12月16日「江蘇建設庁呈」『建档』23-25-11, 71-1。『実業部档案』17-23, 68-4。『建設委員会公報』第36期（1934，1）47頁、第74期（1937，3）108-110頁。
61) 民国19年1月21日「張宝桐報告」『建档』23-25, 21-5。『上海市年鑑』民国25年N39頁。『中国経済年鑑』民国23年I759頁。
62) 民国24年8月29日「上海市函」『建档』23-25-72, 17。「附合同」『翔華公司二十五年度営業報告』表1。
63) 『浦東公司22年営業報告』4-5頁。『浦東公司二十六年営業報告』2, 4頁。25年5月29日「閘北公司呈」『建档』23-25-72, 17。
64) 民国11年11月1日「収華興呈」『建档』23-25-11, 39。
65) 『中華民国実業名鑑』961頁。民国15年10月2日「収顧吉生呈」『建档』23-25-11, 39。

66) 『23年業務報告』29頁。民国25年9月23日「上海市函」『建档』23-25-72, 17。
67) 民国8年11月11日「江蘇省政府咨」, 22年3月5・19日・5月15日「南翔生明公司呈」, 26年1月7日「商会呈」, 6月18日「建設庁呈」『建档』23-25-11, 41-1・2・3。7月6日「上海市函」『建档』23-25-72, 19-1。『建設委員会公報』第28期（1933, 5）167頁。第38期（1934, 3）139頁, 第73期（1937, 2）72頁。『中南支各省電機事業概況』258-259頁。
68) 『22年業務報告』25頁。民国23年2月2日「上海市函」『建档』23-25-72, 14。
69) 『中南支各省電気事業概要』103頁、その営業区内には約150,000戸があり，民国25年の電灯利用者は18,011戸だという。
70) 表18は支出の増加が収入の増加を上回っているが，これは1926年を起点としたためである。もし1927年を起点とすれば状況は反対になる（1932年を除く）。ゆえにこの現象には意味はない。
71) 『閘北水電公司23年業務報告』1頁。
72) 全国電気事業指導委員会「十年来之中国電気事業建設」『建設』第20期（1937, 2）57頁。
73) 『上海市統計』民国22年「公用事業」6頁。『中南支各省電気事業概要』103頁。『23年業務報告』26-28頁。
74) 『申報』民国18年4月8日。『閘北水電公司21年業務報告』23頁。『電価彙編』31, 189頁。『上海市年鑑』民国26年N57頁。
75) 档案の中にわずかに井戸水を汲み上げる為の電力料金は1kwが0.11元であり，これが（業務用または工業用）電力価格に比べて高かったというのがある。これについて利用者からは不満は聞かれなかった。ところが，民国21年に閘北公司が営業章程を建設委員会に送ったときに，委員会は「おかしいではないか。何か特別な事情があるのか。はっきりとした説明を命じる」とした。『建設委員会公報』第26期（1933, 1）112頁。閘北公司は回答した「よもや市民は水道を使わなくてよいから井戸から水を汲むことを許そうということなのでしょうか。もとよりこのような井戸用の供電はもうしておりません。市府が以前に開鑿されていた井戸については許可を継続していたので，その電気料金がいささか高くなっているのです」。1936年に閘北公司は1kwを0.08元に値下した。民国24年5月27日「収閘北公司呈」『建档』23-25-72, 16。『建設委員会公報』第63期（1936, 4）89頁。
76) 『23年業務報告』29頁。

〔原載:中華民国史専題第二届討論会秘書処編『中華民国史専題論文集 第二届討論会』

395-438頁 国史館 1993年〕

# 第3章　上海閘北水電廠の民営化をめぐる抗争：1920-1924年

## はじめに

　筆者は1993年に開催された第2回「中華民国史専題討論会」（主催：国史館）において「上海閘北水電公司の電気事業，1910-1937」を報告した（本書第2章）。それは1924年以降の民営時期（1924-1937年）を主に扱い，それ以前の官民共同経営（1910-1914年）及び官営（1914-1924年）時期についてはごく簡単にしか触れなかった。特に1924年の官営から民営化への移行過程については，わずか数語で触れたに過ぎなかったため，説明不足を深く感じ，補足しなければと考えていた。本章で改めてこの時期について論ずる。

　清末民初の頃の新興企業の発展は2つの欲求に応えた動きであった。1つは産業・経済の「民族化」である。つまり，清末に始まった鉱業・鉄道・通信等の産業などの利権回収運動であり，これは国外勢力に向けた欲求であったと言える。もう1つは産業経済の「合理化」であった。これは製品の質の向上や価格の公正を求める国内からの欲求であった。水道電力事業にもそのような動きを見ることができる。合理的でないと感じれば，民営を官営に改めたり，官営を民営化することを求めた。閘北水電廠の民営化をめぐる争いは，このような民族化と合理化の旗印のもと争われた事例の中でも顕著な例である。

　この2つの「民族化」と「合理化」の欲求は中国の電力事業発展史においても極めて重要であり，大きな影響を与えた。初期の電気事業は外国資本の参入を厳しく禁じており，外国資本が関係していると判れば発電所は没収された。北伐の前後に租界と租界以外にまで延びた電力供給を若干回収したことは，産業経済の民族化に関わることであった。政府は電気に関する法律をいくつか制定し，民営業者は団結して電気経営権の保証を強く求めた。これは合理化を求めた運動であった。

　上海閘北水電廠の民営化をめぐる争いも，上述の民族化と合理化の2つの欲求に基づいた争いであった。清末に同廠が設立された当初，官民合弁です

る心算だったが，資金不足のために日本の商人に40万両を借りた。この40万両を返済できなかったので，やがて日本の大倉洋行が借金の契約をたてに経営権を奪おうとした。しかし，これは産業の民族化の原則に関わることであったので江蘇省がその借金を代わりに返済して，発電所は省営に改められた。当時，これは当然の行為とされた。しかし，同社の技術レベルが低かったので自社では発電できず，上海工部局から買った電力を転売する外国資本の代理店のような存在であった。この点においては産業の民族化の原則に違背していた。閘北の人口は日増しに増えたが，水道と電力はその増えた需要には応えることができず，省政府にも上海閘北水電廠の水道と電気の両事業を拡張する資金がなかった。このために民営化しようではないかと産業の合理化も求められた。この2つの（中国の企業と利権を外国に売り渡すなという「民族化」と，民生に寄与する経営の「合理化」の）欲求が閘北水電廠の民営化をめぐる意見を形づくったのである。

　本稿は事例研究である。争いには賛成派と反対派がある。この両派の争いは江蘇省議会に飛び火して，そこで激しい派閥争いを引き起こした。この間，民営化に対する賛否両論派のやりとりと省議会の人士がそれに絡んでいかに入り乱れていたかは重要である。

　本稿ではこれをそもそもの発端を見て，その争乱を時間の経過に従って3つの段階に分けて叙述する。

　第1段階の争議の初期はまだしも理性的に推移し，官民が共同出資により民営化は半ばまで達成された。第2段階は互いに相手の非を挙げて攻撃してやまず，双方手段を選ばず，結果的に民営化派が勝って官民の妥協を達成し，暫時水電廠は官民の共同経営となった。第3段階は抗争のピークであるとともに最終的な解決であった。完全民営化という目的は達成できたが支払った代償も大きかった。

　両派の背後にはどんな人士がいたのだろう。賛成派の背後には，淞滬護軍使の何豊林などの民営化への共感者がいた。他方，反対派の背後には省長の韓国鈞など，より多くの利益獲得を狙っていた者達がいた。両派の背後にいた彼らの地位は重要であるが，それは述べる中で触れよう。

　この争いは3年半という長期にわたって続き，新生の電気事業に非常に大きな影響を与えた。この後には更に戦乱（浙江戦争など）により約3年間とい

う長期間の停頓を余儀なくされた。

　この争いの奥に潜む真の原因は閘北水電廠が挙げていた「利益」と切り離すことはできないが，この他に産業・経済の「民族化」と「合理化」への欲求も欠かせないものとしてあった。この2つの欲求が正当な主張にして力強いものであったので，最終的には勝利をおさめることができた。歴史的意義があるのはこの点である。

## 第1節　事の発端

　閘北水電廠は1910年（宣統2）に水の供給を主な目的として設立された。直流発電機2台を購入し，水道事業所での電力使用のほか，2000個の電灯に供電していた。総発電量は，電灯6000個分に相当した。[1] のちに電力が供給不足になり，エンジニアが工部局から電力を購入して転売することを提案した。このため，工部局と1912年からの電力購入の5年間契約を結んだ。この契約後，水電廠は持っていた発電機を無錫の耀明電気公司に売却してしまい，わずかに水道事業所のポンプの500馬力（373,000ワット）の発電機があるだけで，他に発電機がないという状態になってしまった。

　1919年7月8日，工部局との契約は更に5年間延長された。水電廠は1,260,000ワットの電力を購入し，そのうち60％が工業用，40％が電灯用で，およそ20,000個の電灯に使われた。[2]

　閘北水電廠の営業区は1919年に交通部に登記した際には「上海南京間の鉄道路線［滬寧鉄路］の南側」を営業区とし，北側は暫定的な営業区であった。[3] ただし，彭浦・江湾・引翔・殷行などの隣接地域も閘北水電廠から水道・電力を引いており，人口が増え工場が林立，水道・電力の需要は日増しに大きくなった。

　ところが閘北水電廠は増えた電力需要に応えられなかった。1920年には閘北水電廠の会社経営は救いようがなく水不足が深刻だと新聞に報じられた。12月に17の団体が役所に訴えかけて，水と電力が全く足りないので，盗賊の横行や火災の猛威を防ぐことができないとした。1921年1月にも閘北の商人達が役所に「現住の人口からすると水道も電力も2倍に増やさなければならない」と要請した。1922年9月9日，水電公司準備処が「閘北の人口は30万

人となり，8年前に比べると9倍に増加した。水道・電力の需要は自然に増えているというのに，水電廠は需要に応じる術もなく，資本が足りず旧態依然としているので，水は濁り電灯は消えるという事態になったのだ」と訴えた。

以下，水道と電灯のことについて，分けて説明したい。

水道についての問題は質・量の2つの部分に分けられるが，閘北の水質は悪く，濁っていた。所内にあった大小の6つの砂池を長く使っていたが，砂層の損耗が多かったので，効果はなかった。水道事業所の面積が限られていたので，新たに砂池を設置するのも難しかった。水の需要量は多かったが，水電廠は川の水を吸い上げて送るだけで，濾過できなかったことも水質を悪くした原因であった。1922年3月からは，泥で濁っているだけでなく，虫が多くてとても飲めるものではなかったという。

人口の増加は水の供給不足を更にひどくし，僅かな水も出ず，水道事業所から遠いところだけでなく，近い場所でも不足することがあった。1922年3月からは，いくつかの地域では「遂に全く供給されなくなって既に半年の長きに及ぶ」という状態になった。水電公司準備処は水量不足に対して，以下の3点の意見を提出した。

1．家庭用の水は，毎日の昼の炊事には水源が絶たれて食事の用意ができない。住民たちは深夜に水を貯めておいて，昼間に使っている。しかし，大勢がいっせいに蛇口をひねると役に立たなくなる。
2．道路局の散水車・工場のスティームボイラーでも，すぐに水が使えない。危険極まりない。
3．火災のときには，為す術もなく延焼するに任せており，被害は甚大である。

この他に，閘北水電廠に行政上の欠点もあった。1921年初頭，自治研究会が閘北水電廠長に書簡を送っている。

1．各路に水道管が敷設されていない。現在，市場は日に日に拡大し，新しい家屋が建っているが，全戸に水の供給が行き届いていない。
2．省廠の水道管設置は，時価に照合しないうえに，無期限に引き延ばし

てやらない。しかたなく自分たちで水道管を設置すると，省廠は名目を
つけて費用を請求する。自分で工事もせずに5割も3割も取るとは一体
どんな大義名分があるのか？

　閘北水電廠長であった馮応熊は反論はせずに，ただ改善すると答えただけ
であった。[9]
　次に電気であるが，水電廠には実のところ水道用設備があるだけで電気設
備はなく，電力は工部局から買っていた。このことを閘北の商人や住民たち
は主権を損ねていると考えていた。省営事業所たる閘北水電公司は租界から
買った電力に更に料金を上乗せして彼ら商民を搾取していたのである。実際
の電気料金は工部局からの電力購入価格のおよそ4倍であった。[10]

住民が増え，工場も林立している。工部局の電力は租界で用いられるべ
きものであり求めるべきものではない。また一旦工部局との契約期間が
切れてしまうと工部局の言いなりになるしかないという深刻な状況であ
る。早く自分たちで（発電の）措置を取るべきである。[11]

　この他にもこの省営事業所たる閘北水電公司にも行政上の欠点があった。
利用者が電線の接続が困難だと申請すると，省営事業所たるものが工部局の
電気につないでいたのである。権利と利益が甚だしく損なわれていた。[12]
　当時はまだ，電力部門それほど深刻な状況ではなかった。工部局との契約
期間は5年だが，どちらか一方が12ヶ月前に通知しない限り契約は継続され
た。[13]「光はやや弱かったが，消えることはないので，商人や住民はそれほど不
便を感じていなかった。しかし，水は普段すぐには使えないので，火災がお
こると猛火が荒れ狂った」。[14]
　1920年11月には，閘北の住民たちは不満を水電廠に訴えたが，水電廠は取
り合わなかった。12月，閘北の17の団体が省議会と省署実業庁に電報を打ち，
儲けた金で改善するように要請した。[15]1921年，商人・沈緝（聯芳）らは省廠
（閘北水電廠）と予備協議をして，省長に改善と設備の拡張を求めようと合意
した。水道所改善に必要な金額は約40万元，電気部門で必要なのは約120万
元，合計で160万元だった。沈緝［民営化論者として後出］らは多額の資金が

必要なので官民合弁にするように求めると共に，自身も力を尽くして投資した。省長・王瑚は1921年1月13日に省議会に「省の予算だけでは難しいので，官民合弁がよい」と議決するように求めた。1922年5月，省廠は自前の発電所を持つために必要とされた金額300万元を工面する3つの方法を提案した。

① 省だけで準備する
② 官営発電所を抵当に資金を準備する
③ 官民合弁で投資を募集する

この3つの方法のいずれにもさして非とするべきところはない。省庁はこれを省議会の参考に供し，かくてこの件は省議会の議論へと舞台を移した。

## 第2節　争論のはじまり

民営化をめぐる争いの発端を見よう。争議の起こりは1921年4月，淞浜電気公司をつくろうとした者達が営業区を分割したいと提案したことに始った。それが一段落してから，沈鏞が完全民営化にすべきであると主張すると，民営化論者と反対派の激しい争いが起こった。1922年末，省議会は省民合資案を可決し，1923年1月に省署がこれを公布して抗争の第1段階は終わることになるのである。

### 第1項　淞浜公司設立の企て

1918-19年に，当時の省署政務庁第4科（省営実業を主管）科長・金其照と，兄である金其原らは閘北水電廠は，水道事業の収入は巨額の欠損があるものの，電気事業は利益を上げているのに目をつけ，金儲けができると考えた。その当時，閘北水電廠は次第に拡大し，滬寧鉄路以北の大部分も営業区にしていた。

1918年4月に［北京］政府が「電気事業取締条例」を公布し，中央政府の審議と決定を経た登記の後に営業許可証（執照）を発給することを定めた。

金らの一派はこの条例が出た好機に乗じ，水電廠長・単毓斌（允恭）が商人の周鏡芙（単毓斌の妹の夫）ら，更に銭允利（閘北市長）・銭淦らに謀って淞浜電気公司を設立しようと目論んだ。その営業区は滬寧鉄路以北として，省を経て交通部に申請・登記しようとした。1919年4月，閘北水電廠は県庁が

交通部に送った公文を知らされた。それは，鉄路以北は暫定的な閘北水電廠の営業区であるとしていた。省署はこの年の5月にこの公文で記された内容で交通部に文書を送った。営業区が暫定的なものに過ぎないとは驚かされる。ただし，すでにそのような登記申請がなされた以上，(省営企業として) 閘北水電廠はそれに遵わざるをえないし，保身の為に閘北水電廠も交通部に登記を申請した時に「境界を越えての営業区の更なる移譲もできます」とまでした。[18] このように見ると，省署で省営実業を主管していた金其照と閘北水電廠の廠長の単毓斌が結託していたことが疑われる。

1921年に銭允利・銭淦らが省長に早く設置したいと急かす願いを出した。「閘北地区は住民と工場が日ごとに増加しているが，閘北水電廠は経済的な困難により規模が小さい。電力は工部局から供給されているが，それは主権が損なわれていることである。租界の電力量はとっくに限界であり，自分たちの使う分が足りなくなることを心配している。官廠（＝閘北水電廠）への転売は必ず削減されることになるだろう。当地の計画として，30万元を集め，閘北の境界外の鉄路橋の外の宝山県境との区域内に電力会社を設立し，もし将来，資本的に余裕が出れば電話と水道も兼営できます」。

ところで政府中央の主管官庁として交通部はこの願い出に対して以下のように回答した「当地にはすでに官営である閘北があり，支障がなくはない。現地の商会が官廠（＝閘北水電廠）と交渉をし尽くすまで待て。それから決定・許可する。」水電廠もこれに同意した。「線路の北側は官廠の暫定的な営業区に過ぎず，淞浜公司の営業区とは重なりません。ただ，工部局と締結した電力供給は上述の地域を含んでいますが，この部分の範囲の縮小（譲ること）はできません。契約完了前は官廠が電力を供給するべきであり，淞浜公司は自社で発電してはならない。官廠のすべての電線・建築物などは淞浜公司が市価に準拠して買い取らなければならない。その買収方法は既に交通部に出して決定を受けている」。省長・王瑚はこれを省議会に送り，議論させた。[19]

省議会はこの案を否決した。その理由は以下の通りである。

1．閘北の営業区が確定的であれ暫定的であれ，議会の同意を経ずに好き勝手に受け渡しなどできない。

2．工部局との契約が完了してないのに，送電の権利を淞浜公司に譲渡するのは契約違反であり，交渉しなければならなくなるのは必至であろう。
3．淞浜公司は官廠（＝閘北水電廠）よりはるかに規模が小さいのではないか。外国人が主権を侵犯しているなどと威勢のいいことを言っているが，官廠は自営の発電所であり，淞浜公司の設立が許可されたらこの官廠の営業区が更に減ってしまう。また5年の契約期間内に発電できなかったら，どの面下げて利権を挽回すると言えるのか？
4．近年の官廠の収入はすこぶるこの暫定的な営業区に頼っており，もしこれを手放したら，収入はすぐに困窮する。[20]

省議会は官廠（＝閘北水電廠）を守ろうとしており，まだ深刻な対立や意見の違いは見られない。銭允利らは計画がうまくいかないのを見ると，淞浜公司の工場の不動産を五福公司に売り，機材等は閘北水電廠が購入した。銭允利は「当社は資本金をすでに還付したので解散する」という文書を用意した。[21]

**閘北水電廠利潤**

(単位：元)

| 年 | 月 | 利 潤 | 廠 長 | 年間利潤推計 |
|---|---|---|---|---|
| 1914 | 1-12 | 32,000 | 曹元度 | 32,000 |
| 1915 | 1-12 | 43,000 | 単毓斌 | 43,000 |
| 1916 | 1-12 | 97,000 | 不 明 | 97,000 |
| 1917 | 1-6 | 83,864 | 不 明 | 167,728 |
| 1917 | 7-12 | 20,136 | 単毓斌 | 40,272 |
| 1918 | 1-12 | 29,725 | 単毓斌 | 29,725 |
| 1919 | 1-6 | 17,247 | 単毓斌 | 34,494 |
| 1919 | 7-11.20 | 13,094 | 単毓斌 | 33,670 |
| 1919 | 11.21-12 | 12,974 | 蔣箎方(宗濤) | 116,766 |
| 1920 | 1-12 | 87,420 | 蔣箎方(宗濤) | 87,420 |
| 合 計 |  | 436,460 | 平 均 | 62,351 |

出典：『申報』民国10年1月15日，11年10月24日，169冊230頁，185冊273頁。
　　　『民国日報』民国11年11月2日，12月20日42冊22，271頁。

このように淞浜公司は一時的に解散したが，主要人物である金其照や単毓斌はまだあきらめきっていなかった。この後に，省議会と省署が民営化を妨害するのは，主としてこれらの淞浜公司の残党が裏で画策し，利益を争ったためである。この点を理解するために閘北水電廠の利益状況を見てみよう。ここに1914年から1920年までの利益表を挙げる。

この表から1914年から1920年までの利益の合計は436,460元で，1年の平均は62,351元であることが判る。1921年には60万元あまりであり，閘北の17の公団が言うようにこの数字は信用できる。[22]

また，この表からは，もう1つのことが判る。曹元度・単毓斌が廠長であった任期には利益が特に低く，その他の廠長の任期の数分の1しかない。単毓斌の節操は疑わしいと言わざるをえない。[23]

以下の2点を，この表から確めることができるだろう。

① 閘北水電廠は毎年およそ10万元前後の利益があって，経営状況は比較的よかった。争うがごとく自らが投資して会社を興したいとか，民営化を主張する者がいるのはこの利益が原因なのである。

② 官営水電廠では，官吏がこれ幸いと利を貪っていた。単毓斌にはその嫌疑がある。官営でなければならぬと彼が争ったのはこの利権故である。

このような求める利益の違いが官営・民営の争奪を引き起こした。

中央の主管機関である交通部は紛争には介入しなかった。はじめ淞浜公司には水電廠とよく相談するようにと命令し，1923年10月には閘北水電公司準備処が淞浜公司が申請した区画を水電公司の永久営業区としたいと申し入れたが，交通部は許可しがたいと回答した。「電灯は特許事業ではなく，各社の営業区は資本の多寡と地方の需要，技術的な設備如何に応じて裁量して規定するのである。まるまる独占することを許すことはできない」[24]。というのがその理由であった。一見もっともらしいが実は見当違いもいいところである。この交通部が示した理由は受け入れがたい。一概には言えないが，電気事業というのは特許事業であるのだから，その設備を鑑みて裁量して決められるべきことだ。閘北水電廠は設立されてから久しいのだから独占するべきであったのであり，そうでなければ社会は混乱する。交通部が態度を決められないのは，電力業への理解不足か，あるいは今回の紛争に巻き込まれたくな

かったかのいずれかであろう。

### 第2項　沈鏞らの完全民営化案提出

1922年5月，沈鏞[25]らが完全民営化案を提出した。その提案理由は以下の通りである。

1．省営水電廠（＝閘北水電廠）は旧態依然として，自分たちで発電することを考えていない。
2．省廠（＝閘北水電廠）と租界工部局の契約更新が迫っているが，準備をしていない。工部局に無理な要求をされたら，どうやって応対するのか？
3．閘北には工場が林立しているため，電力が遮断されると商人は大きな損失を被る。この深刻な状況を理解しているのか。
4．水道も電力も市民の公のものであるので，商民の自営に帰すべきである。
5．閘北は租界に近く，地方公共事業の善し悪しが常に外国人に注目されている。国家の主権のあるところである。我々が自分で公共事業をしなければ，外国人がしてしまう。昨年，工部局が新民路の越界路を建設したのは，水道と電力の不良という口実だった。
6．上海商民が以前，水電廠の官民合弁の要請をした折りには，商民の財力で水道・電力の改良をすすめ，官民の双方の長所を生かそうとしたが，残念ながら未だにうまくかみ合っていない。やはり，完全に民営化しなければ地方の需要には応じられない。[26]

沈鏞らが提出した完全民営化案は多くの反対を引き起こした。

反対派の一人である陳家棟らは，沈鏞は外国商人の買弁で外国人と結託していると沈鏞を個人攻撃をした。「民営化に改めるという口実で裏では外国人に実利を渡そうとしている……外国人も巨額の資金を出して方々で活動しているという」[27]。そして省有財産なのであり，省営事業として利益は数年来筆頭であった水電廠が奪われてはならないとした。[28]

7月12日，沈鏞らは民営化に反対する者がいるのを見て妨害を制そうと，

翌日に公開討論会を開会することを通告した。反対者の陳家棟らにも参加を要請したが，陳家棟は参加せず26公団の代表50人余りが参加した。水電廠長の馮応熊も発言し，民営化への同意を示した。討論の結果は，民営化するしかないということになり「民営閘北水電廠準備処」を閘北地方自治会の中に設け，各団体から2人の代表を出して，沈鏞ら9人が臨時準備委員として推薦された。

7月19日に第1回準備会が開かれ，24の公団と経営者800人余りが参加し，水道・電力・電車の3事業を経営するという以下の営業大綱を可決した。「目下，当地でもっとも求められているのは水道事業で，125万元が必要である。次いで電車に75万元，電気に100万元が必要である。電気等の契約は期間が満了したら株を再募集する。この3事業で必要とされる資金は合計300万元である。沈鏞・徐懋（乾麟）・陸熙順（伯鴻）を準備主任に推挙し，陳炳謙・高鳳池を会計主任とし，銭允利（貴三）・周清泉を監察主任とし，張一鵬（雲搏）を法律顧問とし，準備委員50人を置く云々」。[29]

7月28日，準備主任の3人は淞滬護軍使・何豊林に説明をした。「閘北水電公司準備処」を設けた経緯と，民営化は地方公益を図るものであり権利をめぐる争いでは決してないことを説明した。その上で，「民情をご了察いただき，この願いを審査の上，省公署へお取り次ぎ願いたい」と頼んだ。何豊林は書類に以下のように書き込んだ。「閘北水電を調べると，供給が需要に応じきれていない。速やかに方法を講じて営業内容を拡大充実すべきであり，役立つように改善するのが実情に即した取り組みであろう。彼らは省の公金が不足しているのを鑑み，官営では効果が期待できないので，会社を組織して民営化することを検討している。述べていることはまことに筋道が通っており，地方の公益に関わることであるので，世論に従うべきであろう」と省署に転達した。何豊林はこのように当初から支持と賛同の態度を示しているが，省の政治には直接口を出すことはせず，省営事業なので省署の決定を静観して待っていた。このとき，省議会はすでに閉会していたが，10月以降にまた開会された。この省議会の開会から年末まで民営化論者と民営化反対論者の両者は議会で激しい議論を交わすことになった。[30]

### 第3項 民営化反対の声

　この節の表題は「民営化反対の声」であるが，反対者は実は閘北水電廠の民営化に反対していたのではなく，自分で新しく電気会社をおこして金儲けをしようとしていた。民営化そのものについての反対ではなかった。民営化反対とは口実であって，実際には自分の利益について争っていたのである。
　民営化の反対者は4つのタイプに分けられる。
　　(1)　直接民営化に反対し，官営か官民合弁を主張。
　　(2)　間接的に民営化に反対し，市営を主張。
　　(3)　水電廠長の職権を奪おうとして，民営化を妨害するのに便乗。
　　(4)　淞浜公司の復活を企図し民営化方式で利益を争う。

### (1) 民営化への直接的反対

　10月7日，商界連合会が開会し，閘北水電廠問題について議論した。民営化論者が多数を占めたが，孫綺恨が「民営化はよくない。1,2人の大商人の手で操られてしまったら官営と違うところなどない。省長に水電廠を整備してもらうのがいい」と言った[31]。また，省議員の許銘範らは民営化に反対し，以下のように言った。「準備処は公然と株を募集しているが法律に違反している。また，軍閥風情ごときに願いを出すなど，正当な手続きに従おうとしない。何を考えているのだ」。彼は官営を主張し，省署によって水電廠を整理することを提案し，根本的に拡充するのは省議会の権利であるとした[32]。省議員の周乃文は準備処がまるで証券取引所のようではないかと非難した。株券がすでに50％値上がりしているのは互いに争って買っているからだといった。彼は官民合弁か完全民営化か，あるいは水道を民営化にし電気を省営にするのか早く方策を決めるべきだとした。完全民営化にするなら商人は省産を手にした代価・補償として200万元を省に納めさせるべきだと提案した[33]。省の資産を保全するというが，民営化を妨害するのがねらいであろう。
　省議員・潘承曜は水電廠の拡張を主張し，そのための方策として官民合弁を上策とした。官側が現有資産200万元を官側の持ち株とし，ほかに300万元の株を募集して公司条例に基づいた体制・組織作りをして，官側から1人の監理官を派遣してすべてを監督しようと主張した[34]。この態度は情理にかなっ

ているが，官側の資産の推計がやや高過ぎる嫌いがある。許銘範はその後，態度をやや変え，民間の投資を呼び込むこと反対はしなくなったが，省に金銭的な損害を与えてはいけないと主張を改めた[35]。

民営化反対論者が省営を主張するにせよ，官民合弁や官側の資産に損害を与えないようにしようと主張するにせよ，その目的はただ一つ，完全民営化を妨げることであった。

(2) 民営化への間接的反対

1922年8月，趙志游という者が，何豊林に上申した。水電事業は市政の管轄なので市営にすべきであると主張した。理由は2つである。

① 民営化は利を図るのみで，民営化してしまうと水電に発展の展望はない。
② 省営であっても，他の省営事業には金がなく，水電廠で利益をあげても他の用途に使われている。

利益について言うなら，民営にすれば利益は民間に帰し，省営は利益を官に帰してしまうのであり大して変わらない。利益について変わらないのであれば改める必要などない。水電事業は市政の範囲で，利益が上がれば地方の用途にあてるべきで，民営が個人的に使うのとは全く違う。資金は公債を発行すれば調達できるとした[36]。

10月には，盛筱仙らが市営を要請した。理由は「民営化は公事にかけつけて私腹を肥やすことになり，官営は私利で公を廃すことになる，市営にするしかない。市営にすれば私を公に転化させ，地方の財を地方の用途に用いることができる。そうすれば水道も電気も根本的に改善され，地方は皆幸福になると言えるだろう」。市政府はまだ成立していなかったが，地方官は公正な人士（消防団・慈善団体等）に処置を委託できるし，資金は公債の発行でまかなえるだろう云々[37]。

市営論者の言うことは理に適ってはいるが，言外に民営化反対の強い意図がある。

これ以降も市営を望む声はあったが，多少変化があった。民営化反対ではなく，省署が「法に則ってやるべきだ」と強調する立場に変わった（詳細は後述）。

### (3) 水電廠長からの職権奪取の企み

1922年8月,(かつて廠長であった時に業績が悪かった)曹元度の廠長再任が噂された。曹は省長の韓国鈞と親戚の誼で帰任するよう運動したという。更に11月には,(これまた廠長であった時の業績と節操が問題視される)単毓斌が再び水電廠長に任ぜられ,民営化への牽制を図られると閘北公団には伝えられた。こうした噂は確かに相応の根拠があった。1923年8月,省議員・呉輔且ら83人が省長に,曹元度の水電廠長就任反対の書簡を送った。曹元度・単毓斌はついぞ水電廠長にならなかったが,これも民営化を妨害する動きのひとつであった。

### (4) 淞浜公司復活の陰謀

淞浜公司復活をもくろむ噂はとても多く,これらの人物が民営化を妨害していた。しかし,公司はすでに解散しているので復活は難しく,別の形で進めることを画策するしかなかった。

1922年10月に淞浜公司の一党であった金左臨こと当時の省署実業科長の金其照はこう言っている。「閘北地域のこの5年来の発展は予想外で,水電の供給は不足し,官側で金を工面して取り組むのは難しいので,民間の助けが必要な情勢である。官廠(=閘北水電廠)の営業区の外に大きな民営の電力会社が造られるべきであるが,そうなると官廠の経営が成り立たなくなる。もし官廠が合併するとしても,様々な紛争がおこって,民営の電力会社(商廠)の営業を妨げてしまうかも知れない。ともあれ,大型船は黄浦江には入れないのであるから呉淞江が産業発展の中心となるべきであろう。呉淞・上海両市の財力を集めて,いくつかの小さな会社を一つの大会社へと合併すれば,20年後にも事業が継続し,統一した営業もでき,商工業はことごとくその利益を受けることができのである」。金其照のこの言葉は淞浜公司の焼き直しに外ならず,呉淞・上海両市の経済力で新会社をつくろうと夢想したものである。彼も閘北水電廠を奪い取ろうとまでした。某商に借金し,省廠買収と議員への運動の用に充て,別に派閥をつくった。12月13日,数名の省議員が省長に淞浜公司の復活を要請したのは,彼の意図が最も顕著に現れたものであろう。1923年7月に淞浜公司が解散した時に,銭允利は淞浜公司の広告告

示を打って「主権の保護のために設立しようとした，省議会は省の財産を処理できるだけで，営業区を扱う権限はない。淞浜公司が取り消されたのは，法律違反の挙というべきである[42]」とした。これで淞浜公司の復活を企図していたことは明々白々であろう。

### 第 4 項　民営化論

閘北地域の商人は民営化をなんとしても実現するのだと非常に熱心に動いた。個人以外にも，前後して40あまりの公団が会議に参加して意見を発表し，要求を提出した。沈鏞らが述べた理由以外には，以下の 3 点が主な理由として付け加えられるだろう。

① 水電廠のそもそもの始まりは民営であった。[第 2 章参照]
② 各地の発電所は民営のものが多い。たとえば蘇州の 2 ヶ所(蘇州電気廠と振興電灯公司）は民営であるし，上海の華商・浦東の両社も民営である。閘北の公共事業の民営化だけがなぜ阻まれるのか。
③ 市の繁栄は水道と電力に密接な関係があり，商業界とも緊密に結びついている。商人は元手のことが気にかかるが，すべて自分たちで処理できるなら気前よく出資できる[43]。

また，民営化反対者や民営化妨害者に対しては，以下のような反論を出した。

#### (1) 官営と官民合弁への反対論

水質汚濁と水量不足で，灯光は暗く，租界から電気を購入するという利権を損なっている事実があるので，官営はよくない。省費不足のために改善できず，失望している。また，官民合弁が今までに満足のいく結果になった例は少ない。このため，民営化こそが唯一の道である。

#### (2) 市営化への反対論

1922年 9 月に邵仲輝が言った。理論的には市営にすべきだが，市営にはまず市政機関がなければならない。取り分け潤沢な財政力を必要とする事業であるが，閘北の現在の需要は切迫している。まず民営で日常の用に充て，営業期限を決めて満了したら市営に帰す。利益の一部を支出して，地方公益の

ために使うとした。[44]

　こうした反発は情理を兼ね備えている。市制がまだできてもいないのに市営化するのはおかしいというのは，反対の理由になる。[45]

　このほか，市営は民営と別であるという者もいた。が，公開で資金を集めるのにどこに区別があるのか，民営はすべてを公開して資金を市民から集めて，何かあればいつでも修正できると反論した。[46]

### (3) 廠長交代への反対論

　現任の水電廠長・馮応熊は，曖昧な態度ではあったものの民営化への賛意を表していたので，省署は別の省長を派遣して，民営化を牽制したいと考えていた。閘北公団はこの噂を耳にして，極力反対した。1922年8月1日，曹元度が水電廠長のポストに戻るという新聞報道を見て，公団は翌日さっそく会議を開き，省長に「曹某は評判が悪いので，世情が許さない」と上申した。この時は廠長は変わらなかった。[47]

　1923年8月，省議員・呉輔且ら83人が省長に「曹元度は廠長にするのは好ましくない，今曹が再任される云々という問題は，廠長を代えれば閘北の人民の疑惑を更に増すことになり，反動は先々省の財産にも及ぶであろう」[48]と猛烈に反対した。1922年11月には閘北公団は単毓斌が廠長に再任命されることを反対した。「単はその水電廠長在任中には，料金を上乗せし，そして現在は南京電廠で公金を横領している等々と訴えられている。省議会で決定するまで，しばらく現状を維持するが，もし単が廠長になれば水電費の支払を拒否し，在任中の会計簿を調べなおす」と言った。[49]こうして廠長交代を阻止しようとした。

### (4) 淞浜公司復活への反対論

　金左臨の意見は，呉淞と上海の両地域を合併しようとするものであり，閘北の住民の直面している困難を解決するものではなく，閘北公団には受け入れられるものではなかった。淞浜公司の復活の企図について，公団は極力反対した。租界の電気を転売する利益に垂涎しているのを見て，誰が主権保護という言いぐさを信じるというのだと反対した。淞浜公司（の残党）が，省議会のことを不法なだとなじったのはでたらめもいいところである。大体，

この公司はすでに無くなった会社でありとっくに解散しているのだから，何かを企図すること自体許されることではなかった。[50]

### 第5項　省公署の態度と商民の反発

閘北公団は民営水電公司準備処を組織して，株を公募した。省議員・侯兆圭等が問い質した。この件は省議会をまだ通過していないではないか。省署は準備処を取り締るべきだとも求めた。省署は「準備処はすでに取り消されている」と回答した。[51] 8月13日に［民営化に賛同していたはずの］水電廠廠長・馮応熊も発電所は拡大しているところで，将来官営になるか民営になるか判らないのに，準備処が株を募集したのは不穏当であるとした。[52] 9月1日には省署は上海道長官（滬海道尹）に閘北水電公司準備処を取締るように訓令を発したが，これが閘北商民の反発を引き起こした。[53]

準備処は省署にその存在を否定された後，護軍使・何豊林に支援を文書で求めた。何豊林護軍使は同情を表したが，省署の指示を待つべきだとした。馮廠長の見解がでて，公団もこれに回答して伝えた「閘北の公民は自分達の問題は自分達で解決する，そして決して分を越えることはしない。更にである，何豊林護軍使の指示を仰ぎ，省長に伝えてもらってもいる。何が不穏当だと言うのか。」9月1日，省署が出した取締令を知って，公団はその晩に会議を招集し，30余の団体の代表が参加して，法に則って反論することを決議した。9月4日，30人余が省長に以下のように電文で伝えた。民営化はよくないと，条文を引用して民営化を攻撃するのは公正に見えるが，しかし，まだ納得がいかない。[54] 7日には30あまりの公団は，廠長に対して，省署が違法だと指摘して禁止した点について弁じた。

1．水電廠の電気は工部局から転売しているだけではないか。水は供給ができていない。人民の苦痛はすでに数年にわたっていて，このために自分たちで解決の計画を立てたのであり，別の意図はない。
2．省署は「電気事業取締条例」第2条を引用して，交通部への登録を経ずに開業と電気の工作物を使用することはできないという。準備処は開設されたばかりで，まだ開業には着手していず，実体はまだ何もない。
3．省署は，登録しないで第三者に対抗することはできないという。準備

処は設立したばかりで登録もしていないが，だれに対抗するというのだろう？　第三者とは誰なのか，どのような争いが起こったのか，はっきりさせていただきたい。
4．省署は，まだ登記していないのに，民営会社の名義で公然と新聞に掲載して株を募集するのは法律違反だという。しかし，電気事業は株の募集の予定額が満たされないと登録が許可されない。株式募集は新聞に掲載しなければならないため，公司法の第97・98・111・112・113の各条に則って処理しているもので，法律違反ではない。

この日，公団は代表の陸伯鴻を南京に交渉のために派遣した[55]。陸は上海に帰ってから，韓省長との会見の感触は悪くなかったので，交渉は決裂には到らないだろうと述べた。準備処を調査せよとの命令は実業科長（単毓斌）がしたことで，自分達の淞浜公司の企てが失敗した腹いせから邪魔したのだ。禁令で言っている「対抗する第三者」は暗に淞浜公司を指していた。閘北の各商店は白旗を掲げて取締令に抗議し，示威運動をした[56]。

省署は7日に公団側に以下のように反論して回答した。

1．交通部の審議決定を経ずに開業はできない。電気事業の登録手続は，株式募集があるので他の手続より一つ多く，すでに株式募集しているのだから，開業前であるといっても，実際には事業を始めているではないか。
2．「電気事業取締条例」は営業区を定め営業区外での勝手な営業を認めていない。
3．水電廠の実績がよくないのは遺憾であるが，省はこの事業を引き継いだ当初から，財政が厳しい中で，100万元以上の投資をしている。
4．省署は民営化に決して反対していないし，すでに基本的な計画のひとつとしている。ただ，省議会の議決を経ないで株式を公募することは法令に違反してる。準備処も自分たちがルール違反だと知っているだろう。韓省長は民営化に反対しているわけではない。禁止令は暫定的なものに過ぎないのだから，商業公会に連絡し，各商店に旗を撤収させて，示威運動を中止させることを求める[57]。

## 第6項　省民合資案の省議会通過

　1922年10月1日，省議会が開会され，省議員の中には水電廠に対して意見を持つ者が多く，意見が出された。許銘範議員は，省議会の権限にするべき事業であり，詳しく検討するべきだと民営化に強く反対した。資金を拡充し水電廠を整備することを提議して，なお官営を維持すべきだとした。周乃文議員の意見は，完全に民営化するなら，省の財産を守ろうというもので，最低でも200万元からの公開入札で募集するというものだった。潘承曜は官民合弁を提案し，官側は水電廠の200万元を株式とし，ほかに300万元を株式で募集して水電廠を整備するというものだった。ところで，閘北の自治会は水電廠が省の財産であるとは認めなかった[58]（詳細は後述）。

　省議会は12月6日午後，特別審査会を開き，当時の閘北の請願団体40人余りが議長との面会を求め，秘書の黄家璘が会った。しかし，請願団体が審査会で意見を陳述することは拒絶されたので，代表たちは傍聴に行った。資産の審議となると，突然騒ぎ始めて大混乱となり，怒号が飛び交い大混乱し，審査長は資料を持って議場を去った。8日にも再び審査があり，民営化を主張する者と反対する者との間の論戦が止まらなかった[59]。12月17日，出席議員82人が省営と民営の間に官民合資の折衷案を取り，水電廠案を通過させた。「一官庁が省営事業を独占的に行ったため，旧態依然のままで設備の拡充もできず，閘北の人民に長く苦痛を味わあせた状況は許されない。また省有の権利も放棄はできない。省全体の経済を考え，特に世論に配慮した決定をした。全省のすべての人民に投資の機会を与える」と

　そして以下の5条の大綱を立てた。

1. 準備処はもとのままにするが，民営（商辦）の文字は除く。
2. 総資金400万元は省が3分の1，閘北公団が3分の1，各県の商会が3分の1を持つ。省の持株は工場を抵当として3分の1に充てる。もしその金額が3分の1を越えたら，余剰分は省の金庫に返し，不足の場合は省の金庫から補う。各県は3ヶ月以内に株を引き受けて（株を売って）金を納入する。期限をすぎたら会社は自由に株式の購買者を募る。
3. 水電廠の資産の評価は，省署と総商会が招聘したエンジニアと共に

公平に資産評価する。
　４．これ以降の水電料金は租界と同じくする。
　５．省の株式の権利は省議会が持つ。[60]

　閘北公団はこの案に対し，完全な民営化は果たせずとも，省民合資は実現できるのであるから，閘北の水道・電気の発展に新たな希望が持てると考えた。12月20日に公団大会を招集した。省長に政府の公明正大さを明らかにするためにも速やかな公布ありたしと要請する打電をする一方，省にいる代表には続けて民営化を求めて争えと伝えた。[61]

　省議員の中には，この案が通過したのを不満に思うものもあり，今回の審査は不十分であり，通過はしたが，計画の詳細がなくて不満であるといった。[62]

　省公署は省議会が通過した公文書を得て，省議会の再度の議論について相談し，水道・電力の料金を租界と同じにするという点には同意したが，その他には多くの疑問点を示した。

　１．公司準備処は３方面からの公式の推薦を経た人員が運営すべきである。省が株の主権を放棄したことは，考慮しなければならない。
　２．準備処から民営の２文字を取ることについて各県の商会は承認するのか？
　３．閘北各公団の金銭の納入には期限がないのに，各県の商会には３ヶ月という期限があるのは公平ではない。
　４．省の持ち株と民間の持株の比率は１対２となっており，権利義務も定めていない。合弁事業は官民で折半するべきである。
　５．水電廠は現況では欠損はなく利益が出ているが，やがて金のなる木とまでは言わぬが，少なくとも実際の投資で資産を計算しなければならない。上海総商会の招聘したエンジニアの見積価格は低過ぎるので，これと同じにすべきでない。
　６．董事の任免権は株主総会にあるが，官庁にも任免権と職務を遂行する権利がある。今のところ選挙権は議会が行使すると明記して決めているが，問題が多いと言わざるを得ない。[63]

公団はそれを聞くと会議を招集した。省署が閘北の人民の苦痛を顧みずに，細事を論い権利をめぐって争っていると非難した上で，以下のように決議した。万一，省長が自分の意見に固執するなら，蘇州電気公司のやり方にならって，地方から株を集めて自営することにし，官庁とは完全に関係を絶つ。水電費の支払いも即日停止する。

省議員・屠宜厚らも蒸し返された話に反駁を加えた（第2・3点にはまだ回答していない）。

1．準備処は閘北の人民の合意であり，改めて別の組織をつくるための労力や費用は不要である。準備はしなければならない義務であって勝手な権利を主張しているのではない。省側は持ち株上の権利を放棄しているとは，どんなつもりで（民間も放棄しろとでも）言い始めたのか？
4．合資で望んでいるのは廠の拡大だけである。官民が半分ずつ出資する必要はない。もし江蘇銀行などが合資して経営に参画した場合，いったん官庁のお墨付きがあれば，投資者はいくらでも集まるだろう。
5．官営が腐敗して，水電はひどい状態なのに，まだもったいないから価格をつり上げるなどと言っている。それなら何で今日，民間をも巻き込んで合弁の計画まで立てたのか？ 価値は高くなったり安くなったりするものであるが，それについて公平な見積もりをするべきであって，もし虚偽や不正をしているのでなければ，現水電廠をこそ精査してもらいたいものである。
6．公司の人事は公司法によって処理するべきで，本会が議決したことについて行政が職権を侵すことは許されない。笑うべし。また仄聞するところ，本当の反対者は別にいる。省長はその操り人形になっているとか。省制の大権が省長になく，省長以外の他人の手に落ちているとは情けない極みである。[64]

1923年1月8日に，省署はやっと官民合資案を公布し，総商会に共同で資産を見積もらせた。[65] 第1段階の争いがここで終わった。省公署は省議会と争ったが，実際には争う必要などなかった。省長・韓国鈞はこれといった自分の意見がなかったので，人に左右されがちだった。

## 第3節　暴露戦と妥協

　大綱は省議会を通過し省署によって公布されたが，双方の争いはこれで収まりもせず更に激しくなっていった。

　1923年2月25日，閘北公団は開設準備大会を開き，電車事業を含むように株式募集章程（規則）を改定し，官民合弁ではないことを言明して，陸伯鴻を責任者とした。そして「閘北水電公司準備処」の名義で新聞で株式募集を掲載した。その後，上宝公司との合弁電車事業契約を省に出し，交通部への登記を要請した。

　省署実業庁はこの要請を踏まえて以下のように言った。

1．省議会を通過した大綱には，電車事業は含まれていない。
2．株式募集所は「水電公司商股招股所」に改名するべきだ。
3．価格見積が確定するのを待ち，民間持株の募集が終わってから，閘北水電廠との合併を始める。省は誤解を招かぬように，準備処に新聞で大綱の実情を再び公布することを命ずる。

　この期間の激しい衝突は，以下の重大事件を引き起こした。
　（1）　告発と告訴の応酬。
　（2）　省議会での乱闘と完全民営化が通過の可否をめぐる争い。
　（3）　廠務委員による接収の試みと公団代表との妥協。
　（4）　水電廠の財産をめぐる争い。

## 第1項　告発と告訴の応酬

　1923年7月，水電廠の廠長であった馮応熊は職務怠慢であると告発され，省署は仲漱蓉を派遣して調査した。省が廠長を排除して水電廠の支配を確かなものにしようとしたものだった。公団はこれを聞いて，何豊林に人を派して数年来の帳簿と金銭を詳しく共同調査するように求めるとともに，仲漱蓉は免職の懸案を調査する人なので，この調査にはふさわしくないとした。また，第4科科長の単毓斌が廠長に任じられるという話にも公団は反対した。

互いに告訴をし合って争う騒動がここから始まった。続いて，市民・張景良らが馮廠長を訴えた。要点は
- ① 馮は仲漱蓉を怒鳴りつけ，内部調査を強く拒絶した。
- ② 馮某には水電廠についての見識がなく，廠務を怠っている。
- ③ 職権を濫用し，親戚を任用している。
- ④ 不正を行い私利を営んで，職権を利用して不正に資材を盗み，水電費を割り引いて有力者に阿っている。以上の理由から，その職を辞めさせるべきである。[69]

 省府は改めて蘇州関監督・劉鐘麟を上海に派遣して調査させた。省議員・俞祖望ら33人も馮応熊の審査を請求し，馮への風当たりは強まった。[70]

 公団は沈黙に甘んじず，代表の湯有為を派し，7月16日に単毓斌（元水電廠長）・金其照（元第4科科長）らを正式に告訴した。彼らは，密かに淞浜電力公司を組織しようと企て，省有企業の営業区を侵犯して，水電廠の収入に損害を与えようとしたというのである。

 20日，検察の回答は「しばし調査を待て，改めて調査する」というものであった。この後，湯は検察庁に速やかに処理して欲しいと4度も請求したが，ほとんど「しばしまて」との回答が繰り返されただけであった。10月17日，検察庁はこの件を不起訴処分にした。湯はこれを不服として高等検察庁に控訴した。これまでにすでに3ヶ月以上が過ぎていた。[71]

 この間，公団は何度も湯の行動に呼応して，淞浜公司の内幕を明らかにしたり，省長に陳情したりして単毓斌を攻撃し，また準備処と水電廠の合併に際しては馮廠長が整理事務を担当することを要求した。省署はこの2つは自分たちの権限であり，公団側の一方的な要求であるとして従わなかった。公団側はそのような省側の動きを単毓斌を擁護するための職権濫用だと考え，何豊林に，単毓斌が管轄区域で罪を犯しているので，省に通知してまず停職にし，身柄を上海に送って法律で処罰してほしいと求めた。[72]しかし，何豊林は要請どおりにはしなかった。

 また，反対派も弱みを見せることだけに甘んじなかった。省議員・顔作賓ら10人は単毓斌を弁護してビラをつくって一般に告知した。馮某の処理がまずいのであって，局外者の単科長が出廷するまでのことはない。淞浜公司を許可するかしないかの権利は省長にあるが，首尾一貫させようとしたが従わ

ないのではないか。馮が，調査を拒否し，地方にたのんで単科長を脅迫し，軍使を担ぎ出して来たことを責めて，有罪だとした。そして，経営不善も罰せられるべきであるとした。[73]

公団は馮をかばって直ちにこの中傷に反論した。省議員が単の事件をきちんと審査していないことを職務不履行であると逆に非難した。「今，人民が告発したのに，弁明はするが解明をしないのはどういうことか。」馮廠長も弁明した。「また調査を拒んでもいない。劉鐘麟に呼ばれて来た公団と突然齟齬が生じたものであり，自分が地方公団をそそのかして分外の要求をしたのではありません。地方公団には自分たちの主張があり，とても私ごときの言いなりにはなるものではありません」。[74]

省議員・顔作賓らは公団を攻撃し，公団もそれに対して反撃した。[75]また役人や省議員も馮のために以下のように弁明した。淞浜公司は確かに営業区を争奪する意図があったが，幸い馮廠長が私利に惑わされなかった。そうでなければ水電廠の価値は5分の1になっていただろう。この時期に廠長を交代すれば疑惑が生じ，かえって省の財産があやうい。[76]

省の財産を保護するためのこのような進言は，韓省長の考えと一致していたようである。1923年12月，省議員・許銘範ら多くの証拠を提出するとともに，なぜ馮を解任しないのかと省長を問い質した。しかし，この件はうやむやのうちに終了した。[77]

1923年冬，省議会が開会してすぐ，準備処が30万元を出して議員を買収したという噂が出て，また，懐仁堂の小切手で学生を買収した事件が発覚した。馬真らの名で宣伝ビラが配られ，議長の徐果人は2万元を受け取ったという。徐果人は馬真本人を詳しく調べた。公団も調査して真相を明らかにし，以下のように潔白を証明した。準備処は株式の金はすべて水電公司の名義であり，懐仁堂などという別の名義はない。小切手は主任3名と会計監査の手を経なければならず，1,000元以上のものは職員会議の議決が必要であり，議事日程に入れて文書に記録される。また，準備処が外資と共謀して250万元を投資したという事実はなく，そもそも準備処のはじまりは外国商人の野望を断ち切るためのものであった。[78]

こうしたデマも誹謗中傷戦術の手口のひとつである。省議員・狄梁孫は省議会に文書を送って民営化派を誹謗した。準備処は軍閥・何豊林をお守りに

利用しているので毎年巨万の金を上納しており，秘書長・参謀長・科長らも毎月賄賂をもらっている。某局長は同所の廠長と義兄弟で結託していると。

何豊林は，曖昧な噂ではなく，確かな事実を指摘してほしい，いささかのごまかしも許さないと省議会に伝えた。また，噂された他の会社も，狄議員の中傷に反論して法院に告訴するといきまいた。[79]

こうした互いの暴露についても，結局はうやむやのうちに終わった。

## 第2項 省議会の乱闘と民営化案の可決の真偽について

民国以降の江蘇省議会はさながら金の亡者どもの晴れ舞台といった態であり，それがあらためてニュースになることもなかった。議員たちは議事には興味を持たず，派閥争いにこれいそしんでいた。外部の者が議会に乱入して，怒鳴り声が響き渡り，大騒ぎとなり，議員と職員が殴られたという話も折々伝えられた。[80]

1923年10月1日から26日に省議会の第1回会議が，11月21日に第2回会議が開催された。60日間の会期はあっという間に過ぎ，会期は更に20日間延長された。水電廠を民営に改めることに熱心な者はあせり始め，12月7, 8日の両日に，突然議員の半数以上を集めて2回の会議を開いた。

12月7日午後，馬甲東議員らが水電廠民営化案を提出し，議長の徐果人が議題に入れることを許可した。次いで王朝棟らは議事日程の変更をして先にこの水電廠案について議論しようと動議を出した。これに対して，朱紹文は阻止しようと演壇に上がって演説した。双方が机を叩いて罵り，叫び，演壇を奪い合い，つかみあって会議は混乱のうちに終了した。[81]

翌8日午後，引き続き議会が開催された。出席者は90人余り，王朝棟が議事日程の変更をまたも求め，正社党議員の多くがこれに同調した。仁社党議員・張福増は登壇して発言を求め，両派の議員が彼を取り囲んで壇に上がり，もつれあい乱闘になった。徐果人議長が強引に議事日程変更案を採択しようとしたが，朱紹文らは「議長が法令違反をしている」と言って書類を投げ捨てた。王景常議員らは朱紹文を殴って議長席から引きずり下ろすと，違う議員が今度は王景常らをひきずり下ろした。徐果人議長は議場を後にした。中立派の議員が調停に乗り出して，徐果人に議場に戻り，「散会」を宣言するように要請した。両派の議員はまだ険悪に対峙していた。反対派の議員は大

声で罵ったが，徐果人は気にせずに「水電廠民営化案を討論する」と発言した。陳亜軒らは議長席にまで詰めより徐と言い争い，徐は再び席を立った。最後には第3課長が議場に来て，鈴を鳴らして散会した。この後，徐果人議長は正社党議員と密談して，この議案はすでに議会を通過したと言った。8日深夜1時20分，省議会は省署に，水電廠の完全民営化案はすでに議会を通過したので，公布・施行を要請すると通告した。[82]

　この水電廠民営化案は真実に省議会で可決したのであろうか。このことをめぐって，省議会（と公団も併せた両者）と省署の間で見解が異なった。

　省長側から省議会への回答は，果たして可決したのか，違法な執行請求ではないかと疑念を呈した。「同日の議会開会の状況は北区署長・劉煥章の報告が警察庁長よりあがってきている。劉署長は傍聴席にいた。議事日程の変更をめぐって議会で争いが始まり，大混乱して議長が一旦退席した。議長はその後また出てきたが，両派はなお争い再び殴りあいになりそうな勢いになったので，議長は守衛に守られて退出した。それから張福禎課長が議場で鈴を鳴らして『議長が散会を宣言しました』と言った。この時，もう5時だったので皆，散会したのである。北署の傍聴委員の厳恩栄の報告も同様である。そうであるなら本月8日に開かれた議会では何も議決されていず，申し越されてきている可決したとされる民営化法は違法なものであり，議会暫行法第39条によって，この法案の取り消しを求める」[83]。

　他方，閘北公団と議長・徐果人はすでに議会を通過したとした。その根拠は以下の通りである。「多数決で通過したと10日に各新聞の特電で報じられた。また，このことは議員の署名と議事録で証明できる。15日にも議員60人余があらためて自署して証明したことも，発表されニュースとして配信され，民営化法案が可決したことが認められているのである。省長殿は『取り消し』を求められているが，事実として通過したのであるから，省長の要請は依るべき根拠すらないものであり，自らが法を犯すという陥穽に陥いられている。また傍聴者の報告ごときを証拠とするなら，法による統治としては憂慮すべき状態である」。県議会の連合会も次のように言った。「議事手続きが適法であったかどうかは，出席議員が過半数であったことで自ずから証明されている。傍聴者が干渉できる問題ではない。更に，航政局案の事例において議員の署名のみに依ったことがある。これは法律に則ったものであり，議決とは

決して言えないが，法的には有効であるとされたのである。」[この段落の引用括弧は訳者が補った][84)]

　以上見た状況を勘案すれば，民営化案は多分に省議会を正式に通過していないのである。10日の各紙を見れば，『民国日報』だけが「省議会はすでに民営化議案を通過させ，省署に報告した」と報じていたが，その他の『申報』『上海時報』はいずれも議会を通過したとは報道していない。『申報』に至っては「本日の会議は1つの議案すら議論できなかった。……聞くところによると徐果人議長は正社党議員と密談して，『法案はすでに議会で可決されたと強弁しよう』とした」とまで書いている。「議場速記録」に依るとしてもあてにはならない。「議場速記録」がそんなに確かなものならもっと早くに言及していただろうが，1924年2月17日の新聞報道に初めて出てくる。更に言えば，真に可決したものなら，事後になって議員に承認の署名を求める必要はないし，「航政局の時もこうでした」と言及する必要もない。

　省署の「取り消されたい」という態度は，この対応に限って言えば，堅実であったと言える。理路整然としかつ悠然と自信に満ちたものであったといえる。

## 第3項　廠務委員による接収の試みと公団代表との妥協

　1923年12月，民営化案が本当に通過したかどうかで省議会が紛糾している時に，韓省長は蔣篤光（宗濤）を廠務委員として派遣し，水電廠を接収しようとした。12月13日，闍北市民大会は廠務委員による接収を拒絶すると省長に電報を打った。そして，水電廠は準備処へ移管されるべきと決議した。[85)]

　省署は新たに許沆（秋騧）・蔣篤光（宗濤）・穆湘瑤（抒斎）・陸熙順（伯鴻）・馮嘉錫（暁青）らを委員とする5人委員会を組織して移管した（馮は辞退）。市民は反対して電報を打って省長を難じた。すでに民営化が決まっているのに，突然，委員に水電廠を接収させようとは，どんな信義があってしているのだと。何豊林軍使にも電報が発せられ，誰かを派遣して接収するように求めた。[86)] 省署は実業庁長・張軼欧を上海に派遣して，速やかに委員会を設立して，廠長に明け渡すように督促させようとした。省署は「民営化するのはよいが，さりとて省営も不可ではない。廠長をやめさせ，廠務委員をこれにかえればよいのである。これは省署の内部の問題としていかに財産を大事にするかと

いう問題なのである。省民合資の進行を督促し，少しも妨げていない」と訓令した。公団は何度も会議を開いて，力を尽くして反対し，上海では「水道・電気料金の支払うのをやめよう」という宣伝ビラがばらまかれ始めていた。張軼欧実業庁長は12月15日に上海に来て各方面と協議し，公団が民営化を頑なに主張して廠務委員会に反対しているが，省側では承知していない。これは調停すべきであり，民営化を承認して，公司が若干の営業権費用を支払い，更に議会を通過させて，民営化案の法的手続きを終わらせる。彼はすぐに省に指示を仰ぎ，閘北方面では23日まで解決を待つ。公団は代表12人（後に16人まで増員）を推薦したのは，水電廠を監視して委員の移管を防ぐために順番に水電廠で知らせを待った[87]。

　張軼欧実業庁長は上海に到着すると，水電廠問題を解決しようと取り組んだ。12月22日に省長に報告をしている「省営のままでは事業拡大することはできません，実際これ以上省営は続けられません。廠民合弁がすでに公布されていますが，合弁の段階で止まってしまうと商民の中からやろうという者がいないので，民営という方法しかありません。地方の痛苦のために民営化するという理由は納得のいくもので，反対する理由はありません。地方は民営化を勝ち取った。官民はみな民営化に賛成し，意見が相違していたのは，移管の手続と時期の問題だけです。民営化の手続は法的拘束があり，官庁とても毫も干与することが許されず，商人や民間人の側も強弁して難癖つけることはできません。商人や民間人は電気と水の痛苦・不便が解消されるため可及的速やかな移管建設を望んでいるのです。双方は虚心坦懐に話し合うべきです，そして官庁が保証人となり民営化案が法として成立するのを待ち，民間の持株については政府所有株をすぐに購入すれば，民間人は安心して建設に従事できるでしょう」。

　この提案について省長は「行うべし」としたが，公団側は官営を引き延ばすための方策だと捉えた。民営化の手続は議会を経て法律に則っていると言明していながら，廠務を整理して，直接，新会社に移管しないのはなぜかと委員への移管を拒絶し続けた[88]。

　公団は12月22日に廠務委員に指名された人々に就任を辞退するように求めた。特に準備主任の陸伯鴻が最終的に廠務委員に就任したことには納得せず，人に利用されるなと陸伯鴻に忠告した。

28日には４人の委員が，公団側に以下のように回答した。民営化を主張して委員を担当している我々は，廠務を終わらせて設立準備をすることを主な目的としており，張庁長の提案した解決方法を支持する所存である。

公団は彼らとは別に代表を５人選出して，これに対抗した。[89]

この期間の民営化案には法律上の論争があった。対抗のために市営案を提出した人々もいたが，市郷制では水電は市郷によって処理すると規定しているので，法律上の意見の相違はない。まず，江蘇省県議会連合会は12月21日に省議会に市営にするよう打電した。23日，５区商連会も同じ意見だった。公団は「民営市営には先入観はない。人民の苦痛を取り除くことに従うだけだ」。市民の孫寿唐らは，24日に宝山県議会に，翌日には省長に請願して，水電廠の市営を要請した。省長には誠意がなく民営化をつぶすことを目的としているし，議会には派閥争いがあり，議会が閉会してすぐに，民営化という状況は，なくそうとするまでもなく自然に消えていった。市が法制と民情の両方に配慮できるので，市営を提案した。29日，公団は会議して宣言を出し，[90] 市営主張は省長の民営化の願いを破壊する陰謀であり，地方議会が決めたことを踏みにじったと非難した。

① 水電廠を改組し，議会において民営に改組するには，まず先に民営化決議案を公布する。
② 省民合資に改組するなら，多数の議員が廠務委員会の組織をすでに承認していないし，また準備処が存在する。この委員会は違法な組織というべきである。

人民は自分たちを救いたいと思っており，市営にする理由は以下の５つによる。

① 自治法制に合致している。
② 実体が官営となることを防ぐ。
③ 商人の操縦を免れる。
④ 外資の邪な企みを絶つ
⑤ 贈賄の噂を根絶できる。水電廠は自決方式を取らなければ成功しない。[91]

これは市営にしようとの口実で，省署が民営化案が議会を通過していないと強調していることに対抗しようとしたものである。

1924年1月,省署は張一鵬を廠務委員会委員長に任命し,1月4日に接収することを決めたため,またも公団側の強烈な抗議を引き起こした。1月3日,公団は会議して,公団5代表と駐廠代表をまず水電廠に行かせた。4日の午前,公団は会議を開き,午後にデモを行い,道々演説してビラを配布した。他方,張一鵬は文書で,自らの委員会の法律的な根拠につき,省議会を通過した省民合弁が通過したことを唯一の根拠としていることを強調した。合弁の前には省署が独裁,合弁がなされてからは省民が共同で管理する。この過渡期において,法律で禁止されていないものは違法とはいえない,委員会の設立も違法とはいえない。また一部の議員がこれを否定して違法だというのは,その議員の個人的な見解で,省議員120名の決議を代表することはできない。[92]

　結局4日に接収することは不可能だった。6日に公団は会議を開き,5代表から委員へ移管しないようにと勧告させた。7日にまた集会を行い,30あまりの公団代表400人余りが隊列を組んで水電廠を守るために居座り,廠務委員が来ても中に入れなかった。公団は逆に,張一鵬廠務委員会委員長に人民を痛苦から解放することに助力するよう,省署に進言してほしいと訴えた。この事件の後,委員の態度には変化があり,張一鵬は第三者の調停を経て公団と共同で廠務を監督してもいいと考えた。公団は数回の会議を経て,廠務の共同管理に同意した。ただし,民営化を先決条件として準備処の民営化交渉を進め,公団側の決めた5代表を廠務監察員に推薦した。[93]

　1月14日,護軍使・何豊林が調停を買って出て双方の主役を宴席に招き,弁じた。張軼欧実業庁長と張一鵬委員長は,力を尽くして民営化に賛成しておられるし,韓省長もまた何度も民営化に賛成すると宣言しておられる。今,各方面は一致して民営化を主張している。私が敢えて民営化の保証人になるのであるから,地方の人士には張軼欧庁長と張一鵬委員長を信頼ありたい。

　張軼欧はすぐに民営化に対する賛意を示した。張一鵬も「もし民営化という目的が達せられなければ,私は委員長を辞職する」と発言した。準備主任・徐乾麟は謝意を示した。徐春栄は張軼欧実業庁長・張一鵬委員長に民営化の方法と実施時期をはっきりさせてほしいと要請した。話し合った結果,支払日を民営実施の期限とすることになった。その後,廠務問題に話が及ぶと,張一鵬は1人も更迭しないと保証した。[94]

何豊林の調停は具体的な成果は得られなかったが，双方の意見がすでに非常に近づいていて，残っているのは単に瑣末な問題であることが判った。15日，双方が再び相談し，監察員の権限は公司監察人とほぼ同じにすると決め，陸伯鴻を廠務主任とし，劉瀚如を会計，周滌園を書記に任じた。そして監察簡章を修正してから，省署に報告した。[95]

この件はこうして一段落して10日間ほどは平穏であったが，この監察簡章が導火線となり10日後には第3の騒動が勃発することになる。（次節参照）

### 第4項　廠産の争議

民営化をめぐる攻防と同時に廠産にも争いは波及した。

争っていたのは次の3点である。
- (1) 廠産額とその所属について
- (2) 見積価格
- (3) 営業権の代価

### (1) 廠産額とその所属について

水電廠の投資額がどのくらいになるかについては，具体的な数字がないので一致した認識を持つことは難しかった。

官側と省議員数名の意見は以下の通りである。[96]

1. 1923年9月，水電廠が自治準備会に「返還した外債はすでに90万元近い」
2. 11月，省議員・周乃文が投資額は合計で200万元と発言。
3. 12月，省議員・潘承曜の発言。1914年，道庫で6万両と6千元に分けて，日本からの借金40万両を完済した。利息308,000元，元利は合計で90万元余りに達する。すべてを合計すると，90万元に達する（計算の根拠は不明）。
4. 1923年1月，省署は省議会に道庫が支出して代わりに返済した以前の借款計60万両，94万元余には公約配当金は含まれない（合計で約177万元余）と回答した。
5. 8月，省議員の許銘範が省60万両と，洋銀96万元を支出したと発言。

6．12月，省議員・朱紹文の発言では，省の投資額は180万元余（省の文章と似ている）。

以上，述べられたことをまとめれば，信頼できるデータと言えるだろう。

1．道庫は初めに20万両を借り，更に日本から40万両を借りた。この合計が60万両である。これが60万両説の来源である。
2．外債の返済額は90万元近く，これには40万両と利息を含む。後に出てきた40万両を分けている90万元説は，90万元余という説がある（40万両は555,555元に合し，利息308,000元を加えて，合計で863,555元である）。
3．94万元余，96万元余というのは，6万両と6千元を加えて合計した数である（この両数を合わせると89,333元）。

以上の3つの理解を総合すると，官側の水電廠への投資は合計123万元余（863,555元＋89,333元＋20,000両＝1,230,666元）になる。
しかし，閘北公団側の廠産に対する見解は異なっていた。[97]

1．1922年11月，閘北自治籌備会は省議会に，水電廠は決して官の財産ではなく，全省人民の公の財産でもない。査(おもい)するに，水電廠の開設時に上海道庫が支出して貸し，代わりに返済したのは銀26万両で，1912年に余分に軍事当局が日本から借款40万両を抵当を入れて借りたが，官庁はすでに銀14万両を多く使っていた。この後，日本からの借款を返済して設備を拡大し，閘北の住民が水電費を多く支払ったことは省署とは無関係である。
2．12月，資本26万両（源豊潤に16万両返し，別に10万両を支出した）を公団は蘇人に告げる書で以下のように述べた。大倉から40万両は陳其美が借りたのであって，閘北市政庁は調印を拒否したので官の借金は官によって返すべきだ。1年の利益は約60万元余だが，事務員の賞与と手当に充てる10万元余を差し引かねばならないので，残りは40万元に過ぎない。また，このほかに1年に減価償却費10万元余も差し引かないといけないので，認められる水電廠の廠産は26万両と30万元（約66万元）だけである。

3．1923年8月，公団が許銘範を詰問した。省庫はたった6万両と6千元を支出しただけだが，財政庁が指摘した借金の支払と各数の支出割当は，すでに20万元を越えている。省廠の今日あるのは閘北人民の血と汗と金とで作り上げた賜物である。
4．12月，閘北市農会が朱紹文に反駁した。廠産は180万元に相当し，大倉の借款の元利90万元余を差し引かねばならない。省が立て替えた金以外は，みな閘北人民から暴力的に徴収した水電費と上乗せ金で得たものであるので，26万両しか認められない。

以上の4つの意見をまとめると，公団は水電廠が官産であることを完全に認めているとはいえないだろう。部分的に認めてはいるが，最大でも66万元を官産として認めているだけだった。

(2) 見積問題

省議会を通過した規則によって，省署は1923年1月8日に総商会と共同で見積をすることになった。準備処は，閘北はすでに3分の1の股権を占めているのだから，見積に参加する資格があるとして反対していた。総商会は適宜，準備処と連絡を取り，公正を期して，沈嗣芳・朱孔嘉の2人を準備処代表として交渉し，見積に参加させた[98]。総商会と準備処とはよく知った仲だったので，この件の解決は容易だった。

省署実業庁と総商会は，工部局電気処（Electricity Department of Shanghai Municipal Council），ジーメンス社（Siemens China Co.），通和洋行（Atkinson & Dallas, Ltd.）に見積をさせた。

公団は見積価格の結果を早く発表してほしいと何度も要請したが，はじめは見積の担当者を招聘している最中だといって延期され，次いで工場の見取図が精確でなく悪いので使えないといい，次いでエンジニアが避暑に行った，避暑から帰れば忙しくて暇がないなどと言う理由で延期され，1923年11月にやっと見積作業を始めたが，工部局の新しい機械が爆撃されて中断したため，12月28日にどうにか終了し，1924年1月1日に発表された。見積額は，電気部門は249,233両，水電廠部門は555,059両で，合計804,292両，概算で合計して約1,117,072元だった[99]。この見積価格はすでに省署が投入した資産を越え

ていて（日債の利息を入れない），省署にとっては公平で理に適っている。

　資産見積の発表後，省議員・朱紹文は不満をもらした。省署が発表した資産は銀64万両（約888,888元），ほかに940,000元，増えた財産が440,000元で合計2,268,888元なのに，見積価格は804,292両しかなく，これは他人のために利を図っている。刑事責任を負うべきである[100]。

　しかし，この点については決着が付かなかったので，この見積が基準となった。

　　(3)　営業権問題
　1922年12月に通過した省民合資案には，営業権代価というものについての言及はなかった。1923年12月8日，省議会で民営化案が通過した時も，とても営業権の内容について検討できる状況ではなかった。張軼欧実業庁長が上海に来て営業権というものがあるといきなり持ち出してきた。閘北市農会は省長に反対の電報を打った。

> 営業権は確かな営業実態があって認められるべきものであるが，閘北水電廠は電気を租界から借りているのであって「電気取締条例」の対象外である。また，水を満足に提供できないというのに水道代として人の財産を掠めとっているような有様である。このような営業内容であって何が営業権であるのか。電気・水道事業を発展させようという者を助けるのが官のすることであるはずであり，各国においてもそのようにするのが通例となっている。省政府は補助もしないで，逆に電気事業をしようとする者にあり得ない負担を強いようとしている。官も商も理屈は同じだ。他人を害し自分の利益を図るのは願うところではないはずである[101]。

　更に，新しい会社が浄水場と発電所の2つの施設を設けるとしたら300万元以上必要であり，その上に旧（閘北水電）廠の設備を買い上げなければならないとも指摘した。旧（閘北水電）廠の各年の利益たるや，今に至るまで毎年30万元不足しており，配当も出せない状況であり，どこに営業でもうけましたと言って出せる金があるというのだ。
　12月に張一鵬が営業権に対して以下のような彼のとらえ方を提出した。仮

に営業権を一般的な商業の慣例と認めるとしたら，閘北水電廠の営業権も省有財産の一部である。議会が営業権を放棄すれば官庁の財産を損うことになり，二等或いは三等の懲役に処せられる罪に相当する。しかし，若しかつて民営から官営に改めた時に代価（営業権料）を払っていないのであれば，これは私有財産だったということになり，代価のやりとりは必要なく勝手に旧（閘北水電）廠を省が放棄できる。公有財産となれば私有財産と一律に取り扱うことはできないが。

　この意見に対しては弁護士・呉中偉の反駁が出て，省署は渡りに船とこれに同調した。省議会はこのことについて議論を全くしていないので，営業権の放棄は議会が正式に決定したことではなく，文書で営業権に何ら影響を与えないように［張一鵬にその見解を］取り消すことをもとめた。[102]

　1924年1月14日の何豊林護軍使の調停の宴席で，公団代表・徐春栄は「営業権は利潤を基準とする。前年の最多利益に照らしてわずか29万元であり，新会社の公約配当金にはまだ不足なのに，どうして営業権の代価について話せるだろうか。韓省長は営業権を必ず口にするので，早期解決を願えば，しぶしぶながら承認せざるを得ない。しかし，二人の張先生方にくれぐれもお願いしますのは，この数字を省長様に正確にお伝えするということです。決して金額を上げて伝えないでください」。[103]

　この発言から，公団側は内心閘北水電廠を接収できるとの勝算をすでにもっていたことが見てとれるだろう。

　それでは，営業権の代価はいくらになるだろうか。

　1924年1月，廠務委員は60万元以下にはできないと発言した。朱紹文は，60万元では少な過ぎる，計算によれば公約配当金と利益（剰余金）を併せて営業資本が当然受けるべき利益を引き，更に10をかけるのが営業権の代価である。つまり（30－11）×10＝190万元となる。[104]

　2月に韓省長は，まず，商人から官庁が80万元借りて，もし，官庁がそれを返済できなければ，その時には民営化に改めるという方法を提案した。[105] 韓省長の最終的な目的が金であることが判るだろう。徐師周らは何豊林軍使に，営業権は非道なものだと訴えた。「省側が閘北人民から金をまきあげるための新発明だ。振興電廠の譲渡の時にはこんな代価などなかったのに，官庁は恥知らずにも行政の責任者であることを忘れているようだ」。

一歩譲って言うと，営業権は利益を基準とするが，3年間を平均した1年ごとの利益は18万元程度に過ぎなかった。新廠には440-450万元が必要だが，最近の利子は1年1分半で，1年に81万元が必要である。これを勘案すると，利益などどこにもない。[106]

電気事業を始めることを政府が援助すべきかどうかは議論の余地もなく当然のことである。そして，利益が上がれば政府に納税するのも正当なことである。しかし，営業権の代価などというものを納めなければならないものなのだろうか。これについては再考の余地がある。少なくとも中国の電気事業においては前例がなかった。

韓省長が営業権の代価は必要だと譲らなかったので，最終的には60万元で決着した。

## 第4節　抗争と終結

争いはまだまだ続くが趨勢は収束へ向かうことになる。廠務委員と監廠代表がすでに妥協し，実業庁長が間に入って調停も進められた。ところが，省長の意見がころころ変わったので争議はまだ終わらなかった。争いの焦点はすでに完全民営化の可否ではなくなっていた。問題となったのは省議会の決議案が法律に認められるものかということであった。しかし，これは表向きのことで実際の問題点は省署・省長がどれだけ多額の営業権料を獲得できるかと求めたことにあったのである。最後には内務部の法的解釈と火災の惨劇が新たな火種となった。これが抗争の再びの高まりを招きつつも，結局は民営化問題はうまい具合に解決されていった。この時期は以下の3つの時期に分けられる。順を追って論述する。

　　　第1項　争いの再燃
　　　第2項　争いのピーク
　　　第3項　余波いろいろ

### 第1項　争いの再燃

この段階の民営化反対論は，省議員・朱紹文が1923年1月25日に出した意見が火をつけた形になっている。彼が出した意見は，営業権と水電廠資産の

外に以下の2点をつけ加えて難じた。
> ① 水電廠は民間の株式会社ではないのに，なぜ民間の株式会社と同じように5人の監察員を設置するのか。将来，民間の持株を募集する際には民間資本の監察はどうするのか。
> ② 閘北商人は1ヶ月以内の民営化を要求しているが，査(おもいま)するに，省議会では官民合弁の案があるだけである。行うべき手順をなぜ行わないのか。省有財産の扱いは省議会が取り扱うべきであり，官庁とても緊急処置が可能だという規定はない。[107]

張一鵬は朱紹文の意見への回答を省長に文書で送付した。

1．廠務委員会が水電廠の公開を実施した結果，監察員を設置した。法律上は全く問題ない。
2．行政官庁には緊急処理の権限がある。その緊急事件とは，工部局との契約がまもなく期限を迎える件である。電廠建設の準備には17ヶ月ないと完成できない。急がずにすむだろうか。省の制度には省長が単独で章程を発布できるとの決まりがあり，規定も存在する。[108]

蘇州の郷紳若干名も，民営化への動きは省署が議決を否定撤回しようとしているのと矛盾していると考えて，民営化に反対した。

省署は2月7日，この行政会議が民営化を決定できるのかを討議した。張一鵬は行政会議が決定できるとした。理由は以下の3点である。
> ① 緊急の案件である。
> ② 水電廠は財産庁の主管なので省長が単行法を発布できる。
> ③ 省議会で省民合資案が通過してから3ヶ月が過ぎているので，この案はすでに失効している。

張軼欧実業庁長・厳家幟財政庁長も賛成したが，朱紹文だけが反対した。朱は省議員であるから行政会議に参加できるかどうかはすこぶる怪しいのだが，韓省長は明らかにわざと出席させている。

韓省長は朱紹文の反対意見に同意し，民営化はおそらく難しいので，現状維持しか方法がないと発言した。この発言を聞いて，張一鵬は即座に辞職を申し出たが，みなに慰留された。[109]

1924年2月17日，朱紹文は広告を出して民営化に反対する理由を説明した。要点は以下の通りである。省民合弁は民営と全く変わらず，民が3分の2を占め，事業拡大の費用を調達する必要があるだけである。省産を処分する権限は議会にあるのに，なぜ省長を困らせるのか。公団は議員に賄賂を使って議会を妨害している。贈賄の悪の根が深くなるほど，災いはますます大きく江蘇を害しているのだ。

　穆湘瑤は，朱紹文らの議員は民営化そのものに反対しているのではなく，収賄議員が通過させた議案に反対しているのだといった。

　韓省長も現状を維持する理由を挙げた。

　①　法律面では，省有財産は省署が勝手に自由に変更するのは大変難しく，自ら法律違反を犯すことになってしまう。
　②　事実面では，省民合資をすでに公布して，商人は民間の持株を集め始めている。これにまず留意しなければ空約束になってしまう。[110]

朱紹文が論った贈賄云々については，実際に調査することに努めるべきで，真相を明らかにするのは難しくないだろうから争点になるべきではない。省署が挙げた法的理由にこそこの争いのポイントがあるべきである。

　閘北公団は省署の態度が反覆常ならずと，当然のことながら憤り，その反発も激しかった。1924年2月10日，張一鵬は公団にこう知らせた。「省長におかれては省民合資で解決すべきとし，民営化に熱心な資本家から先に80万元を出させて官庁が預かり，7月まで待っても官庁がその金を返還できなければ，この時期には第3期の省議員の任期が終わっているので，第4期省議員選挙を中止して，この中断に乗じてまた民営化を議論しよう。」公団は大変憤った。省長は人民を愚弄している，金は出せと求めるとは何事だ。翌日，公団は何豊林に文書で要請した。「省長は我々と何護軍使殿と委員の信用を損なわせています，毅然たる処置をお願いします。誰が文句を言いましょう」12日，公団は会議を開いて，省長は言行不一致であり朱紹文と結託して悪だくみをしていると非難した。「我々は実力で抗議する準備をし，水電費の支払いを中止して，市政機関に水電廠を移管することを求める」と決し，何豊林には文書で「毅然たる処置をなされますように」と求めた。この日，何豊林は省長に公団からの文書を転達し，以下のように書き加えた。「これが実情である。情勢は切迫している。手続きの問題は融通あってしかるべき

である。私からも民営化の公布を求めます」。

13日に公団は陸伯鴻に省長に会うように求めた。翌14日，公団代表は護軍使署に請願に赴いた。17日に公団は会議を開いて，何豊林に文書を送った。「よもや我が何豊林護軍使閣下におかれましては，韓省長と共に悪事をなされて当地での信用を失われるようなことはなされませぬよう」。これにこう続く，合資案を公布したところで，だれが敢えて投資するでしょうか。しかし，もし我が何豊林護軍使閣下が民営化を許したとなれば株式を募集するなどたちどころに実現できます。省長は合資でしたいのですが力量がなく，その精神もまともでありません。朱紹文がした中傷，準備処と公団が省議員に贈賄しているとした件については，文書の内容を正すのは言うまでもないが，弁護士を雇って法廷に訴えるべきものであります云々。

18日，公団は宣言を発表した。

「省議会が議決した以上省公署の出る幕ではない。省議会で多数で賛成したのであるから，少数が敗れ去るのみである」とした。そして朱紹文には以下の5点の誤りがあるとした。

① 贈賄に証拠があるなら，それを訴えた人物の名前が出てこないのはおかしい。他人の名誉毀損は法律の許すところではない。
② 水電廠の資産額が200-300万元というのは，どのような根拠があるのか。
③ 水電廠には省に拠出できる僅かな金すらなかったのである。そうでなければ補助育成金が支給される道理がない。
④ 水電廠は地方人民公団の切実な公益なのであり，関係がないだろうとはどういうことか。
⑤ 省民合資は，事実上すでに失敗している。事業設備を拡大する金もないのに，どうやって改善できるだろうか。

また，他に上海市民・徐師周らが何豊林に次のように上申している「民営化は未定だというが，それならどのように株を募集するのか。」省長の背信は一再ならず「金を悪逆非道な官僚の手に渡そうとしている。閘北の人民は愚かであるかもしれないが，そこまで悪どくはありません[111)]」。

閘北の商民の反応は，以上のように激しいものであった。

この争いの間，韓省長は2月16日に何豊林に電報を打ち，民営化するとい

うことは変わらないのであり，引き続き保証人をお願いしたいと依頼した。ただし，「省議会の議決が必要なのである」とした。2月21日に何豊林は返信し「張軼欧実業庁長は宴席では議決が必要だとは言っていません。貴下は突然この保留条件を持ち出されてきています。近頃私は民営化の保証の責任を咎められて得心しておりません。前言として守られないことがあれば，私に何を保証するよう求めるのですか。『情勢は切迫しており，特に注意を求めるものであります。何卒，閘北の市民の私に対する信頼を損なわせないで下さい。この紛糾を早く解決するためにも』」。[112]

韓省長は何豊林から「突然」「保留条件を持ち出」したとされて反駁した。張軼欧実業庁長には「法律による解決」をするように早くから伝えていたと。張軼欧実業庁長の報告も，重ねてその通りだとした。ただし，何豊林・軍使主催の宴席上では「杯を交わしてのことなので，誤解があった。私，張軼欧は省議会の議決が必要なのだとは決して言ってはおりませんでした。ただし，省議会の議決が不要だともいいませんでした。民営化に言及したおり毎に『法律に則って』と発言しておりました」。

筆者が調べた当日の新聞には「法によって（依法）」という2文字はなかったが，事前に「法に則って解決する（依法解決）」との発言があったのは確かである。張軼欧実業庁長は1923年12月22日にも「法的拘束があり，官庁とても毫も干与することが許されず」としており，韓省長とても法による解決をあくまで主張していた。公団は更に反論した。張軼欧実業庁長は「1ヶ月以内に手続きを必ず終わらせる。議会については次に開会されて追認してくれるのを待とう」と言った。追認と議決は違う。公団は張軼欧実業庁長の信用を失うこの行為を責めた。この紛糾は激しくなって，集中砲火の的になってあなたは一体どう処するというのかと。[113]

この期間に公団は何度も集会を開き，要請行動をした。水道代・電気代の支払いをやめようと主張するところにまで高まり，営業権の代価を省に払うことに対しても反対して，租界から直接，水道・電気を引こうではないかともした。「官庁は金を巻き上げるために，外人から買った水電を利用者に転売して人民を苦しめている。いっそ直接租界の水道電気に繋いだらどうか」。何豊林はこのような状況を韓省長に知らせた。韓省長は「事実と望んだこととは隔たってしまったようだ」[114]としたと外電が伝えた。その意を察すれば「無

理もない」であろう。

## 第 2 項　争いのピーク

　省議会の議長・徐果人は，議会での民営化案の通過が法的に認められるかどうかについて内務部に法的解釈を求めていたがその判断が出た。内務部は民営化案の通過は認められるとした。

　公団は 3 月 7 日に韓省長と何豊林軍使に民営化を宣言することを求め，その後も数度にわたって要求し続けた。8 日，総商会と県商会も，内務部が法的に有効だと認めたことを理由に民営化の公布を要請した。その他の多くの団体も相次いで民営化の公布を要請し，準備処に行って民営化を宣言した地方長官もいた。陸伯鴻・張一鵬・何豊林らはそれぞれ省に電報で連絡し，内務部の解釈で法的には問題がなくなったので，民営化を宣言してほしいと要請した。[115]

　韓省長は，一方では内務部の判断を突っぱねた。議会を通過せず，事後の議員の承認などで法的に有効とすることはできないとあくまで主張した。何豊林らにも内務部の法的解釈の拘束は受けないと伝えた。[116]

　この激しい争いが繰り広げられていたさなか，3 月 10 日の晩に閘北川公路にある祥経織綢廠に大火災が発生し，深刻な惨劇を呈した。この工場では男女の工員600人余が働き，終業時間は毎晩10時だった。男性工員のほとんどは工場の外に住んでいたが，女性工員の多くは工場内に住んでいた。工場の建物は 4 階建てで，各階が11に区切られ，前方で職員が執務し，中間が工場，後方が女性工員の宿舎になっていた。工場の右側には 3 人が並んで通れる程度の細い道があるだけだった。

　当夜11時に突然，出火し（漏電が原因），2 階と 1 階に住んでいた女工約300人が異変を察して逃げようとしたがほとんどのドアや窓は鍵がかかっていたため，急いで逃げようとしてもドアや窓を開けることがなかなかできなかった。最終的には警察が鍵を壊して200人余りが逃げ出せたものの，死者52名，負傷者39名という被害を出した。

　この死亡者・負傷者の多さは鍵が開かなかったために逃げられなかったことも一因だが「閘北水電廠の水が出ずに，消防会は消化のために十分な水量を使用できなかったので火の勢いがひどくなり，消せなくなった」ためでも

あった。みな惨状のこの原因を「官営水電廠が水の供給をできなかった」ために起こったこととし，その罪を帰した。このため，水電民営化の争いの火に油が注ぎこまれることになった。

閘北救火会は韓省長と何豊林軍使に以下のように伝えた。

> 火災が起こった当時，華界の水力は役に立たず，隣接する租界の水を幸いにも使えたが，距離があるので火事を消すには時間がかかった。直接対処することができないために大きな災害をもたらした。……閘北水電廠が開設され直さなければ後難の恐れがある。……民営化の公告が延期されていることについては，我々救火会としては職責上，願い下げだとするのみである。……閘北のすべての人民の生命財産は，省長一人が責任を負っているのであり，その責務を達成するべく専心してもらいたい。

閘北の人々は，もはやこれ以上の我慢はできなかった。
3月13日に公団はビラを出した。

> 専横なる省長殿は地方が壊滅しても気にもかけないようだ。また，民営化の決定を肯んじず，人民の敵とされても恥じることがない。内務部の命令や総商会らの各団体の要請も一切無視している。……この苦しみから解き放たれることを願い閘北人民は，明日，一斉ストライキに突入するものである。[117]

3月14日，各店がストに入り，入口に「不良水電反対」「省長は法律に違反し人民に災いをもたらす」「良心に基づいて主張し，自衛を実行するのである」などのスローガンを書いた紙や白旗を挙げた。火事による被災者の棺の上には「火事を消す水がないため多くの人が焼死した。むごいと思わないか」と書いた白布を置いた。公団は各方面に連絡して，営業再開の勧告の無効と，24時間以内に民営化を宣告することをあくまで主張するよう勧告した。午後1時の会議には各店の代表1万人あまりが参加し，代表を官庁との派遣に行かせ，護軍使署には3度，請願を行なった。

何豊林は省長に何度も電報を打ち，民営化の即時公表を要請した。これは

危機的状況であり，現在，騒動が発生しているのだし，緊急処分は法律も許可している，小さな火も燎原を焼き尽くすのだとした。

翌日もストは続けられ，商民は集会に集まって請願し，韓国鈞を「人民の公敵」として鉄像を鋳造しようとまで断じた。

14日深夜に張一鵬が南京に赴き，16日早朝に上海に帰って韓省長の以下のような考えを伝えた。

> 5月1日に民営化を宣言し，廠を準備処に移管して，即日，民営企業として株式募集と工場や建物の建築をできるように緊急に処置する。4月21日に会議を召集して民営化案を提出し，解決の有無にかかわらず4月末には準備処に引き継ぐ。

上述の声明は，淞滬警察庁長の陸栄錢・上海県知事の沈宝昌・滬北工巡捐局長の許人俊の3人の連名で布告され，前述の省長の意見が再度掲載されていると同時に，公団から各商店への営業再開が勧告され，事態の沈静化を図られた。

民営化がこうして宣告されたので，午後には市民は営業再開勧告に従い，抗争のピークは一段落を告げた。[118)]

### 第3項　余波いろいろ

民営化が最終的に決定したので，公団と準備処はそれぞれ準備をすすめ，民営の名義での株式募集・工場建設・集金などを行ない，また3月21日には発起人大会を召集した。株式募集章程を修正して，会社の正式名称を商辦閘北水電公司［＝民営］と改称し，資本は400万元，株の購入し株主となるのは中華民国の国民にのみ認め，株式募集の時期を4月1日から30日までと定めた。すでに集めた資金17万元，準備費6,700元分は優先株とした。閘北公団連合会は商辦水電監督保護委員会を組織し，民営閘北水電公司の改善・監督・設立支援・弊害の除去等を強力に後援することを目的とした。修正した章程は4月25日に承認された。[119)]

韓省長は発起人大会のことを新聞で知ったが，これにはすこぶる不満で，4月3日に何豊林に以下のように書面で連絡依頼した。「株式募集は正当な

行為ではあるが，4月末に廠務を引き継ぐなど到底同意できない。これは張一鵬の勝手な考えではないか。工場の価格と営業権の問題は今なお係争中である。一体全体，価格も定まっていないのに先走って掛売りするなどおよそあり得ない。4月末の公示というのはあくまでも議会がするべきことであり，同時に，営業権を取得するには省へ金を払うということについては譲ることができないものであると何豊林軍使から是非に伝えていただきたい。」

7日，何豊林が韓省長に回答した。「省長殿の言われることは首尾一貫せずころころ変わっています。事は貴官庁の信用問題に関わるので自分から伝えることはありません」。そして何豊林は張一鵬の3月16日の手紙原本の写しを根拠として示した。[120]

この騒動が起こったことについては，4月末に移管するというのは確かに省長の意志ではなく張一鵬の考えであったのであり，張にも責任の一端はある。「張一鵬の身勝手な考え」という言葉は，省署で4月21日に省議会が開かれ，10日以内には必ず結果が出ると張が考えていたことによる。各方面から責められて張一鵬は辞職を申し出たが，許可されなかった。[121]

省署が議会に提案する便法として，内務部は先に前項の解釈を撤廃することに同意した。その撤廃の許可は4月21日に省に到着し，省署は24日に議会に民営化案を提出したが，予定の議題の中には入っていなかった。反対派の議員が先に動いて，大理院に法的解釈を要請したためである。省議会はこの案を討論して表決することができず，戴海齢らの82人の省議員は連名で省長の行政処分を迫った。

4月27日，韓省長は廠務委員に電報で以下のように告げた。工場の引渡期日の代金と廠との引き換えの準備は，準備処ではもうできているのだろうか。

29日，準備処は張軼欧・張一鵬と以下のような合意に達した。準備処は廠の財産（見積価格110万元，見積後の材料費などを加えて合計126万元余り）の代価を全額支払い，営業権の代価（60万元）は先に10万元を支払う条件で移管する。不足分の50万元については，工場の引渡日から起算して一年半以内に10万元を支払い，それ以降は一年おきに10万元に年利2％を加えた金額を払う。

しかし，この年の6月30日の初回の支払ができなかったので，この契約は無効になった。[122]

韓省長が行政的な手続を行なった後，省議員・張福増らがまた行政訴訟を

起こした。訴状を作成したのは朱紹文・劉伯昌2人の弁護士であった。その告訴理由は，民営化案は議会の議決を経ていないので法律違反であり，省議員の権益を損なうので行政訴訟されるべきものであり，平政院はその執行を中止するべきだというものであった。この案は平政院が受理した[123)]。両派の争いがまた始まった。

省署は一方では，行政訴訟によって閘北水電廠の引渡しが延期されても，今回の省議会で審議ができなくても，省署は断固として民営化を実施し，変わることはないと閘北公団をなだめ，一方では平政院に，本書はすでに議定書の草案を編纂・改定したが，省議会の正式な通過後に法律に則ってこれを公布する。しかし，もし議会の閉会までに通過しなければ，本署も世論を顧みざるを得ず，先に公平に処理し，民営化するしかないと答えた。

何豊林は閘北公団に民営化を再度，保証した。

7月31日に省議員の任期3年が満了して議会が解散し，情勢は大きく変化した。公団は8月4日に創立会を開催して，職員を選出し，章程を決定・承認し，省署に業務の移管を催促した。平政院は8月下旬に，省署が議会の閉会期間中に民営化の行政処置を行ってよいと許可した。こうして8月31日に，水電廠の移管が終了した。しかし，その翌月の9月始めには江浙戦争が起こり，民営水電公司は困難に直面した。1926年になって水電公司にはまだ改善ができない部分があった[124)]。全部で3年以上にわたるこの争いの後，更に戦乱もあり都合6年以上もの時間が浪費され，その間閘北水電所の改善は不可能だった。この浪費された時間がもたらした被害の大きさは計り知れない。

## 結　論

本稿では，上海の閘北の水電廠を巡る争奪戦をテーマとするあたかも歴史劇のような一幕を見た。状況の変化にしたがって劇は展開し，次から次へと山場が現れた。登場人物もそれぞれに特徴があるが，総じてそれぞれの人柄に相応しく，各自が利としたことに基づいて行動したのである。

主要な人物は2つのグループに分けられるだろう。一つは閘北の商人達で，自分たちの生存に関わる問題を解決するために争わざるを得なかった。もう一つは江蘇省政府の役人達で，私利のために閘北の住民の苦痛を考慮せず，

自分たちの利益獲得を謀った。中立的な役割の数人以外の関係者は，この2派の脇役であると言えよう。

　双方の使った方法にはどちらにも問題がある。閘北商人は省議員に働きかけ，議員票の数を頼んで問題を解決しようとしたが，これは不穏当であった。行動だけが先走り深く考えていなかったので，反対派に口実を与えてしまい，省署側に反対する名分を与えてしまった。

　省署の役人達は2つに分けられる。淞浜公司関係者と韓国鈞省長である。淞濱公司関係者は省署政務庁第4科に巣くい水電事業［利権］を我がものにしようと省議員の一部に働きかけ，反対や先送りという方法で閘北水電廠の民営化を阻止しようとした。韓国鈞省長に至っては，行き当たりばったりで，水電廠の引渡価格を高くすることだけには熱心であった。省長としてあるべき姿ではない。

　事の展開と結末を見ると，実際には争う必要などなかったのだ。

　閘北水電廠は事業や設備が改善できないために需要に応じきれず，省署にも拡大のための資金がなかったのだから民営化は当然のことであった。双方が理性を働かせて適切な方法を取れば，もっと早くに解決ができたのだ。鍵を握っていたはずの韓省長が誠実に対処することに徹し，単毓斌のような人物が事態を混乱させることを許さなければ，この件が3年半もの長期間，解決を引き延ばされることはなかっただろう。

　この事件の歴史的意義はどこにあるのだろうか。

　社会における問題というのは，次から次へと起こってきて，それに対処して解決を図らなければならない。多くの人々の利益を前提に正当な方法で理性に訴えれば，合理的な解決に到ることは難しくない。

　本稿で扱った民営化の事例にあてはめれば，以下のように言えるだろう。

　民間について言えば，手続きは法に遵い法律に違反する方法を取ってはいけなかった。省議会で議案が一時的に通らなかったとしても，その翌日に改めて評決することも可能だった。すでに多数の議員の支持を得ていたのだから通過できないと懸念する必要などなかっただろう。議会で可決したことにしてしまえなどという欺瞞的な手続では反対者に口実を与えてしまい，急いては事をし損じることになってしまうのである。

　また，権力者側について言えば，公権力の執行というのは慎重であるべき

で，単毓斌や省長・韓国鈞がしたようなことはしてはならない。韓国鈞は『永憶録』の中で，営業権の代価をめぐって省議会と争った時に否決されたことを難じて記している。

> 私は民営化に不賛成ではなかったのである。まず専門家に先に見積価格を出してもらい，双方に歩み寄ってもらおうとした。営業権料のことについては，議会はなぜか放棄したが，私はこれではいけないと思って議会に書面で営業権料を議論の再開を提案し，結局50万元（実際は60万元）を分割して納付させることとした。これについては大い私が説得したことであったが，水電廠の価格（営業権料）は軍用に流用されてしまい，私のこの争いは本当に大変だった。

こうも書いている。「公債の発行についての議論の衝突と水電廠の入札販売については，省長として南京での3年間の奉職中にいちばん手を焼いた事件で，この3年の気力はこれで損なわれたこと甚だしく，しかも私にはなんの得にもならなかった」[125]。1941年に85歳になった老人の自らの行状を振り返っての言であるが，一読暗澹たる思いにさせられる。この翌年に，韓国鈞は亡くなった。

この事件について考えようとするなら当時の地域社会のことも考慮にいれないといけない。また地域社会自体もこの事件の背景として重要なものであった。

1．閘北の人口が増加し，水道と電力が人民の日常生活に欠かせない必需品になっていた。水の問題は特に深刻だった。水電廠は経費の問題と技術的に拙劣であったため，租界の電力水道の優秀さには及ばなかった。これがため，閘北人民は早く解決をしてもらいたいという切迫した思いをもっていたのである。
2．上海では火災がしばしば発生し，増加する傾向にあった。1920年から1924年には，1年間の火災発生件数が315回から457回へと増加した[126]。4年間に45％も火災件数が増えたことは，住民たちに大きな恐怖をもたらしたはずである。1924年1月11日に発生した閘北の刑宅の大火では400戸

以上が被害に遭い，老人と幼児の4人が焼死し，300人余が家を焼かれた。
　　　この深刻な被害の原因は，消火用の水がなかったためだった[127)]。が，ちょ
　　　うど廠務委員会と公団代表が妥協していた時期だったために，水電廠民
　　　営化の争いに大きな刺激を与えることはなかった。とりわけ，双方が激
　　　しく争っていた最中である1924年3月10日の大火は，争いをより深刻な
　　　ものとした[128)]。
　3．双方の主要な人物とその周囲の人々は地域社会が生み出したものであ
　　　り，その言動には当時の社会環境の影響が見られる。閘北商人はもとよ
　　　り住民の生活問題を解決するために努力したのだが，利益を目の前に見
　　　れば，更に目の色が変わっただろう。官民合資を受け入れて公司法に
　　　則って会社を組織すれば，民営株が3分の2を占めることになり，完全
　　　民営とほとんど同じだったし，もっと早くに問題は解決していただろう。
　　　水電廠の利益は1922年におよそ30万元であり，この利益が争論を巻き起
　　　こしたのである。

　ほとんどの省議員は悪評さくさくたるものであり，普段は公共の利益をな
おざりにして私利にしか走らず，選挙には興味があっても議会には参加しな
かった。それなのにどうして突然過半数もの議員が集まったのかと考えると，
賄賂を受け取ったのではないかと疑わざるを得ない。また数人の議員が反対
に回ったのも，同じような利益の誘導があったのではないかと疑われる。
　韓省長は江蘇人だが，郷土の人達の福祉を図ることに専心していたとはで
きない。そして，当時省の金庫は空であったのであったため，この民営化の
動きに乗じて巨額な金銭をせしめなければいけないと考えたのも無理からぬ
ことであった。江蘇省の財政は1922年までの累積赤字は204万元もあった。
1922-1924年には経常収入が大幅に減収して行った。22年の経常収入から23
年は84.3％に，24年は65.0％に減じた。24年の支出は大幅に削減せざるを得
ず，23年の78.4％であった。不足分は借入で補填し，23年，24年の借入額は
当年の収入の96.5％，94.5％であった。その財政の困難さは推して知るべし
である。水電廠の民営化で得た合計金額の186万元余は24年の全省の様々な
税金（正税・雑税）の合計にも匹敵し，23年の経常収入の12.7％，24年の21％
に相当していたのである。これだけの金額が省長へ与える影響は想像できよ

う。こんな金蔓をみすみす手放せるかと，彼は民営化を延々と妨害し続けたのである。この件が解決すると省署内ではこの売却益とでもいうべきこの金額をめぐって多くが争ったが[129]，これも争いの原因が利益によるものであるとの明白な証拠になるだろう。

　淞滬護軍使の何豊林は一貫して閘北水電廠の民営化を支持した。公団は多くの場面において，彼に後盾としての支援を求めたが，何豊林は軍人であるので干渉はしないという態度を堅持し続けた。当初に公団の願い出を理解して，それを省公署に転達する一方，公団には「しばし省署から回答が再び来るのを待つこと。改めて間違いのない指示を示そう」[130]と伝えた。何豊林は省署が主管すべきことと省署の側も立てていた。それ以降は省署に公文書を転達することはほとんどなかったし，公団のいくつかの無理な要請も断っている。1923年１月，各方面がいずれも民営化に賛成するようになると，自らが民営化の保証人になろうと張軼欧実業庁庁長と公団の何人かを宴席に招待して仲裁した[131]。火災が発生した後，民営化を求めて全市がストライキをして民営化が強く求めた時，何豊林は民営化の即時を公布して騒動を沈静化するようにと省署を督促した。この何豊林の要請を受けた韓省長が民営化に同意・許可して，この民営化をめぐる騒動は終息したのであった[132]。

　何豊林にはこのように省署をして民営化に踏み切らせ，騒ぎを収めたという功績が認められる。騒動が収まっていった最大の要因は当時の情勢に見るべきであるが，それにしても何豊林の処し方は見事なものではあった。反対派は何豊林は定めし水電廠から金でももらっているのだろうと根も葉もない言いがかりで罵ったのであるが，何豊林が金をもらって動くような人間であれば官営維持を支持したはずである。民営会社に改めてしまうと，会社から金を巻き上げることは寧ろ難しくなったかもしれない。何豊林が民営化に賛成したのは１つは彼の義侠心からであり，１つはそれが理にかなっていたからである。何豊林は民営派に精神的な支援を与えもした。その手腕は見事とすべきである。

　この歴史的な事件の発生と解決までの延々とした時間の浪費と最終的な解決は，この「時期」と「場所」の特殊性ならではのものであった。この時期と場所という所与の条件下で，地方各公団は協力する必然性があった。総商会・県商会・40余りの公団に地方軍政政権が協力したが，彼らは利益を同じ

くしており，良好な協力関係がはじめから存在した。公団による紙1枚の通告で全市はストに入り，命令1つで全市が営業再開する。このように団体が行動できたということは，公共の利益のために商民が団結したことを示している。商人達の意識もすでに過去のそれとはもう異なるものになっていた。地方経済に参与することより，国の政治・経済・外交の各方面に対してその強い意志を表し世論を形成もする，その影響も大きいものとなった。これは以前にはなかったことである。中でも，この「時期」[1920年代の前半の五四運動後にして五卅運動の前：訳注] と「場所」[上海の租界に隣接した新興の工業地域にして水道電気のサービスに不備のあった地域：訳注] において電気事業の民族化と合理化を達成したいという要求が，この勝利を獲得せしめた最大の原因とすることができるだろう。

---

1) 『申報』(上海書店影印本，1983年) 民国11年5月29日，180冊611頁。『民国日報』(人民出版社影印本，1981年) 民国11年12月20日42冊271頁では民国2年5月の契約だといっているが，民国8年5年の期と合わない。
2) 民国8年9月12日「王蔭承・華蔭薇呈」『建档』23-25-72: 12-1。
3) 民国8年5月16日「斉省長咨交通部」『建档』。
4) 『申報』民国9年11月17日，12月20日，10年1月15日，11年9月9日，167冊293, 866頁，169冊230頁，184冊185頁。ここで言及されている人口の増え方については，閘北地区の範囲（水道・電力供給面積）については正確でなく，故意に誇張もしている。民国初年，閘北地区は上海県閘北市と引翔郷，宝山県殷行郷・江湾郷・彭浦郷等を指し，或いは更に多くの市郷を含んだ。閘北水電廠の営業区の多くは宝山県で，閘北市のある地域はもと宝山県に属していた。宣統2 (1910) 年，宝山県の人口は266,910人，民国5年には325,462人，民国15年に468,391人に増えた。しかし水電供給区域の人口は民国18年に65万人余りで，およそ40万人が閘北市以外の地域にいた。その増加の速さが窺える。

民国6年，宝山県には37件の工場（綿織物工場が多い）があった。ほかに民間工場20か所（製糸工場・紡績工場が多い）があり，多くは閘北地区に集中していた。製糸工場には男女の労働者を雇用しているところが10ヶ所あり，合計5,180人余りであった。閘北での工業の発達ぶりが窺える。銭淦等纂『宝山県続志』(民国10年刊本) 1巻15-16頁，6巻9-10, 15-16頁。呉葭等纂『宝山県再続志』(民国20年刊本) 1巻4-5頁。上海市地方協会『上海市統計』(民国22年)「公用」6頁。

5) 『申報』民国10年1月15日, 169冊230頁。『民国日報』民国11年9月7日, 41冊90頁。
6) 『申報』民国11年7月30日, 182冊657頁。
7) 『申報』民国11年9月8日, 184冊161頁。『民国日報』(以下日付が『申報』と同じものは, 特に記さず) 41冊104頁。
8) 『申報』民国9年11月17日, 11年9月8日, 167冊293頁, 184冊161頁。『民国日報』41冊104頁。
9) 『申報』民国10年1月31日, 169冊499頁。
10) 『民国日報』民国11年12月20日, 42冊271頁。閘北公団が国民に告げた書に, 民国2年に購入した電力価格は, 昼電〈昼間に使用する電力〉が銀9厘, 夜電〈夜間使用電力〉が1kWhが銀2分で, 3回の値上げを経て, 昼電は2分以下, 夜電は4分4厘になった。販売価格は昼夜を問わず, 洋銀2角4分だった (実際には昼電は洋1角)。ここから推算すると, 昼電の販売価格は購入価格のおよそ3.6倍, 夜電は3.9倍である。
11) 『申報』民国10年1月15日, 169冊230頁。
12) 『申報』民国10年1月30日, 169冊499頁。
13) 『申報』民国10年1月15日, 169冊230頁。
14) 『申報』民国12年12月27日, 189冊565頁「張軼欧呈省長」。
15) 『申報』民国9年11月17日, 12月20日, 167冊293, 866頁。
16) 註15及び『申報』民国10年1月15日, 169冊230頁。
17) 『申報』民国11年5月27日, 180冊545頁「省廠呈」。
18) 民国8年5月16日「斉省長咨交通部」『建档』23-25-72, 12-1。『申報』民国9年8月25日, 12年7月28日, 8月17日, 165冊983頁。193冊601頁。194冊357頁。当時, 実業庁は設立されていたが, 閘北水電廠などは第4科が管理していた。金其照は宝山県羅店市の人, 宣統3年に県の参事員に選ばれ, 民国2年3月に省委実業科科員を辞職した。『宝山県続志』巻13, 15頁。
19) 『申報』民国10年4月28日, 169冊1008頁。
20) 『申報』民国10年5月4日, 170冊64頁。
21) 『申報』民国12年7月28日, 8月17日, 193冊601頁, 194冊357頁。『民国日報』46冊389, 669頁。
22) 『民国日報』民国11年12月20日, 42冊271頁。前実業庁長・金左臨は70万元余, 許銘範議員は80万元余だと言っている。どの年まで数えるかで違うのだろう。民国11年には30万元近い利益を得ている。
23) 単毓斌は民国3年に南京電廠の廠長に任ぜられ, 4年に閘北水電廠に異動となっ

たが、地元ともめたため、また南京に戻った。民国11年11月、南京総商会などの5団体に公金の横領などで訴えられていた。民国11年11月13日、186冊249頁。
24) 『民国日報』民国12年11月2日、48冊27頁。
25) 『申報』民国11年5月29日、180冊592頁。沈鏞（1870-1947）、字は聯芳、浙江呉興の人、上海紡績業・閘北不動産業で有名である。上海総商会副会長にも任ぜられた。徐友春『民国人物大辞典』（河北人民出版社、1991年）437頁。ほかに銭允利・徐懋・王棟などがいた。
26) 『申報』民国11年5月30日、180冊611頁。
27) 『申報』民国11年7月1日、20日、182冊13、437頁、陳家棟等の省議会への打電。穆湘玥は鄭州で新聞を読み、外国人と結託していると思いやめるように求めたが、後に誤解だと知って賛同の意を電報で伝えた。
28) 『申報』民国11年7月2日、182冊39頁。
29) 『申報』民国11年7月12日、13日、20日、182冊263、285、437頁。『民国日報』40冊162、174頁。
30) 『申報』民国11年7月30日、182冊657頁。水電廠籌備処が何豊林に申し入れたときに水電公司籌備処と改めた。
31) 『申報』民国11年10月8日、185冊154頁。
32) 『申報』民国11年10月16日、185冊359頁。
33) 『申報』民国11年11月2日、186冊33頁。
34) 『申報』民国11年12月3日、187冊59頁。
35) 『申報』民国11年12月11日、187冊59頁。
36) 『申報』民国11年8月28日、183冊595頁。
37) 『申報』民国11年10月5日、185冊313頁。
38) 『申報』民国11年8月3日、183冊55頁。
39) 『申報』民国11年11月13日、12年8月30日、186冊249頁、194冊639頁。『民国日報』46冊865頁。
40) 『申報』民国11年10月24日、185冊523頁。
41) 『申報』民国11年11月18日、186冊371頁。
42) 『申報』民国11年12月15日、12年7月28日、187冊321頁、193冊601頁。『民国日報』42冊602頁、46冊389頁。
43) 『申報』民国11年9月5日、10月18日、26日、11月1日、184冊101頁、185冊397、563頁、186冊13頁。
44) 『申報』民国11年9月4日、184冊81頁。
45) 『申報』民国11年10月15日、185冊337頁。

46) 『申報』民国11年8月31日, 9月5日, 183冊659頁, 184冊101頁。
47) 『申報』民国11年8月3日, 183冊55頁。
48) 『申報』民国12年8月30日, 194冊639頁。『民国日報』46冊854頁。
49) 『民国日報』民国11年11月2日, 42冊22頁。単毓斌は南京総商会などの5団体から起訴された。「公団電省長文」『申報』民国11年11月13日, 186冊249頁
50) 『申報』民国12年7月28日, 193冊601頁。『民国日報』46冊389頁。
51) 『申報』民国11年7月24日, 182冊525頁。
52) 『申報』民国11年8月17日, 183冊353頁。
53) 『申報』民国11年9月3日, 184冊57頁。
54) 『申報』民国11年7月30日, 8月17日, 19日, 9月3日, 5日, 182冊657頁, 183冊353, 395頁, 184冊57, 101頁。『民国日報』41冊38, 52, 64頁。
55) 『申報』民国11年9月8日, 184冊161頁。『民国日報』41冊104頁。
56) 『申報』民国11年9月9日, 11日, 184冊185, 233頁。
57) 『申報』民国11年9月12日, 184冊273頁。
58) 『申報』民国11年10月16日, 11月2日, 18日, 12月3日, 185冊359頁, 186冊33, 371頁, 187冊59, 231頁。
59) 『申報』民国11年12月8日, 11日, 15日, 187冊165, 231, 321頁。『民国日報』187冊507, 602頁。
60) 『申報』民国11年12月18日, 187冊386頁。『民国日報』42冊656頁。民国12年2月3日「閘北各公団呈交通総長」『建档』23-75-72, 12-1。
61) 『申報』民国11年12月21日, 187冊453頁。
62) 『申報』民国11年12月18日, 30日, 187冊389, 635頁。張福増議員らの意見。12月30日にこの案を救済する大綱を起草したのは, 省のために権利を争っていたに過ぎない。
63) 『申報』民国11年12月23日, 187冊493頁。
64) 『申報』民国11年12月25日, 26日, 187冊542頁, 561頁。『民国日報』民国11年12月24日, 42冊726頁。
65) 『申報』民国12年1月8日, 9日, 188冊157, 175頁。
66) 閘北公団には電車事業を創業したいという意思もあった。民国11年7月, 上宝電車公司の王豊鎬らが準備処に加わり, 9月, 準備処は上宝公司と合併の契約を結んだ。12年3月17日の準備大会は, 合併契約に基づいて準備に着手した。『申報』民国11年7月30日, 9月2日, 12年2月26日, 3月7日, 182冊657頁, 184冊33頁, 188冊1003頁, 189冊144頁。『民国日報』民国12年2月26日, 43冊674頁。
67) 『申報』民国12年3月18日, 29日, 189冊144, 605頁。

68) 『申報』民国12年7月11日，12日，13日，193冊235, 258, 277頁。『民国日報』46冊164頁。
69) 『申報』民国12年7月15日，193冊323頁。控訴文には具体的な証拠を挙げているので，事実と思われる。
70) 『民国日報』民国12年8月10日，30日，46冊570, 854頁。
71) 『申報』民国12年8月17日，20日，22日，9月7日，10日，11月2日，194冊357, 399, 424, 444, 639頁。195冊148, 171頁，196冊197頁，197冊35頁。『民国日報』46冊669, 696, 711, 725, 738頁，47冊111頁。
72) 『申報』民国12年7月28日，8月11日，16日，17日，193冊601頁。194冊266, 334, 357頁。『民国日報』46冊389, 584, 655, 669頁。
73) 『申報』民国12年8月20日，194冊424頁。
74) 『申報』民国12年8月22日，23日，194冊463, 486頁。『民国日報』46冊738, 754頁。
75) 『民国日報』民国12年9月2日，47冊24頁。顔作賓らが公団を批判。
① 馮の言い分を助けた。
② 省署と交渉すべきなのに，それ以外にも交渉した。
③ 飲料水の不足が口実だが，別の意図がある。
④ 軍署に援助を請うのは正規のやり方ではない。
公団は以下のように反論した。
① 公団の声明は馮とは関係ない。
② 省政が統率力を失い，小人達が権力を弄んでいるのは遺憾である。援助を要請しても当局が一顧をだに与えなければ，やむを得ず軍署に要請するしかない。
③ 議員は人民の困難を救わないばかりか，逆に別の意図があるなどと言いがかりをつける。
④ 議員であるのに人民の運命を軽視し，逆に正規のやり方ではないというとは，何をなすべきかをわきまえていない。
76) 『申報』民国12年8月30日，194冊639頁。『民国日報』46冊854頁。
77) 『申報』民国12年12月6日，198冊119頁。
78) 『申報』民国12年12月12日，15日，16日，198冊244, 307, 331頁。『民国日報』48冊571, 585, 643頁。
79) 『申報』民国12年12月18日，198冊376頁。『民国日報』48冊671頁。
80) 1919年の議会はわずか2度だけで，会期は60日だった。1921年に繭行の1000人余の労働者が議場に乱入し，議員10人，職員5人，給仕1人を殴ったという事件

があったが，これは官庁の示唆によるものといわれている。1922年の議長の争いでは南派が学生を利用し，北派が乞食数百人を集めて議会は大騒乱となり，教育経費を削減したために学生が議員を殴るという事件も起こった。『上海時報』民国8年12月12日，10年12月3日，5日，"Record of the Department of State Relating to Internal Affairs of China", Jan. 10, 1923.「南京米国領事報告」M329, R32, pp. 152-155。

81) 『上海時報』民国12年12月9日。
82) 『申報』民国12年12月10日，198冊204頁。『上海時報』同日。
83) 『申報』民国12年12月16日，198冊331頁。『民国日報』48冊643頁。
84) 『申報』民国12年12月14日，15日，16日，27日，198冊288，307，331，565頁。『民国日報』48冊614，625，629，643頁。
85) 『申報』民国12年12月14日，198冊288頁。『民国日報』48冊614頁。
86) 『申報』民国12年12月15日，198冊307頁。『民国日報』48冊628頁。
87) 『申報』民国12年12月16-20日，198冊331，356，373，395，415頁。『民国日報』48冊643，653，671，684，700頁。
88) 『申報』民国12年12月27日，198冊565頁。
89) 『申報』民国12年12月23日，30日，198冊481，628頁。委員5人に馮嘉錫が欠けているので，委員4人の返信である。公団が選出した代表5人は以下の通り。王彬彦・兪宗周・沈田葦・陸端甫・管際安。
90) 『申報』民国12年12月22日，24日，26日，27日，198冊457，505，545，565頁。『民国日報』48冊757，771，801頁。市営を提案する方法は以下の通りである。
  1．上海・宝山両県知事・滬北工巡捐局長を，本市の正当な団体の指導者として，工巡捐局に市政機関の代行を委託し，準備処を組織して市営に移管する。
  2．水電廠の経理は一部は人民による加算料金・利益であり，一部は省の立替金である。調査して立替金と明らかになった部分については省署に返済する。
  3．剪淞橋の土地と機械を買収し，商業資金の助けとする。
  4．市は公債を発行して資本を調達する。
  5．一年以内に水電両廠を新しく建設し，現在の6倍の供給力にする。
91) 『申報』民国12年12月30日，198冊628頁。『民国日報』48冊842頁。
92) 『申報』民国13年1月5日，199冊99頁。『民国日報』49冊63頁。
93) 『申報』民国13年1月7日，8日，13日，14日，199冊121，145，163，267，289頁。『民国日報』49冊204，218頁。委員会が制定した監察簡則6条は以下の通り。
  1．閘北水電廠は地方人士により監察員5人を推挙する。その職権は公司の観

察人に準ずる。
2．委員会は廠の重要な証書・契約に関しては，監察員の共同で開閉を通知する。
3．監察員は毎月初旬に日を決めて廠の前月の収支を調査する。
4．委員会の日常の書類は日ごとに件名を書き並べ，監察員の調査を要請する。
5．廠辦事処は監察員を随時召集する便のために，特設監察室を設けなければならない。

94）『申報』民国13年1月15日，199冊309頁。『民国日報』49冊204頁。
95）『申報』民国13年1月15日，16日，21日，199冊309，327，435頁。『民国日報』49冊204，218頁。
委員会の書いた監察簡章6条は以下の通り。
1．閘北水電廠は地方人士の推薦により5人の監察員を推薦する。その職権は公司の観察人に準ずる。
2．委員会は廠の重要な証書や契約を保管し，監察員の共同で開閉を知らせなければならない。
3．監察員は毎月初旬，日時を決めて前月の帳簿の収支を監査する。
4．委員会の日常の往復文書は日付ごとに監察員が審査する。
5．廠辦事処は監察署を特に設置し，監察員が随時，集まれるようにする。
96）『申報』民国11年9月4日，11月2日，12月3日，12年1月8日，8月31日，12月12日，184冊81頁，186冊33頁，187冊35頁，188冊157頁，194冊662頁。『民国日報』41冊24頁，46冊869頁，48冊585頁。
97）『申報』民国11年11月18日，12月19日，12年8月31日，12月12日，186冊371頁，187冊409頁，194冊662頁，198冊247頁。『民国日報』42冊257，271頁，48冊585頁。
98）『申報』民国12年1月9日，16日，2月26日，3月29日，188冊175，331，1003頁，189冊605頁。『民国日報』43冊674頁。
99）『申報』民国12年5月29日，12月20日，13年1月1日，3日，5日，2月21日，3月10日，192冊34頁，198冊207頁，199冊13，58，99，945頁，200冊13頁。『民国日報』48冊700頁，49冊10頁，50冊134頁。見積の詳細は以下の通り（単位：両）。

| 電　　廠 |  | 水　　廠 |  |
| --- | --- | --- | --- |
| 電　　線 | 87,673 | 水　道　管 | 200,871 |
| 機　　械 | 117,348 | 水　道　管 | 124,624 |
| メ ー タ ー | 4,852 | 水道タンク | 28,324 |
| 土　　地 | 39,360 | 水道タンク | 81,240 |
| 合　　計 | 249,233 | 合　　計 | 435,059 |

100) 『申報』民国13年1月26日, 199冊534頁。
101) 『申報』民国12年12月18日, 198冊376頁。『民国日報』48冊671頁。
102) 弁護士・呉中偉が張一鵬に反駁した文は『民国日報』民国12年12月22日, 23日, 25日, 48冊729, 742, 771頁。呉は省議会がその職務に違背したと考えていなかった。省の財産の主体として議会が省の資産一部を処分することで法的な責任は発生しないと考えていた。張一鵬は省議会は, 省の財産の権利を増やすことはできるが, 放棄することはできないとした。呉は更に反論を加えて, 張一鵬は議会法と刑法を混同しており, 議会法における「処分」は, 私人が処分されるものとは違うとした。
103) 『申報』民国13年1月15日, 199冊309頁。『民国日報』49冊204頁。
104) 『申報』民国13年1月19日, 26日, 199冊387, 527頁。『民国日報』49冊262頁。
105) 『申報』民国13年2月12日, 199冊749頁。『民国日報』49冊494頁。
106) 『申報』民国13年2月19日, 199冊901頁。『民国日報』49冊580頁。
107) 『申報』民国13年1月26日, 199冊534頁。
108) 『申報』民国13年1月28日, 199冊557頁。
109) 『申報』民国13年2月11日, 12日, 199冊728, 749頁。『民国日報』49冊491, 494頁。
110) 『申報』民国13年2月17日, 18日, 199冊843, 855, 879頁。『民国日報』49冊556頁。
111) 『申報』民国13年2月12日, 13日, 14日, 15日, 18日, 19日, 199冊749, 769, 789, 809, 879, 901頁。『民国日報』49冊494, 507, 532, 544, 556, 568, 580頁。
112) 『申報』民国13年2月23日, 199冊989頁。『民国日報』49冊630頁。
113) 『申報』民国12年12月27日, 13年3月5日, 6日, 7日, 198冊565頁。200冊105, 125, 145頁。『民国日報』50冊90, 104, 118, 134, 150, 186頁。
114) 註113と同じ。
115) 『申報』民国13年3月7-14日, 200冊145, 165, 189, 213, 219, 231, 291頁。『民国日報』50冊90, 104, 118, 134, 150, 186頁。
116) 『申報』民国13年3月8日, 11日, 200冊228, 231頁。『民国日報』50冊104, 150頁。
117) 『申報』民国13年3月12日, 14日, 200冊291頁。『民国日報』50冊162頁。
118) 『申報』民国13年3月15日, 16日, 16日, 200冊311, 335, 361頁。『民国日報』50冊198, 210, 222頁。
119) 『申報』民国13年3月21日から29日, 4月1日, 12日, 29日, 200冊441, 463,

489, 553, 595, 615頁。201冊13, 247, 613頁。『民国日報』50冊282, 354, 402, 738頁。
120) 『申報』民国13年4月9日, 201冊183頁。『民国日報』50冊498頁。
121) 『申報』民国13年4月19日, 201冊397頁。
122) 『申報』民国13年4月26日, 29日, 5月1日, 201冊545, 613頁。202冊13頁。『民国日報』50冊738頁。51冊10頁。
123) 『申報』民国13年5月19日, 6月5日, 7月4日, 8日, 202冊412頁。203冊101。204冊80, 183頁。『民国日報』52冊27, 28頁。
124) 『申報』民国13年6月6日, 12日, 7月4日, 22日, 23日, 24日, 25日, 8月5日, 26日, 9月1日, 15年4月5日, 12日, 13日, 203冊123, 253頁。204冊80, 499, 521, 543, 565頁。205冊109, 592頁。206冊15頁。222冊111, 271, 291頁。『民国日報』51冊454頁。52冊58, 354, 372, 388, 404, 544頁。
125) 韓国鈞『永憶録』(民国55年, 文海出版社影印本, 近代中国史料叢刊9) 31-32頁。
126) 上海特別市『上海特別市行政統計概要』(上海市政府, 民国18年) 86頁。
127) 『民国日報』民国13年1月12日, 49冊162頁。
128) 王樹槐「北伐成功後江蘇財閥財政的革新」『中華学報』巻6期1, 1979年, 2-3頁。『申報』民国12年4月8日, 190冊117頁。
129) 『申報』民国13年8月26日, 205冊592頁。
130) 『申報』1922年7月30日, 182冊657頁。
131) 『申報』民国13年1月15日, 199冊300頁。
132) 『申報』1924年3月15日, 200冊311頁。
133) 李達嘉「五四前後的上海商界」『中央研究院近代史研究所集刊』21期215-236頁 1996年6月。同「上海商人的政治意識和政治参与, 1905-1911」『中央研究院近代史研究所集刊』22期171-220頁 1993年6月を参照。

〔原載:『中央研究院近代史研究所集刊』第25期169-208頁 中央研究院近代史研究所 1996年6月〕

閘北水電廠の爭議に關わった公團リスト

| | |
|---|---|
| 閘北地方自治籌備會 | 上海儉德儲蓄會 |
| 閘北市農會 | 閘北慈善會 |
| 閘北興市植產會 | 閘北善鄰會 |
| 上海總商會 | 中華公義會 |
| 上海縣商會 | 浦濱公益會 |
| 閘北商業公會 | 中國救濟婦孺總會 |
| 閘北絲廠同業會 | 上海模範工廠游民工廠 |
| 閘北五路商界聯合會 | 閘北普益殘廢收養院 |
| 閘北十一路商界聯合會 | 聯益善會 |
| 閘北虹寶八路商界聯合會 | 中國公立醫院 |
| 上海商業維持會 | 普善醫院 |
| 上海電氣機絲業公會 | 濟生醫院 |
| 胡家橋商界聯合會 | 閘北施醫院 |
| 商務印書館 | 閘北惠兒醫院 |
| 閘北救火聯合會 | 閘北衛生會 |
| 閘北一段救火會 | 滬北醫藥研究會 |
| 閘北二段救火會 | 中國耶教自立會 |
| 閘北三段救火會 | 上海長老會堂 |
| 胡家橋救火會 | 寧波旅滬同鄉會 |
| 紹興七邑旅滬同鄉會 | 揚州八邑公所 |
| 上海嘉郡七邑會館 | 海昌公所 |
| 江淮同鄉會 | 廣肇公所 |
| 旅滬湖州會館 | |

合計45団体、大まかな分類は以下のとおり。
政治経済団体3、商業団体11、消防団体5、公益慈善会9、医療関連団体7、宗教団体2、同郷会8、合計45

# 第4章　浦東電気公司の発展：1919-1937年

## はじめに

　現在,上海は浦東の開発を急ピッチで進めているが,70数年前に童世亨(字は季通,1883-1975年)はすでに今日を見越して,浦東において電力事業を起こして工業の発展を促進することを畢生の事業としていた。本稿は彼の設立した浦東電気公司の発展について,その成功の要因ならびに外部からの圧力と支援について研究する。

　電気事業の研究は,経営者の理念と専門的知識から,その経営方法にまでも及ぶ。会社の創立と発展は,当時の社会環境とも密接に関連し,経営者自身もそれと密接な関係がある。貯蔵ができないという電気の特性があるために,経営者は実際の需要状況を予測して供給できる電気量を決めなければならず,電気料金の高低は原価を考慮しつつ,社会の需要の増加に応えるために,廉価に電気を提供する必要もある。需要と供給は相互的なものである。盾となる完備された法律もない状況で,早期に電気事業を創設した場合,政府の態度がつねに企業の発展に大きな影響を与えたことにも留意しなければならない。

　本稿では6節に分けて論をすすめてゆく。はじめに童世亨の経営理念と専門的知識を明らかにし,ついで公司の成立・組織・資金・設備と電気量等について論述し,理念と実施状況を考察する。そして営業の拡大と外部から受けた妨害と支援について述べ,政府の役割の重要性を明らかにし,最後に財務構造を分析して成功の概況を論じたい。結論では,浦東電気公司の成功の原因を探る。

## 第1節　童世亨について

　童世亨の祖籍は浙江の石門であるが,明代に祖先が江蘇の嘉定に移住した。父の名は以謙(翼臣,1838-1923年),清の貢生で教師であった。家は貧しく,

兄弟は4人，長兄と三兄は苦学するなかで精神を病むが，二兄は秀才であった。世亨は4番目，字は季通，幼少に四書五経を学び，14-15歳のころ算学を好み，17歳で南洋公学に入学，2年間在籍した。英語・数学・古文をかじっただけだと本人は言っている。1901年（光緒27）5月，19歳で秀才に合格し，その年の冬に結婚した。兄弟と分家して13畝（600-700元相当）を得た。1902年（光緒28），嘉定の清華学堂の師範生となる。翌年，王正元（吉臣）に従って山東沿海を測量し，地図を作図することを学び始めた。翌年，上海務本女校と道前小学で地理を教えながら上海で測量を学び，測量製図の教科書を編集し，印刷した2,000冊はまたたくまに売れた。本を編纂して利益を得た初めての経験であった。

1905年（光緒31）5月，日本に留学した。まず日本語を勉強し，1907年（光緒33）5月に東京高等工業学校電気科に入学した。日本では自費で生活していたので，地図の製図を生活の足しにしながら，勉強に励んでいた。1908年，先祖が山東省に住んでいた縁で，山東省の奨学金を月に36元もらえるようになり，収入が増えたので翌年，妻を呼びよせた。1911年（宣統3）6月に卒業し，帰国して学部（文部省に相当）の試験に参加して最優等となり，工科進士を下賜された。はじめて合格発表に名前が出たのは，武昌起義の時であった。

1913年，上海に中外輿図局を設立し，多くの地図や書籍をつくった。1915年7月，その版権と銅板等の機材の評価額を44,000元として商務印書館の株主となり，地図書籍の編訳を継続する。1919年，浦東電気公司の創設によって編訳所をやめるが，株主はやめず，会計報告書・配当の分配・株主法定積立金・会社の規則改定などをめぐって，張元済と争い，張はひどく腹を立てて退席した。[1] 童世亨が頭脳明敏で実行力に富み，会計に強いことが判る。

彼が早くから学問に励み，地図書籍の編集をしていたことから見て，科学的な考え方と勤勉で向上心のある面の二点を兼ね備えていることも判る。彼は地図を描き編集することをマスターして，生活費や学費，資金貯蓄をはかり，商務印書館の一員として地図部門の編訳責任を負った。しかし決して満足せず，チャンスをつかもうと目配りを忘れず，学んだところを発揮して更に大きな事業をつくりだした。

1912年，彼は国内の電気事業に注意を向け，北京電話局・上海内地電灯公司・蘇州振興電灯公司・寧波電灯公司・済南電灯公司や，その他若干の小さ

な電気工場を視察した。この1912年に上海南市が電気事業を始めようとした時に彼は忠告した。まずしっかりと調査して，初めて計画を立案できると意見をした。その後，華商電車公司の規則を見て以下のように批判した。電車が使う電気の電圧は500V（直流）以上で，電灯は110Vか220Vを使うが，古い直流電機2台を使っても電車を動かすには電力不足であり，専門のエンジニアを招聘して長期的方針も策定しなければならない（大意）。外資企業を信頼しきって支配されてはならないというものであった。この批判は華商電車公司の社長・陸伯鴻にとって非常に不愉快なものであったが[2]，童世亨はいささか名を知られることになった。

　江蘇都督・程徳全はその評判を聞き，1912年8月に童世亨を江蘇省立第一工業学校の計画準備員に，ついで校長に任じ，機械・電気の2学科を設けた。程は，しばらく後にまた童に南京・蘇州の官弁電話局と南京電灯廠を調査させ，ほどなく南京電灯廠廠長に任命した。童は日本の早稲田大学理工科を卒業した陳有豊（嘉定人）を後任の校長に推薦した。1912年10月南京電廠廠長を引き継いだが，1913年6月に第二革命のために辞職して上海に帰った。この期間の，南京電廠の整理に彼が果たした功績は大きなものであった。南京電廠は支出が多くて，年々損失があり，つねに公金の補助に頼っていた。この時には既に寧波商人の虞和徳（洽卿）が経営をしていたのであるが，童の整理により機器が設置され，弊害のもとが断たれ，従業員を削減し，収入の来源を拡充し，支出を節約し，予算は項目を立てて配分した。1912年10月から1913年6月までを総計すると，利益は計23,690元，総収入（66,970元）の35.4％を占めた[3]。以前の赤字状況とは比べものにならず，彼の経営管理の才能を充分に表している。

　1916年9月，同級生の金一新（瀛懐）が浙江の嘉興永明電灯公司の経理に任じられたので，彼も株主となった。彼はすすんで6,000元（当時の公司の資本金は約50,000元）を出資，董事長に推薦された。公司の発電容量は60kw，すぐに足りなくなり，また85kwの電機一式を購入した。童は2万元を立て替えたが足りなかったので，帳簿を調べると弊害の原因がたくさん明らかになった。童は公司の整理を計画し，収支の規定と執務規則をいくつか，経理の代わりに定めたが，大半は実行できなかった。盗電を検査すればみなで妨害し，会計を換えれば互いにかばいあう。童は「数カ月間，自費で上海と蘇州を奔走

し，やるべき事を誠実にしたが，まだ人に判ってもらえない」と金一新に告げたが，金は「温厚で情を重んじすぎたため，名目だけのあやつり人形になってしまった」。金も自ら「営業経験がないので，人に愚弄される」と言っていた。

　童はあきらめて，6年末に公司を退き，株式には37％引きで利息まで付けて譲渡した[4]。この公司は経営を続けてはいたが，大きく発展することはなかった[5]。

　1917年4月6日，童は山東の済南電灯公司を参観した。工場も設備も良かったが，支出が多すぎた。ドイツ人技師を月給500元で招聘しているのは浪費のようなもので，そのため電気料金が高く，16燭の電灯1個につき月1.6元で割引もなかった。電力は1kWhあたり0.35元，メーターの貸出が1.5元と，上海・寧波の倍の価格であった[6]。彼の意見はとても正確で，この公司は管理がうまくいっておらず，無駄な職員が多すぎ，仕事もしていない職員に給料を支出をしては，維持は不可能であると考えた。1934年，山東省府は整理委員会を組織し，公司を接収管理して業務を整理して，やっと経営は好転した。電気料金も下がり，利益も上がるようになった[7]。

　以上の事実から見て，童には経営者としての能力があり，企業家としての遠見を備え，改革をすすめ，管理能力も高かった。彼の企業の前途は，このように優れた彼の資質により保証されたのである。

## 第2節　公司の設立と組織

　1917年初めの時点において，童世亨にはすでに編集した地図などがかなりあったので，生活の心配はなかった。この後，彼が電気事業にも注目しなければとしたのは，留学の本旨に背いてはならないと考えたためであった。南京電廠は彼が9カ月間整理に当たったので，成果を上げるようになった。しかし，一朝政変にあえばすべてが失われるだけでなく，いいがかりをつけられた上でたかられもするので，公営事業では長期的な企業運営ができないことが判った[8]。民営の嘉興永明電灯公司も彼が立て直しをしたが，他人のものだったので整理しきれず，既存の公司の積弊を改めることも困難だと判った。この2度の実際の経験を経て，童は自分で発電所を設立し，思い通りにやって

みたいと強く感じるようになり，津浦・朧海両鉄道沿いの各大都市や，西は長江の各要埠へと走り回り，営業に適当な区域を探した。しかし，すでに当時，好条件の場所に入り込む余地はなく，まだ発電所のない嘉定南翔鎮・宝山呉淞鎮は区域が小さ過ぎる嫌いがあった。この時，童は知人の呉大廷(浦東洋涇人，かつて童のために株券や公債を売買した)に，浦東沿岸一帯は工場や倉庫が林立しているのに，まだ電気の供給がないと聞いて，すぐに調査に赴き，資金を集めて事業を起こすことを決めた。1919年1月，ほかに黄炎培・穆湘瑤・銭永銘・張蟾芬らを集め，連名で江蘇省長経由で交通部に，先ず登記した。

　彼の作った浦東電気公司の理念は以下のとおりである。

> 商店には電灯が必需品であり，工場にも電力が必要である。電気業は日々発達しているのに，工業はそれにともなって進歩していないのは何故であろう？　電力が届けられれば，各工場の1台のモーターで動力軸を動かすことができる。自前でボイラーを操作する煩わしさは不要で，石炭・石油を使わなくてもよい。コストが軽減されれば起業しやすいのは自然の理である。上海公共租界及び閘北一帯を見れば，電力供給があることで各工場が日進月歩の発展をしてることは明らかである。浦東と租界は長江で隔てられているだけで，地は広く，往来は便利，まことに工業には最適の地である。それなのに，工廠の設立は，閘北・楊樹浦に遠く及ばないのは電気が利用できないためである。……浦東の将来の希望は商業にだけでなく，工場にある。……浦東は地価が安く，市にもまた近く，水運の便もあり，どこにでも廠屋を建てられる。浦西の稠密，地価の高騰，拡張困難とは違うのである。

　彼の意見は大変正確で，今日の浦東開発はまさにその予言どおりである。
　1919年2月15日，発起人それぞれが集まり，株式募集規定について話し合い，準備処を設立した。資本総額は10万元と決まり，先に半額を集め，設立意見書を起草した。
　5月18日，創立会を開き，董・監事を選挙した。25日第1回董事会を開き，童を総経理兼技術主任に，張蟾芬を副経理に推薦した。この後，公司は政府

の登記手続（交通部は1922年1月に許可証「執照」を発給）をしながら，土地購入・工場設立・機械取付を行い，1920年12月にはじめての機械を据え付けて発電した。

公司の組織は2つの部分に分けられる。1つは株主及び董監事，すなわち所有権の部分，もう1つは経理及び職工人員，すなわち事業経営の部分である。

ここでは先に前者について述べよう。

表1　エクイティの概況

(単位：千株)

| 年 | 株主数 | 株　数 | 平均株数 | 董監事人数 | 董監事持株数 | ％ | 家族の株数加算 | 総数に占める割合 |
|---|---|---|---|---|---|---|---|---|
| 1919 | 118 | 2,122 | 18.0 | 11 | 570 | 28.5 | — | — |
| 1929 | 266 | 8,000 | 30.1 | — | — | — | — | — |
| 1933 | — | 10,000 | — | 14 | 1,764 | 17.6 | — | — |
| 1934 | 508 | 16,000 | 31.5 | 14 | 2,094 | 13.1 | 4,362 | 27.3 |
| 1935 | 632 | 20,000 | 31.7 | 14 | 2,501 | 12.5 | 4,721 | 23.6 |
| 1947 | 922 | 500,000 | 542.3 | 18 | 60,817 | 12.2 | 108,372 | 21.7 |

出典：8年12月19日「省咨」，18年11月16日，23年3月31日，24年7月30日，37年1月7日，「浦東公司呈，附株主名簿」『建档』，23-25-72：2-1，3，5。『経済部档』18-25-11，7-1。
説明：1947年は1株10元，その他は1株50元。

1919年，発起人16名の多くは，童が商務印書館や，商業界・教育界で知り合ったメンバーである。籍貫について言うと，上海籍7人，嘉定3人，その他6カ所（川沙・丹徒・南・呉県・杭県・呉興）各1人，江蘇籍の者が大半を占め，浙江籍の者は2人だけである。[11]

1919年12月，第1回株主名簿は全部で118人，合計2,122株，株主のうち江蘇省に属するのは89人，1,780株，83.9％を占め，浙江は23人，327株，15.4％，その他（江西・安徽・湖北）6人，15株，0.7％を占めていた。江蘇人が主であること，とくに主立った責任者が嘉定出身者なので嘉定人（122人，1,018株）が1位を占め，次いで上海人（39人385株）であった。[12]株主たちの地縁・血縁関係を余すところなく表している。

董監事は童世亨・張蟾芬・趙錫恩・何毓麟・銭永銘・黄炎培・単毓斌などで，1919年から1937年まで董監事の任にあたった。22年に童伝中・汪慶淦・楊兆澐・陸煕順（伯鴻）・呉在章・馮炳南らが加わった。[13]董監事が所有する株

についての計算法は2つあり，ひとつは本人名義で所持する株数，もう一つは家族の所持する株数（株主名簿上に同姓同住所の者が見いだせる）を含める計算法である。

表1に見られるとおり，株主の人数は次第に増加し，1935年には1919年の5倍，1947年には9倍になっている。株数が増加し，物価が上がれば，資産資本は新しい見積もりにも投資金額にもあらためて影響してくるだろう。董監事の所有する株数は初期の計算では比較的多いが，その一因は初期には家族名義での投資をしていないせいである。董監事の個人名義の持株の比率は年々下降し，その家族の持株も下降の傾向にある。つまり，これは株式分配に関係者以外の比率の増加を説明している。浦東電気公司の利益に頼ることで，かなり多くの投資者を集められ，企業に投資することが社会の一般的な風潮になってきた点にその原因が求められよう。

1933年の理事・監事14人の内訳は，文化界人士が3人，退職官僚1人，会計士1人，その他は商工金融界の人士であった。こうした状況は投資者がすでにだいぶ一般的になっていることをも説明している。

初期の職員はわずか6人だけで，組織は単純だった。内訳は経理兼主任技術者1人，技術助理1人，会計1人，集金1人，営業2人である。[14] 1930年には，

```
経    副    廠 ┌総務科──科長・科員
理────経    務 │技術科──科長・科員・班長・工人
      理    主 │
            任 └営業科──科長・科員
```

表2　浦東公司の職工人数

| 名称＼年 | 1919 | 1929 | 1930 | 1930 | 1934 | 1936 | 1937 |
|---|---|---|---|---|---|---|---|
| 職員 | 6 | ― | ― | ― | 59 | 58 | ― |
| 工人 | 10 | ― | ― | ― | ― | 75 | ― |
| 合計 | 16 | 70 | 87 | 91 | ― | 133 | 178 |

出典：民国8年12月19日「省咨」『建档』23-25-72, 2-1。『中華民国実業名鑑』985-986頁。『上海市統計』民国22年9頁「公用」。『実業部檔案』17-22, 932-1。『中南支各省電気事業概要』127頁。

組織系統が下図のようになったことがわかる。[15]

　図に見られるように，組織は単純なもので，経理の下に副経理と廠務主任を設けた点を除くと，あとはほとんど変わりがない。1933年，協理が1人増え，副経理と廠務主任が削られ，会計科が増設された。

```
           ┌ 総務科──文書・材料・庶務の三股
経──経    │ 工務科──発電・配電・給電の三股，ほかにも工程師・副工程師
理　　理  │ 営業科──推広・業務の二股
           └ 会計科──帳務・出納の二股
```

　1934年，総務科は文書と供応の2つに分かれ，営業科からは推広股がなくなって稽査［検査］股が設けられた。[16] 1937年の組織系統は以下の通りである。

```
           ┌ 総務──文書・供応の二股
総　　副  │ 工務科──発電・配電・給電の三股，ほかにも工程師・副工程師
経──経    │ 営業科──業務・徴収の二股
理　　理  │ 会計科──帳務・出納の二股
           └ 各区弁事処
```

　組織系統を見ると，単純なものから複雑になっており，会社の発展を説明できる。組織は1933年にはだいたいの形が決まり，その後の改変は名称の変更程度であった。1928年には高橋支店が設けられ，1930年に奉賢支店，1931年には川沙支店が設けられた。[17]

　会社の経営幹部は，経理兼主任技術員の童世亨で，彼についてはすでに述べた。次に管理線路工程の何歩青は，江蘇第一工業学校電気科の卒業生である。[18] 1932年，主任技術員は阮宝傳（1898-？）に変わった。阮は江都の人であり，1918年に江蘇第一工業学校電気科を卒業し，かつて嘉興永明電灯公司の常駐技術員に当たっていた。[19] ふたりの学歴・職歴を見ると，童が設立した学校の中から選んでいることが判る。

　副経理の張蟾芬は上海人で，1870年生まれ。清心中学を卒業し，中国電報局に10余年勤務し，後に商務印書館の理事と稽核（検査）科長をつとめ，1919年から浦東電気公司の副経理の任にあたった。彼の始めた事業は多く，聡明で有能なのが見受けられる。[20] 童とは商務印書館以来の長年の同僚であり，浦

東公司発起人の一人でもあった。

　会計事務の主事は童の甥・童伝中（受民）で，江蘇第一商業学校を卒業した[21]。童家の者といってもその学歴と職務は他の職員と同じで，童世亨の用人であり，同族だからというわけではない。伝中も聡明有能で，重要な交渉にあたっていた。

　表2を見ると，浦東の職員数の増加は大変速く，1937年には1919年の11倍に増加している。浦東公司の従業員の福利厚生と待遇については，合計11章・67条から成る規則があり，任用・規律・保証・事務・休暇・給与・賞与・欠勤・食事・宿泊と交通費・服装・社員証・退職等を含む詳細な規定があり[22]，管理のためのよい基礎となった。職員の待遇は，1919年に経理兼主任技術員が月給60元，その他職員5人で計120元，平均1人毎月24元だった。機械室工員3人は全部で80元，保線工員2人は計36元，雑役夫5人で計44元であった[23]。職工合計16人は1人1月平均21.3元。この後，一人あたり平均の増加はかなり大きく，1933年には平均62.8元になり，1937年には平均66.8元になった[24]。ただし，他の会社と比較すると，浦東公司の職員の待遇はよくなかった。1933年，閘北水電公司職員の人件費は，食費とあわせて452,505元，ひとり毎月平均97.9元であった[25]。同年の浦東公司は食費との合計が平均80元で，22.5％少なく，だいぶ低いものとなっている。浦東公司の発展は，職員たちの奮闘努力のもとに完成したことがここから判るだろう。

## 第3節　資金・設備と電気量

　1919年3月に発起人会議があり，5月の創立会は資本額10万元と決定して，まず半額を集める旨を定めた。そのうちの3万元は童が工面して支払った。浦東地域が広範で，電気の需要量も多いため，100万という金額を集めなければならないだろうと，童にははっきり判っていたが，初めの計画では，あえて10万元という少額資本にした。これは最初から派手にやると他人にじゃまされる恐れがあったので，徐々に発展させることにしたためであると本人は述べている[26]。

　資金はすぐに20万元に改められ，先に半額を集めた。1919年12月，すでに集めた金は10万元に達し，1921年3月には20万元を集め，そのほかに2万余

表3　浦東公司の株式

(単位：元)

| 年代 | 月 | 株式定額 | 払込済額 | 出典の番号 |
| --- | --- | --- | --- | --- |
| 1919 | 1 | 50,000 | 37,500 | ①②③ |
| 1919 | 10 | 100,000 | 50,000 | ①④ |
| 1919 | 12 | 100,000 | 100,000 | ① |
| 1921 |  | 200,000 | 150,000 | ①③ |
| 1922 |  | 200,000 | 200,000 | ①⑤ |
| 1923 | 3 | 300,000 | 200,000 | ①⑤ |
| 1924 | 12 | 300,000 | 300,000 | ①⑤ |
| 1925 |  | 500,000 | 300,000 | ①⑥ |
| 1926 |  | 500,000 | 300,000 | ①③ |
| 1927 |  | 500,000 | 371,700 | ①③⑦ |
| 1928 |  | 500,000 | 375,650 | ①③⑦ |
| 1929 |  | 500,000 | 400,000 | ①③⑦⑧ |
| 1930 |  | 500,000 | 400,000 | ①③⑦⑧ |
| 1931 |  | 500,000 | 500,000 | ①③⑦ |
| 1932 |  | 500,000 | 500,000 | ③⑦ |
| 1933 |  | 800,000 | 651,450 | ③⑦⑨⑩ |
| 1934 | 6 | 800,000 | 800,000 | ⑦⑪ |
| 1935 | 7 | 1,000,000 | 1,000,000 | ⑦⑪⑫⑬ |
| 1936 | 3 | 1,500,000 | 1,226,000 | ⑭⑮⑦ |
| 1937 | 6 | 1,500,000 | 1,500,000 | ⑯ |

出典：①『企業回憶録』中冊8-53頁。
　　　②8年1月12日「省咨」『建档』23-25-72, 2-1。
　　　③『22年営業報告』図表。
　　　④『民国15年年鑑』957頁。
　　　⑤15年8月30日「公司呈」『建档』23-25-72, 2-2。
　　　⑥『14年営業報告』。
　　　⑦『10年来上海公用事業之演進』41頁。
　　　⑧『中国各大電廠紀要』3頁。
　　　⑨23年6月13日「公司呈」『建档』23-25-72, 6。
　　　⑩『公報』期46 (23.1), 71頁。
　　　⑪『中国近代工業史資料』1輯678頁。
　　　⑫24年7月30日「公司呈」『建档』23-25-72, 7。
　　　⑬『中国電気事業統計』第6号18頁。
　　　⑭『中国電気事業統計』第7号16頁。
　　　⑮26年6月14日「公司呈」『建档』23-25-72, 9-1。
　　　⑯『26年営業報告』10頁。

元が存在[27]，株式募集者の奮闘ぶりが窺える。表3は歴年の資本額面と払込済額である。

表3から1919-1937年の18年間で，資本が15倍に増えていることが判明する。株式募集の状況を詳細に見ると，初期段階でははじめの1-2年内に大半を集めていることが判る。1925-1931年の間，増資分は6年を経て漸く集められており，この後は比較的早い。これと1924年の江浙戦争及び1927年の北伐戦争を関連づけることができる。社会の変動・動乱は人々の投資意欲に影響を与えるのである。1919年初め，浦東公司は張家浜の南岸，塘橋郷の2畝2分を購入した。価格は銀3,040元，先に工場1カ所を建て，また平間2間の建物3棟を建て，事務と職員の食事や宿泊の用に供した[28]。1921年12月，会社は拡大し，張家浜北岸に9.4畝を41,226元で購入し，工場一軒を建てた。建物が7棟，石炭倉庫1カ所，平屋20余軒で1923年3月に落成した[29]。1925年，新工場が落成し，ほかに給水室と事務所棟の2棟を建てた[30]。1929年，高廟・高

**表4　浦東公司の送電線設置**

| 年 | 電柱(本) | 架空線(km) | 地下線(km) | 送電変圧器(台) | 送電変圧器(KVA) | 配電変圧器(台) | 配電変圧器(KVA) |
|---|---|---|---|---|---|---|---|
| 1926 | 1,678 | — | — | — | — | — | — |
| 1927 | 1,697 | — | — | — | — | — | — |
| 1928 | 1,822 | 55.5 | — | — | — | 61 | 831 |
| 1929 | 2,026 | 61.7 | — | — | — | — | — |
| 1930 | 2,625 | 80.0 | — | 1 | 50 | 65 | 1,506 |
| 1931 | 3,881 | 116.6 | 1.83 | 3 | 1,000 | 81 | 2,408 |
| 1932 | 4,736 | 139.1 | 1.83 | 3 | 1,000 | 84 | 3,102 |
| 1933 | 6,212 | 182.4 | 2.67 | 3 | 1,000 | 94 | 3,947 |
| 1934 | 8,081 | 245.7 | 3.08 | 2 | 800 | 117 | 6,989 |
| 1935 | — | 349.9 | 4.07 | 5 | 1,620 | 145 | 8,557 |
| 1936 | 12,954 | 442.5 | 4.53 | 5 | 1,620 | 154 | 9,095 |
| 1937 | 14,402 | 506.7 | 4.53 | 6 | 1,920 | 161 | 10,555 |

出典：『上海特別市公用局一覧』民国16年7月至12月，92頁後。『上海市統計』民国22年「公用事業」8頁。『22年営業報告』10頁。『23年営業報告』11頁。『26年営業報告』4頁。『中南支店省電気事業概要』，135頁。上列の若干の数字は『企業回憶録』中冊103頁と異なる。
説明：空白は数値が不明。

表5　浦東公司の発電(1)

| 年 | 出力(kW) | 生産量(千 kWh) | 最高負荷(kW) | 負荷率(％) | 設備利用率(％) |
|---|---|---|---|---|---|
| 1926 | 600 | 687 | 310 | 25.3 | 13.1 |
| 1927 | 600 | 872 | 334 | 29.8 | 16.6 |
| 1928 | 600 | 1,059 | 410 | 29.5 | 20.2 |
| 1929 | 600 | 1,387 | 450 | 35.2 | 26.4 |
| 1930 | 600 | 2,052 | 650 | 36.0 | 39.0 |

出典：『上海特別市公用局一覧』16年7月至12月，92頁以降。『上海市統計』民国22年「公用事業」7頁。『中国各大電廠紀要』12頁。

橋・邱家宅などに配電所を建て，土地は14畝に増えた。[31]

1932年，陶家宅に2畝6分を1,972元で購入，配電所と工員宿舎を建てた。1936年，50余畝を買い，機器を据えつけた。1937年，呉家庁の用地1畝7分と，王家渡の用地84.9畝（17,997元）を買い足し，合計およそ土地165畝を所有することになった。[32]

浦東公司の発電設備ははじめ150馬力，120kwの石炭ガス動力機であった。石炭動力機を選択した理由は，内燃機では外燃機仕様の4分の1の石炭を節約でき，ディーゼル油機を使うより経済的なためであった。このほか，工程が単純で煙突が必要なく，冷却器や温水器を並べる必要もなかった。「資本が少なく，設備が簡単なら，公司が早期に営業しやすい」のである。

1921年8月，もう1台の同型の発電機を予約購入し，2台でおよそ52,000元を費やした。[33] 1923年に増資し，蒸気機800馬力，600kwを購入，1925年冬に取り付けた。もとからあった石炭ガス発電機1台は使用をやめ，1930年に紹興の大明電気公司に40,000元で売却した。[34] 差し引き12,000元の損失であるが，すでに5年も使用したことを考えると十分な値段であった。

蒸気発電機に改めた理由は，大型発電機を据え付ける必要があったからである。1937年に5,000kwの発電機2台を購入したが，取付前に日中戦争の禍が江蘇省にも及んだため，600kwの発電機が浦東公司の最高容量で，不足分は華商電気公司と閘北水電公司から購入した電力を転売した。[35]

設備の内，送電線については，表4にその発展の傾向を見ることができる。

表4から，1928年を1とすると，1937年には電柱が約7倍，電線が8倍，発電容量（KVA）は約12倍に増加しているのが判る。営業地域が広範で辺鄙な

表6　浦東公司の発電(2)

| 年 | 発電量(千kWh) | % | 購入量(千kWh) | 合計(kWh) | 最高負荷(kW) | 負荷率(%) |
|---|---|---|---|---|---|---|
| 1931 | 2,409 | 79.1 | 637 | 3,046 | 932 | 37.4 |
| 1932 | 2,167 | 52.4 | 1,970 | 4,137 | 1,156 | 40.9 |
| 1933 | 2,193 | 29.1 | 5,339 | 7,531 | 1,770 | 48.6 |
| 1934 | 2,286 | 20.4 | 8,899 | 11,185 | 2,830 | 45.1 |
| 1935 | 2,634 | 18.2 | 10,421 | 13,056 | 3,200 | 45.4 |
| 1936 | 2,312 | 13.6 | 14,687 | 16,999 | 3,901 | 49.7 |
| 1937 | 1,604 | 13.8 | 9,778 | 11,381 | 3,858 | 34.5 |

出典：『企業回憶録』中冊103頁。
説明：1937年の数値は8月末まで。

表7　浦東公司の購入電力量　　　　　　　　　　　　　　(単位：千KWh)

| 年 | 華　商 | 閘　北 | % | 合　計 |
|---|---|---|---|---|
| 1931 | 637 | — | — | 637 |
| 1932 | 1,970 | — | — | 1,970 |
| 1933 | 5,327 | 12 | 0.2 | 5,339 |
| 1934 | 6,020 | 2,879 | 32.4 | 8,899 |
| 1935 | 5,821 | 4,600 | 44.1 | 10,421 |
| 1936 | 7,735 | 6,952 | 47.3 | 14,687 |
| 1937 | 5,189 | 4,872 | 48.4 | 9,778 |

出典：『22年営業報告』9頁。『26年営業報告』4頁。『企業回憶録』103頁。『中南支店省電気事業概要』136頁。

表8　浦東公司の販売と損失　　　　　　　　　　　　　　(単位：千KWh)

| 年 | 発電＋購入 | 自家用 | 販　売 | 損　失 | 損失率(%) |
|---|---|---|---|---|---|
| 1930 | 2,052 | 328 | 1,377 | 347 | 16.9 |
| 1931 | 3,046 | 305 | 2,217 | 524 | 17.2 |
| 1932 | 4,136 | 317 | 3,215 | 604 | 14.6 |
| 1933 | 7,531 | 323 | 6,521 | 687 | 9.1 |
| 1934 | 11,185 | 337 | 9,904 | 944 | 8.4 |
| 1935 | 13,056 | 62 | 11,671 | 1,323 | 10.1 |
| 1936 | 16,999 | 74 | 15,362 | 1,563 | 9.2 |
| 1937 | 11,381 | 67 | 9,955 | 1,359 | 11.9 |

出典：表7と同じ。各項で資料が異なる場合は『22年営業報告』及び『企業回憶録』103-104頁を採用。
説明：自家用は1935年より部分的に販売に含まれ，記載される数値は発電所内での使用分のみ。

ため，長い電線と多くの変圧容量が必要だったためである。

1930年以前はすべて自家発電であった。概況は表5に見られる。

表5から初期の設備利用率が大変低く，1926年はわずか13.1％，1930年にも39％に過ぎず，稼動状況の低さを示している。

表6から負荷率がようやく少しずつ増加し，1936年にはすでにほぼ50％に達しているのは，注目すべきである。そのうち自家発電部分は，1936年に最高負荷680kWh，負荷率が38.8％であり，1930年以後だんだんと高くなり，浦東方面の需要量の増加を説明できる。需要の高まりによって，自家発電量が増加したため，1937年に新しい機器10,000kwを購入したが，惜しいことに日中戦争によって据付できなかった。

購入電気量は，華商・閘北の両公司からのものが主であった（表7）。

電力購入先は主に華商電気公司からであったが，1934年に閘北公司から大量購入し，概ね49％にまで達した。これは，浦東公司が上海市との北部での境界付近，及び川沙県で営業拡大したためである。

浦東公司の電気販売と損失の状況は，表8から判る。

初期の損失率はかなり大きいが，1933年から下がり始め，管理の進歩ぶりをあらわしている。1937年の損失率上昇は，戦争との関連である。送電線が長かったため，9％程度の損失率を記録するが，これは決して高くはない。

## 第4節　営業の拡充

浦東公司の当初の営業区は上海県の浦東全域であった。1919年8月，実際に電力供給した区域は，南の南碼頭から北へ楊家渡・陸家渡・瀾泥渡から陸家嘴を経て，旗昌桟から洋涇港に至る，わずかに洋涇区と塘橋区の2区に止まったのである。童世亨は営業区の拡大に意欲的で，長い間それを企図していた。1924年，公司は電線を高橋鎮まで拡張することを計画した。宝山県民の妨害を恐れて，江蘇省政府に申請して，省政府の方から上海・宝山両県の県政府と警察に一帯での保護を求めた。浦東公司が営業区を宝山県境まで拡大する事を暗に示して，了解をとりつけようとしたのである。同時に童伝中に託して高橋鎮の郷董・鐘良玉と通じ，ちょうど設立準備中であった高橋電灯公司と協議し，優待条件を示して設立準備の中止に合意した。条件は以下

の通りである。

1．高橋公司設立準備と解散の損失1,300元を支払う。
2．高橋郷の街灯・公益灯は4割引とする。
3．電気料金値上げの際は，高橋郷公所とまず相談する。
4．3年後から毎年，高橋分廠の利益から，郷公所の公益費200元を支払う。

こうした経緯からも童の敏腕さが窺える。1926年11月，高橋に到る送電線・電柱の許可証名義を変更して拡大し，営業区が上海・宝山両県と浦東全域に及ぶことをはっきりと注記した。12月18日，高橋電灯公司に支払いをして，この手続きは完了した。翌1927年2月に着工，6月に工事が終わり通電，ついに高橋支店事務所が設立された[37]。

1930年12月，浦東公司は上海市政府と契約を結び，上海市に属していた高橋・高行・陸行・洋涇・楊思の6区を営業区とすることに合意した。三林・陸行の2区は，当時は上海県に属していたので，当然会社の営業範囲とされていた。

表9　浦東公司が買収した近隣の発電所

| 年 | 月 | 公司名称 | 出力(kW) | 購入価格(元) | 場　所 | 説　明 |
|---|---|---|---|---|---|---|
| 15 | 12 | 高　橋 | 準備中 | 1,300 | 宝山高橋郷 | 創設を放棄 |
| 23 | 11 | 大　明 | 150 | — | 南匯周浦鎮 | 営業区域を変更 |
| 24 | 4 | 川　北 | 28 | 4,000 | 川沙 | |
| 24 | 5 | 正　明 | — | 1,300 | 南匯 | |
| 24 | 7 | 大　川 | 45 | 13,000 | 川沙県城 | |
| 24 | 7 | 企　明 | 6 | 700 | 奉賢春日橋鎮 | |
| 24 | 7 | 祝　橋 | 25 | 2,250 | 南匯・祝橋鎮 | |
| 24 | 7 | 程恒昌 | 19 | — | 奉賢・青林港 | 営業区域を放棄 |
| 24 | | 金　大 | 13 | 500 | 奉賢 | 別名振大で，精米所 |
| 25 | | 奉　城 | 15 | 1,200 | 奉賢，奉城 | |
| 25 | 10 | 茂新徳 | — | 1,200 | 松江 | 精米所 |
| 26 | | 合　興 | 13 | 1,500 | 奉賢，荘行鎮 | |
| 合　計 | | 12社 | 314 | 26,950 | | |

出典：『建档』23-25-72, 3-7宗，『企業回憶録』中冊，75-102頁。

浦東公司自体は発電量を制限されていた。上海市公用局は上海の発電所統一計画のため、閘北・華商の両公司のみの拡大を主として、浦東公司は機械の増設を許可されず、両発電所から買った電気を転売した。[38] 1930年1月、浦東公司は華商電気公司と買電契約を結び、黄浦江対岸の南北側から川底にケーブル2本をひいて周家渡で岸に上げた。1931年3月に電力供給を始めた浦東公司は電力供給範囲を拡大し、北は陸行・高行・高橋3区、南は楊思・三林の両区にまで広げた。1932年、半分が川沙県に属していた高行鎮の、全鎮の商民が送電を要求した。川北電気公司の同意を得て、浦東公司は川沙県境の高行鎮に電柱を建て電線を架設し、営業区外へも電力を供給した。1933年2月、浦東公司は閘北公司から電力を買い、陶家渡に配電した。今度も水中ケーブル2本を使って、12月22日に通電した。高行区・陸行区・高橋区には改めて閘北公司から買った電力を供給した。1934年、そのほかに中華碼頭付近の水中ケーブルが上岸し、華商電気公司からの買電が増加した。[39] この後、浦東公司はひき続き営業区の拡大をした。付近の川沙・南匯・奉賢・松江の4県をつぎつぎ営業区として電力を供給し、もとあった会社を買収したりした。ここに買収・併合した企業とその営業区を表9に整理した。

浦東公司の他の公司あるいは営業区の合併は1937年までに、合計14社である。そのうち浜浦・華新の2社は詳細不明であるが、その他は表9の12社である。[40] みな小さな発電所で、自ら営業区の放棄を願い出たのが1社、営業区を変更したのが1社、それ以外の10社は買収され、費用は合計で銀26,950元であった。浦東公司の26年の資金額150万元からみると、ごく小さな数値で、安く購入したといえよう。その1つ目の要因は各公司の発電容量が小さいことによる。最大の大川でさえ45kw、買収額がいちばん高かった一社でも購買額の約半分を占めるに過ぎず、最小のものはわずかに6kwである。買収した10社のうち、不明の3社以外の7社の発電容量は合計145kw、平均するとわずか20.7kwである。2つ目の要因は、こうした小さな発電所は維持そのものが難しく、事業の発展や、品質のよい電気の提供で社会の需要にこたえるなどということはできなかった。自ら売りに出さなくとも、住民がサービスが悪いと黙っていなかった。このためにこうした買収合併は必然的ななりゆきであった。このほか南匯大団鎮（電灯廠50kw）、倉鎮（碾米廠あり）、奉賢胡家橋鎮（碾米廠あり）、松江葉村鎮（碾米電灯廠）、張沢鎮（碾米電灯廠）、金山泗港鎮

表10　浦東公司の第一級電気料金
(単位：千KWh)

| 年 | 電灯価格 | 電力価格 |
| --- | --- | --- |
| 1927 | 0.25 | 0.10 |
| 1929 | 0.24 | 0.095 |
| 1930 | 0.22 | 0.095 |
| 1932 | 0.21 | 0.08 |
| 1933 | 0.20 | 0.07 |
| 1935 | 0.20 | 0.06 |
| 1936 | 0.20 | 0.06 |
| 1937 | 0.19 | 0.06 |

出典：「12年報表」『建档』23-25-71，2-2。19年1月21日「張宝桐報告」『建档』23-25，21-5。『22年営業報告』10，12頁。『上海市年鑑』民国25年N41頁。『全国電気事業電価彙編』3頁。『26年営業報告』14頁。

(電灯碾米廠13.5kwがあり)，松徳鎮（電灯公司，20kw）は，みな合併を願い出たが，時局の関係で多くは処理できなかった。[41]

このほか，比較的大きい電気公司，たとえば南匯の匯北・大明・南沙・立亨等の公司は浦東公司から買電して更にこれを転売していた。1936年，同業の買電は公司の売り出し電量の8％，26年には9.1％を占めていた[42]。

こうした営業拡大方法を経て，浦東公司の営業区はすでに1市4県に及び，全部で1,100平方km余りになっていた[43]。面積は拡大したが人口は決して多くなく，企業経営的には特に利益があるとは言えなかったが，社会サービス的にはその意義は大きかったと言えよう。

浦東公司の電気料金は初期には25燭光1個が月1.8元だった[44]。1928年にも同じ価格であった。1927年に電灯1kWhが0.25元，電力は1kWhが0.10元，これがおそらく初期の最高値であり，この後，表10に見られるとおりだんだんと安くなっていった。

表10から初期の料金が特に高いのが判るが，しかし他のいくつかの会社の電気料金よりは安かった[45]。またその後，速やかに下がっている。1936年，上海市の閘北・華商両公司と比較すると，電気料金は同じだが，電灯料金が2割高かった。1937年に1割下がり，両公司より1割高いだけになった。原因は営業区が辺鄙で人口が少ないせいであるが，他のいくつかの会社よりは低い[46]。合理的な価格だと言えよう。浦東地区にはいかなる争いも発生せず，消費者

表11 浦東公司の利用者別変遷

(単位：戸数)

| 年 | 電灯 | 電力 | 電熱 | 同業 |
|---|---|---|---|---|
| 1926 | 980 | 8 | — | — |
| 1927 | 1,038 | 8 | — | — |
| 1928 | 1,327 | 11 | — | — |
| 1929 | 1,644 | 27 | 4 | — |
| 1930 | 2,999 | 56 | 5 | — |
| 1931 | 5,168 | 88 | 7 | — |
| 1932 | 6,135 | 125 | 4 | — |
| 1933 | 7,860 | 147 | 17 | 1 |
| 1934 | 9,184 | 203 | 36 | 2 |
| 1935 | 10,833 | 244 | 47 | 3 |
| 1936 | 12,927 | 352 | 62 | 3 |
| 1937 | 14,314 | 364 | 72 | 4 |

出典：『上海特別市公用局一覧』民国16年7月至12月，92頁之後。『上海市統計』民国22年「公用事業」8頁。『企業回憶録』中冊104頁。

説明：本表の若干の数値は『22年営業報告』16-17頁，『23年営業報告』11-18頁及び『26年営業報告』8-9頁とやや異なり，本表は『企業回憶録』を主に利用した。

は満足していたと見られる。

契約数の増加は表11に見られる。

表11より，1937年の電灯利用者は1926年に比べて14.6倍に増え，（工業用）電力利用者は45.5倍に増えている。浦東地区の契約者の増加に見られるように，特に工業用電力の顧客に特徴がある。1937年の電力契約者は1930年の6.5倍で，同期間の馬力の増加は12.8倍になっている。電力消費の大きい顧客数の増加が緩慢であったことが判る。

浦東公司のサービスの品質は優良で，電気料金は他社と同じであり，その他様々な特典もあった。50馬力以上の電動機を接続している者には特別優待があり，店の集客用に電動機をそなえつける場合は報奨金が出た。電動機を買いたいが一括払いのできない者には，会社と交渉して分割払いもできた等，いろいろな宣伝に努めた。こうした強力な販売拡大のもとで，1933年には数字の上ではわずか22戸が増えただけであるが，各利用者が装置した電動機の

表12 利用者別の電力消費量

(単位：千KWh)

| 年 | 電灯 | 電力 | ％ | 電熱 | 街灯 | 同業 | 自家用 | 合計 |
|---|---|---|---|---|---|---|---|---|
| 1930 | 826 | 406 | 23.8 | — | 145 | — | 328 | 1,705 |
| 1931 | 1,142 | 827 | 32.8 | — | 249 | — | 305 | 2,523 |
| 1932 | 1,340 | 1,537 | 43.5 | 2 | 336 | — | 317 | 3,532 |
| 1933 | 1,643 | 4,481 | 65.5 | 7 | 351 | 40 | 323 | 6,845 |
| 1934 | 1,889 | 7,165 | 70.0 | 23 | 395 | 432 | 337 | 10,241 |
| 1935 | 2,077 | 7,875 | 69.0 | 32 | 460 | 905 | 62 | 11,411 |
| 1936 | 2,329 | 11,233 | 72.8 | 48 | 518 | 1,235 | 74 | 15,436 |
| 1937 | 1,528 | 7,197 | 71.8 | 36 | 284 | 911 | 67 | 10,023 |

出典：表11と同じ。

容量は合計3,122馬力で，前年のほぼ2倍となった。恒大紗廠（770馬力）と章華毛織廠（254馬力）が浦東公司からの電力供給に変更したのが原因である。[47]

各種利用者の使用電力量の状況は，表12に見られる。

表12より，1930年と1936年を比較すると使用電力量全体がおよそ9.05倍に増加している事実が判る。自家用電力を除くと，電灯用電力の増加がもっとも少なく，わずか85％増である。

増加がもっとも大きいのは，同業への卸電で，ほとんど30倍に達し，次いで工業用電力が27.6倍に増加し，更に電熱用電力の24倍がつづく。街灯の増加は少なく3.6倍である。このことから，公司の発展の趨勢は，(工業用)電力供給の方面に重点があり，1930年には全体のわずか23.8％であったが，1936年には72.8％と割合が大きくなっていったことが判る。こうした傾向は周辺地域が工業用電力を求めためでもあった。

## 第5節　外部からの妨害と支援

浦東公司は華商電気公司と地方官庁からは妨害を受けた。そうした一方江蘇省政府と中央の主管機関の建設委員会からは支援を受けた。

### 第1項　華商電気公司の妨害

1919年1月，華商公司は，江蘇省が交通部に浦東公司の開業手続を通知し

たことを，新聞報道で知った。1月17日には上海県に，31日には交通部に願いの儀がありますと文書を送った。華商公司の董事長・陸伯鴻は交通総長の曹汝霖に書簡を送り，2月1日には再度交通部に打電して，浦東公司の登記猶予を与えるように求めた。華商公司側の理屈は以下の如し。華商公司は1915年7月に営業区拡大を申請し，上海道台様からの許可を賜ったのであり，上海県署が認可している営業なのである。公司は慎昌洋行（Andersen Meyer & Co.）から機械を買って浦東に発電所をつくろうとしている，と。これに対して童世亨は交通部に文書を提出し，陸伯鴻の論法に対し次の通り反駁した。

① 浦東公司の登記申請はすでに交通部にまで転達され，許可・登記もされ，6カ月以内に開業することと指定されている。

② 内地電灯公司が開業する際に，浦東にも営業範囲が及ぶとの言があったはずだが，すでに数年経っているのに開業せず期限延長の申請もないため，すでに申請は失効している。

③ 華商公司は南市で多忙なのに，なぜ浦東を顧みる余裕があろう？これは総てを独占壟断しようという目論みに外ならない。

2月8日，交通部は華商公司が数年来着工していないという理由で，浦東公司による建設を許可し，2月22日，上海県もこの公文書を受け取った[48]。この話はこれで落着したが，華商公司はこれ以降も妨害を決してやめなかった。

1923年に新聞が次のように報じた。華商公司が浦東の周家渡と和興鋼鉄廠に電力供給を企て，水中電線ケーブルを設置することを淞滬護軍使から（申請して）許可をしてもらったと。浦東公司はこれを知ると即座に交通部に華商公司に騙されてはいけませんとの文書を提出した。「浦東地区は我が浦東公司の営業区内であり，和興鋼鉄廠が必要とする電力は本社が供給すべきものである。和興廠と華商公司の両社は経理が同じ陸伯鴻であるからと言って，勝手に自分達で電気をつなぐことはできません。そんなことをすれば営業区が損われることになります。交通部におかれましては，文書で淞滬護軍使と連絡をとって，陸伯鴻をして暫時供電の企てを制止されて，まず我が本浦東公司社が供電の交渉にあたるべきである。」他方，淞護滬軍使・何豊林に対しても請願書を出して，南洋公学の同級生である陸達権（当時，淞滬護軍使署の秘書長）に仲介を依頼し，更に説明を補足した。「浦東公司は工場の電力供給のため機器を据え付けているところで，華商公司は1カ月前に新聞紙上で

電力不足を表明して電灯の設置を止めていたではありませんか。どうして和興鋼鉄廠に電力供給ができるのでしょうか？　営業区制の破壊も受け容れられない。」

内外の調停を経て，浦東公司は和興鋼鉄廠と以下のような内容の契約を結んだ。華商公司から工場内の自家消費分に限り和興が水中電線ケーブルを設置して，電力（1,200kw）を買う事を認める。しかし，浦東公司が電力供給できるようになったら，水中ケーブルを取り除いて浦東公司から電力を購入し，これ以降は華商公司からの買電はしないというものだった。

こうした，原則を守るとともに和興の実際的な需要をも考慮した妥協に至る鮮やかな手際に童世亨の敏腕ぶりが窺える。この後，陸伯鴻は「昔は童を軽視していたが，今は同業として相対せざるをえない」ともらし[49]，華商公司との競争は決着した。

### 第2項　浦東塘工局のいやがらせ

1920年，浦東公司が工場を建築している際に，浦東塘工局董の朱日宣は上海県に訴えた。浦東公司が河川を占領して往来を妨害しているので，工事をやめさせて用地を譲らせ，公共の使用に充てるべきだと。県知事・沈宝昌は言われるがまま命令を下したので，朱は警察の力をかりてやって来て因縁をつけ，工事をやめろと強要した。朱は公司と相談をしようともせず，代わりの土地を購入して代替地として提供することもせず，脅迫して割譲させようとした。童は県署・淞滬警庁・江蘇省府に，発電所用地の周囲は「天下の公道としても譲れる土地はない」と文書を提出した。設計図にも道路建設の予定はなかった。いざ法院へ呼び出されると，朱は異議を唱えず黙認した。ここで折り合おうと浦東公司は約1丈を行路の便に供し，省政府に実地に調査するよう願い出た。省政府は閘北水電廠廠長の蔣宗濤（簋先[ママ]）と上海県知事に調査させ，公正に処理した。後で黄允元の調停があり，朱の顔を立て，将来建物を改築する時を待ち，道路をクリークのほうに広げて3丈にすることになり，この件は解決した[50]。

### 第3項　上海市公用局の苛求

上海市公用局は上海市民の電気事業経営に対して管理強化を企図し，それ

に関して2つの動きがあった。ひとつは1927年の「電柱取締規則」16条と，1928年の「電気事業監理規則」16条の公布である。後に上海電業界聯合の反対にあったため，国民政府は1929年に「民営公用事業監督条例」17条を公布して各地に遵守させることとなり，この騒ぎはやっと収まった[51]。もう一つは，1930年から1931年にかけて，公用局は各民営電気公司と契約を結び，条例を監督する上での若干の規定をつけ加えた。市政府に報奨金と保証金を上納させるのが主な目的であった[52]。しかし，この2度の管理強化の企ては浦東公司のみを対象としているわけではないので，ここでは論じない。

　公用局の浦東公司に対する苛求は，1935年に始まった。この年のはじめ，浦東公司は隣県に営業区を拡大しようと計画した。公用局は浦東公司が買収合併契約を届け出て審査・許可を受けていないとした。第11条に照らすと「その他の重要な事業，発電・送電・買電を処理するのに直接関係のある」契約については届け出て審査と許可を受けるとなっているのに，その手続きの最初の届けすらしていないではないか。大川公司を買収するなら，先に契約申請をするべきであると7月30日に書面で通達してきた[53]。

　このため，10月5日，浦東公司は建設委員会に文書を提出し，公用局の要求に反論した。理由は以下の3点である。

　① 上海市との契約は上海市区に限定され，市外には条例は適応されない。買収する各公司の事業は，すべて上海市外で行われている。
　② 購入する事業は，発電・送電・買電に直接関係するものではない。
　③ 買収される各企業は，営業許可年限をまだ残しており，新たな申請は必要ない[54]。

10月25日，上海市は再び建設委員会に，浦東公司は買収合併契約を事前に届け出るという手続きを守っていないので，契約成立を延期されたしと文書で要請した[55]。11月9日，建設委員会は上海市公用局に，この件はすでに建設庁が建設委員会に伝えてきて審査したが，浦東公司に落ち度はないと機密文書扱いで回答した。その理由は以下の通りである。

　1．買収合併と第11条は無関係である。同条の「重大工程を行い，機器を購買し，あるいはその他の重要な事業，発電・送電・買電に関する者は，以下に掲げる手続きにより処理・手続する。甲，図・文及び契約草稿を

そろえて公用局に審査を申請する。乙，検具・検査標及び契約は，公用局に登録を準備，申請する。丙，工程竣工の際には，公用局に実地調査を申請する」は，買収合併については論及していない。根拠となる法律もなく，しかも市外のことでもあり，公用局の実地調査が必要であるとは言えない。
2．契約第5条の専営権の代価は，公用局は浦東公司の営業得失に影響し，上海市民の利益にも関係していると考え，地方公共事業と公益にも関連することを証拠だてている。しかし，中央の意見は，市内外は一視同仁であり，市政府は市内だけに限定せずに，市外についても重視すべきである。
3．公用局は浦東公司が以前に浜浦・華新・川北等の公司との合併契約の際に，損失の返済をはかった時には，費用が少なく，偶然からのことだったと認めて許可している。しかし，今回の大川公司の補償費は，前件の指摘と全く相違して，却下している。その理由は殊に妥当性を欠いているからである。
4．申請について，経営範囲の属する省市県の管理機構がその地方監督機関である。営業範囲が上海市区に存在しなければ公用局は主体とはなれない。

建設委員会は，この解釈を浦東公司にも通知した。[56] また11月11日，上海市に書面で通達し，浦東公司の拡大を許可し，新しい許可証を与えた。[57]
公用局は，すぐに建設委員会がした解釈の各項に反駁した。

1．第11条は「工程以外の一切の発電・送電あるいは配電と関わる工作についていえば，かなずしも機器を購入する必要はなく，開設する工程が類似していて，はじめて工作と称することができる」のである。公司の合併においても，電線を新たに敷設し，電気を送電することまでに関連している。
2．営業区図・見積書も入札書としての意をそなえている。
3．4,000元を保証するほかに9,000元を加えているのは，以前の価格とは比較にならない高額である。

4.「取締規則」第4条第3項「電気事業者は主要営業区の所在地の地方監督機関に文書をとりついでもらって提出する」と規定している。主要営業区は本市にあり，本局から転達すべき事案である。

ただ，契約は市内か市外かを分けておらず，現在の浦東公司は市内外の双方で兼営してるので，監督が困難であるとした。公用局は，この契約と転達の手順の問題については，公司の資産と業務を市の内外に分割すれば一挙に問題は解決できると提議し，許可証の発給は依然控えて，本件の解決を待とうとした。[58)]

2月8日，建設委員会は公用局が許可証を発行していないことについて非常に怒った。資産と業務を市の内外で分けることは急には決められない。しかも，それは許可証の発給の可否とは無関係である。「貴府は速やかに許可証と営業区図を公司に発給していただきたい。これ以上勝手に支給を遅らせてはならず，法律を重んじて発給されたし。」この文書の草稿を見ると文末の定型句は通常よく使われる「實紉公誼（公務上誠にお手数かけますが，感謝に堪えません）」であったのが，発送された文面では「以重功令（法令を重んじられたし）」に改められている。建設委員会主管・惲震の態度の強硬さが判る。

公用局は大いに不服であった。あくまで市の内外の資産と業務を分けなければいけないとし，浦東公司の違約を責め，許可証の発行については黙したまま回答した。建設委員会は意見するために会合を持つことにし，浦東公司にも談話会に参加させた。公用局は第3科科長の陸宗権，浦東公司は童伝中を出席させた。会談はなんの成果も出せず，童伝中は会社に帰って再度対策を協議することを了承した。[59)] 4月28日，浦東公司は書面で，董事会で討論したが承諾できないと回答してきた。その理由は以下の通りであった。

1．強行な分割は公司の組織や株主の投資の本旨を変更することに他ならず，浦東公司の信用に影響し，金融界に融資を断られるおそれがある。
2．会社が拡大していき，効率が高く，コストが低くなっていけば，その地域を計画的に調整し，ともに発展するという効果も収められる。
3．契約締結の際には，本公司はすでに市外の業務も兼営していたが，市外を市内に含めるという条文はない。このことから契約が単に市内にの

み適用されると見てよいだろう。もし，市外の営業は，市内に影響するので分割すべきと言うなら，契約の合意内容を変更する事に他ならない。[60]

　建設委員会は主に調停者という立場であった。公用局は資産と業務は市の内外で分けなければならないとあくまで主張し，表の上で市の内外の資産業務を分けて書類で申請するだけでは不可だとした。建設委員会内部は意見を審査し，もとの契約を改めることをかなり強硬な主張もなされたが，最終的な通達文では単に言及するにとどめた。9月17日，建設委員会は上海市に書面で通達し，浦東公司を分割して小さな会社にすることは「公司の発展を妨害することになり，かつ政府の提唱する電気事業振興の意旨にそぐわない」とした。また，公用局が述べた理由はみな契約の履行を根拠としているものの「契約のもとの条文は，中央が頒布した法規との食い違いが多い。本会はこの項の契約について事前に相談を受けず，ただ市政府の信用を顧慮してしばし案件の受理を延期した。しかし，声明以後は条文を適切に改めたためすべて解決した。もし貴職が修正契約を認めるのに，その他の公司の関連で不都合があれば，延期を妨げない」として，固定資産と営業収入の市内外のリストを送った。[61]

　このように，建設委員会は実際の状況に対応して理性的に処理し，公用局には寛容な態度を取っていた。しかし，上海市公用局はひどい剣幕で，契約など紙くずだとし，「浦東公司だけの問題ではなく，本市とその他の各社の契約履行にも影響が及ぶ，本市政府としても市民への説明に困るものです。地方政府の公用事業の監督者としての努力が，このために無駄になる」とまでした。ただ，浦東公司は市内外の資産・収支分別と，リストの提出には同意した。[62]後に日中戦争が始まったので，これは結局実行されなかったが，[63]この事件が一段落しても，公用局は決して手を引くことはなかった。

　1936年11月19日（先の書面で同意した3日後），上海市は建設委員会に以下のような文書を送った。「去年の4月に浦東公司が王家渡（上海市区には含まれない）に発電所の新築を計画したのであるが，建設委員会におかれては早々に許可をされてしまいました。ところが私ども公用局の方には出されていなかったので，6月に私ども公用局が浦東公司に計画の詳細を報告として出せと命じたところ，年を越えて3月に初めてやっと回答を出してきました。」公

用局は浦東公司と建設委員会に対して不満であり，以下の意見を書面で提出した。

1．本上海市公用局にはすでに全市を包括した統一的な発電所計画がある。それによって発電は華商・閘北の両公司に集中することになっている（昨年6月にはこのことについては触れず，ただ公司に具体的な計画を出すようにとだけ命じたところ，浦東公司もよく言うことを聞いたのですが）。
2．浦東公司の新工場の発電のコストは経済的合理性を欠き，見積もりは信用できない。
3．将来どうやって本市と浦東公司で資産を分割するのか？　この工程の審議・調査は現在履行している契約と関わりがある。
4．浦東公司が自家発電をすると申請したとき，建設委員会は本市の同意を求めることなく許可・登記してしまっている。今回の入札募集もまた，当市をないがしろにして勝手に審査・許可を受けてしまっている。地方を監督する当市が意見を出す機会すらなかったではありませんか。このことは中央と地方の権限に関わることであり容認できない。

文末には「上海にお越しになられたら御相談しましょう」とあり，その尊大さが窺える。[64)]

この年の12月8日，建設委員会は上海市に返信し，逐一反論を加えた。

1．1935年4月に浦東公司が発電計画を報告した。そこに記されたケーブル通電の懸念，コスト低減の重要性，内地を発展させる責務などはいずれも適切な内容であった。動機が純粋で，任に当たる能力もあり，法令にも抵触しなければ当然許可は出す。公用局は浦東公司が発電に参加する必要を市区の一隅のことと考えているようだが，河川を隔てた電気の通っていない市外の各県に需要があることを顧みていないのではないか。市区についても外資両発電所の負荷の増大し，中国の各電気会社を補助する電力供給が切迫しつつあることも考慮していない。

　また，公用局が先に定めた上海市の統一発電所計画はまだ案として建設委員会に送られてもいず，従って拘束力はない。本会は23年に江南電

気網の初歩的計画を図り，浦東方面に15,000kwの発電所を設けることを定めた。浦東公司の計画はこれに符合する。設立を許可するのは当然である。
2．新発電所の規模は華商・閘北の両公司と同程度で，発電コストにも大きな差はない。発電所設立後はコストも低下するという予測も信用できる。
3．申請手続についてであるが，浦東公司からの文書には，「同内容の文書を公用局に提出しております」とある。貴職においては書面で承知のはずである。入札募集を審査許可するなという件についてはすでに確かな審理を経て決定したことであり何の問題もない。これもまた書面で通知してある。公用局において何か意見があるのならその時点で報告して当委員会に教えて頂きたい。現時点では1年以上も前のことであり，この件はその時点で直ちに決定はされており，今更疑いを持たれて言ってこられても変更などできない。公用局におかれては，受理した書類を関係機関に転達する業務は迅速に行うべきであろう。中央と地方の間で意思疎通を図るという目的を全うしていただければ，職責上のこととは言え，感謝に堪えない。[65]

翌年1月，公用局はなおも承服せず，建設委員会に「地方監督機関として申し上げますが，会社が法に則って申し出てきたものを，当公用局が受領してから意見をつけて建設委員会に転達するようになっております。そのような手順を踏んだ書類を受け取られてはいなかったはずです。このような勝手に手順を無視した直訴に対して早まって安直に許可を与えないでいただきたい。法令を弄び軽んずる弊害を絶やすために」と回答した。公用局は建設委員会のことを「法令を軽んじている」と暗になじった。このことはこれで終わらなかった。[66]

浦東公司は閘北・華商の両公司と黄浦江を隔てているので，地区は明確に分かれ，後背地は広大であった。閘北・華商の営業区に比べてはるかに広く，発展の可能性は非常に大きいため，機量を拡大して独立した発展を計画していた。公用局のこのような電気事業を妨げるがごとき政策は，批判検討されるべきである。公用局は当時の情勢下においては，浦東公司を助け，地方社

会の発展に努めるのが主たる任務であるべきであったのに，公用局はそうはしなかった。細かい字句にとらわれ，不要な詮索をした。まだまだ意固地になって拘泥した。

公用局はなおも手をゆるめず，次は電気料金を引き下げるよう浦東公司に厳しく求めた。浦東は1938年1月から電灯料金を下げるとしたが，公用局は許さなかった。公司は以下のように回答した。「目下，石炭価格が昨年の15%急騰し，銅線や鉄板も2倍以上の値上がりである。所得税も本年から負担が増え，電話代も浦西と較べて70%高く，水道代も2倍である。しかし，電灯料金は浦西とわずか2分の差しかなく，値下げをする必要はない。」それでも公用局は浦東公司に，即日値下げするように命令をした。公司はしかたなく，4月からの1分値下げの実行を宣言するしかなかった。[67] 5月4日，上海市は建設委員会に通告した。建設委員会は，まだ当建設委員会が許可していないが，すでに実行してしまったことだし，法に則っているとは言えないものの市民の負担が軽減されることであるので，調査究明するまでもないとした[68]。このような建設委員会の態度は，公用局と比べると感情的にならず余裕があると言える。

浦東公司は建設委員会の助けを得て，やっと公用局からの枷から逃れることができた。

## 第6節　財務状況

浦東公司の財務概況は2つの部分からなる。一つは資産と負債，もう一つは収支と利益である。表にすると以下のようになる。

資産の増加を表13で見ると，1937年が1927年に比べて約6倍に増加しているが，払込済資本はわずかに4倍にしか増えていない。会社の発展が株式の増加より速かったことが判る。1927年に，払込済資本は資産の72.7%という高い割合を占めているが，この後次第に下降し，1936年にはわずか45.7%，1937年にはまたやや上昇するが，これは払込済資本が増加したためである。

資本の構造は計算方法が違うので，1929年前を表14に，1932年-1937年を表15にした。

表14は初期の資産概況である。1919年時の資産は，工場建設の見積もりで

表13　浦東公司の資産

(単位：元)

| 年 | ①資産総額 | 指　数 | ②払込済資本 | ②/①×100 |
|---|---|---|---|---|
| 1927 | 510,999 | 100 | 371,700 | 72.7 |
| 1928 | 558,900 | 109 | 375,650 | 67.2 |
| 1929 | 565,883 | 111 | 400,000 | 70.1 |
| 1930 | 641,741 | 126 | 400,000 | 62.3 |
| 1931 | 859,228 | 168 | 500,000 | 58.2 |
| 1932 | 1,044,080 | 204 | 500,000 | 47.9 |
| 1933 | 1,332,548 | 261 | 651,450 | 48.9 |
| 1934 | 1,669,129 | 326 | 800,000 | 48.6 |
| 1935 | 2,041,840 | 400 | 1,000,000 | 49.0 |
| 1936 | 2,685,481 | 526 | 1,226,000 | 45.7 |
| 1937 | 3,007,588 | 589 | 1,500,000 | 49.9 |

出典：『上海市統計』民国22年，「公用」，7頁。『22年営業報告』19頁。『23年営業報告』21頁。『26年営業報告』41頁。1935年は『十年来上海市公用事業之演進』41頁，図表と数値には誤りもあるだろう。

表14　資産の構成

(単位：元)

| 項目＼年 | ①1919 | ②1920 | ③1929 | ③/②×100 |
|---|---|---|---|---|
| 廠　房 | 10,500 | 14,003 | 108,500 | 775 |
| 機　器 | 68,000 | 44,222 | 130,400 | 295 |
| 線　路 | 12,000 | 18,732 | 34,800 | 186 |
| 其　他 | 1,500 | 34,047 | 42,000 | 123 |
| 合　計 | 92,000 | 111,004 | 315,700 | 284 |

出典：民国8年1月12日「省咨」『20年年報』，18年11月16日「浦東公司呈」『建档』23-25-72，2，3。

あり，あてにできない。若干の費用(開業費など)はその他の項目に入れず，機器運送費を入れただけである。1920年の数字は実際の資産額で，そのうちの機器の一項は8年の事前見積もりより少ない。これは発電機械購入時に価格が決まっていたが，1919年，1920年の支払時に銀価が大きく値上がりしたため米ドルが下がっていたことで，費用が少なくすんだのである。[69]

各年の資産はいずれも機器の占めるところが最も多く，1929年は機器が総

表15　資産の分類

(単位：元)

| 年 | 固定資産 | % | 流動資産 | % | 雑　項 | % | 合計 |
|---|---|---|---|---|---|---|---|
| 1932 | 782,771 | 75.0 | 225,992 | 21.6 | 35,317 | 3.4 | 1,044,080 |
| 1933 | 953,704 | 71.6 | 307,152 | 23.0 | 71,692 | 5.4 | 1,332,548 |
| 1934 | 1,150,861 | 69.0 | 405,972 | 24.0 | 112,296 | 6.7 | 1,669,129 |
| 1936 | 1,570,152 | 58.5 | 518,846 | 19.3 | 596,483 | 22.2 | 2,685,481 |
| 1937 | 1,803,419 | 60.0 | 441,892 | 14.7 | 762,277 | 25.3 | 3,007,588 |

出典：『22年営業報告』，『23年営業報告』，『26年営業報告』に収録された資産表。

表16　固定資産の分析

(単位：元)

| 項目＼年 | 1933 | % | 1934 | % | 1936 | % | 1937 | % |
|---|---|---|---|---|---|---|---|---|
| 土　地 | 46,292 | 4.8 | 52,854 | 4.6 | 78,063 | 5.0 | 81,593 | 4.5 |
| 房　屋 | 71,143 | 7.4 | 98,925 | 8.6 | 74,254 | 4.7 | 83,955 | 4.7 |
| 発　電 | 132,496 | 13.9 | 139,531 | 12.1 | 143,671 | 9.2 | 139,531 | 7.7 |
| 輸　電 | 512,813 | 53.8 | 616,504 | 53.6 | 953,568 | 60.7 | 1,014,672 | 56.3 |
| 給　電 | 165,572 | 17.4 | 208,618 | 18.1 | 272,316 | 17.3 | 300,706 | 16.7 |
| 雑　項 | 25,388 | 2.7 | 34,429 | 3 | 48,278 | 3.1 | 56,474 | 3.1 |
| 其　他 | — | — | — | — | — | — | 126,485 | 7.0 |
| 合　計 | 953,704 | 100.0 | 1,150,861 | 100.0 | 1,570,150 | 100.0 | 1,803,416 | 100.0 |

出典：表15に同じ。また『中南支各省電気事業概要』127-130頁。
説明：1937年の固定資産では土地と房屋が分別されていないため，比較をおこないやすい様，財産帳簿から土地と房屋をそれぞれより出し，新しく統計を作成した。ゆえに，出典との数値は異なる。

表17　雑項の増加状況

(単位：元)

| 年＼項目 | 修理器材 | 儀　器 | 電　話 | 什　器 | 舟　車 | 合　計 |
|---|---|---|---|---|---|---|
| ①1933 | 2,179 | 9,048 | 2,592 | 8,625 | 2,944 | 25,388 |
| 1934 | 2,179 | 11,278 | 2,784 | 11,270 | 6,918 | 34,429 |
| ②1937 | 3,795 | 13,266 | 9,634 | 14,342 | 15,441 | 56,478 |
| ②/①×100 | 174 | 147 | 372 | 166 | 525 | 223 |

出典：表15に同じ。

数の34.4%を占め，発電所がこれに次ぐ。これが初期の発展の傾向であった。

表15から固定資産は流動資産と比して占める割合が大きかったことが判る。1934年に流動資産が増えた以外は両者ともに比率を減らす傾向にある。その原因は雑項資産比率の増加であった。1936年から設置基金（新機購入のため，1937年には計616,552元）の項目が設けられたため，残った金額は多くなく，この雑項の金額は減少している。

固定資金の更なる分析は以下の通りである。

表16を見ると最も増えているのは雑項（業務で必要とする資産），送電・給電等の設置の順である。発電設備は1936年にあまり増えず，1937年には更に4,140元（2.9%）減っているが，これは減価償却のためである。これらの年を見て判るのは，浦東公司の発展は市政府の政策に大きく左右されていたということである。市政府の政策は閘北・華商両公司にのみ発電設備の増加を許可し，浦東公司はこの両社から電気を買うしかなかった。このため送電・給電設備がかなり多く増えたのである。1937年を見ると送電（輸電）が56.3%のもの高い比率になっており，浦東公司の発展に何が欠けていたかを表していると言えよう。

雑項増加の状況は，1931年と1937年を比べるとそのあらましが判る。

表17によれば，最も増えたのは交通手段で電話がそれに次ぐ。これは近代化の必然的な結果である。

その他の項目は，1937年に未完成の工程（118,936元）及び新発電所設立費（7,548元）である。

**表18　浦東公司の負債**　　　　　　　　　　　　　　　　　（単位：千元）

| 年 | 株式 | % | 公債金 | 準備金 | 流動負債 | % | 利益 | 合計 |
|---|---|---|---|---|---|---|---|---|
| 1932 | 500 | 47.9 | 26 | 95 | 340 | 32.6 | 82 | 1,044 |
| 1933 | 651 | 48.9 | 34 | 149 | 392 | 29.5 | 106 | 1,332 |
| 1934 | 800 | 48.6 | 45 | 179 | 502 | — | 143 | 1,669 |
| 1935 | 1,000 | 49.0 | — | — | — | — | — | 2,042 |
| 1936 | 1,226 | 45.7 | 77 | 359 | 813 | 30.3 | 210 | 2,685 |
| 1937 | 1,500 | 49.9 | 98 | 437 | 886 | 29.5 | 87 | 3,008 |

出典：表13，表15に同じ。
説明：利益には前期利益の未配当分を含んでいる。

表19　流動負債と流動資産

(単位：千元)

| 年＼項目 | ①流動負債 | ②流動資産 | ③＝①－② | ③対総負債比(％) |
|---|---|---|---|---|
| 1932 | 340 | 226 | 114 | 14.0 |
| 1933 | 392 | 307 | 85 | 8.3 |
| 1934 | 502 | 406 | 96 | 6.3 |
| 1936 | 813 | 519 | 294 | 25.3 |
| 1937 | 886 | 442 | 444 | 17.3 |

出典：表15に同じ。

表20　浦東公司の収支と利益

(単位：元)

| 年 | 収　入 | 支　出 | 利　益 |
|---|---|---|---|
| 1921 | 37,000 | 23,000 | 14,000 |
| 1922 | 43,732 | 25,941 | 14,791 |
| 1923 | 65,535 | 41,648 | 23,887 |
| 1924 | 87,938 | 57,757 | 30,181 |
| 1925 | 87,782 | 58,297 | 29,485 |
| 1926 | 105,000 | 65,000 | 40,000 |
| 1927 | 118,557 | 76,354 | 42,203 |
| 1928 | 144,243 | 91,185 | 53,058 |
| 1929 | 165,750 | 111,239 | 54,511 |
| 1930 | 203,184 | 147,138 | 56,047 |
| 1931 | 308,761 | 239,502 | 69,259 |
| 1932 | 377,299 | 295,904 | 81,395 |
| 1933 | 553,153 | 449,390 | 103,763 |
| 1934 | 736,461 | 593,643 | 142,818 |
| 1935 | 801,000 | 622,000 | 179,000 |
| 1936 | 987,142 | 779,982 | 207,160 |
| 1937 | 689,807 | 606,086 | 83,721 |

出典：『12年年報』、『22年営業報告』、『23年営業報告』、『26年営業報告』、『中国各大電廠紀要』、『十年来之中国経済建議』第6章、『中南支各省電気事業概要』。

説明：千の位より下がゼロのものは、実際の数値は不明。また1937年は8月末までの数値。

表21　収入の分類
(単位:元)

| 年 | 電灯 | % | 電力(工業用) | 其他 | 合計 |
|---|---|---|---|---|---|
| 1923 | 56,932 | 86.9 | — | 8,603 | 65,535 |
| 1925 | 73,291 | 83.5 | — | 14,490 | 87,782 |
| 1926 | 99,587 | 94.8 | 1,113 | 4,300 | 105,000 |
| 1927 | 118,817 | 93.9 | 1,004 | 6,736 | 126,557 |
| 1928 | 129,178 | 89.6 | 2,420 | 12,645 | 144,243 |
| 1929 | 145,200 | 87.6 | 9,971 | 10,579 | 165,750 |
| 1930 | 165,399 | 81.4 | 30,480 | 7,305 | 203,184 |

出典:『20年年報』『14年年報』『建档』23-25-72, 2-2.「上海市調査報告」『建档』23-25, 21-5.『中国各大電廠紀要』13頁。

表22　電気料金収入の分類
(単位:千元)

| 年 | 電灯 | 電力 | % | 電熱 | 同業 | 街灯 | 其他 | 合計 |
|---|---|---|---|---|---|---|---|---|
| 1930 | 161 | 31 | 15.8 | — | — | 4 | — | 196 |
| 1931 | 219 | 56 | 19.9 | — | — | 7 | — | 282 |
| 1932 | 264 | 90 | 24.7 | 0.1 | — | 9 | 0.6 | 364 |
| 1933 | 310 | 208 | 39.0 | 0.5 | 3 | 11 | 1 | 534 |
| 1934 | 354 | 300 | 42.6 | 3 | 23 | 12 | 13 | 705 |
| 1935 | 388 | 316 | 40.8 | 5 | 47 | 14 | 4 | 774 |
| 1936 | 433 | 402 | 43.6 | 4 | 57 | 17 | 7 | 921 |
| 1937 | 279 | 269 | 44.7 | 3 | 43 | 10 | 3 | 602 |

出典:『中国各大電廠紀要』13頁,『企業回憶録』中冊104頁。

　浦東公司の負債部分は1920年に股金100,000元,短期欠款6,472元,保証金1,129元,未発行の株式利息3,404元の合計111,004元,株式が負債の主要な部分で,総数の90.1%を占めていることが判る。1932年以降の状況は表18のとおりである。

　表18から払込済資本の占める割合がわずか50%以下で,流動負債が約30%前後を占めているのが判る。

　こうした財務構造はほぼ正常で,法定積立金も会社の私有財産であるので流動資産は更に多く,流動負債から流動資産をマイナスすれば,残りは多くはないことが,表19から判る。

　表19から,いわゆる流動資産は現金・預金・未収代金・利用者の借金・材

表23　初期の支出構成

(単位：元)

| 項　　目 | 1923 | 1925 | ±％ |
|---|---|---|---|
| 給　　　　与 | 4,752 | 6,125 | 29 |
| 食　　　　費 | 7,031 | 9,063 | 29 |
| 石　　　　炭 | 11,266 | 22,924 | 104 |
| 機　　　　油 | 5,368 | 7,288 | 36 |
| 修　　　　理 | 295 | 2,147 | 628 |
| 線　路　維　持 | 959 | 374 | -61 |
| 屋　内　工　料 | 2,447 | 1,778 | -27 |
| 営　業　耗　費 | 3,631 | 4,635 | 28 |
| 修　　　　繕 | 90 | － | -100 |
| 減　価　償　却 | 4,600 | 2,600 | -43 |
| 其　　　　他 | 1,209 | 1,363 | 13 |
| 合　　　　計 | 41,648 | 58,297 | 40 |

出典：民国12年，14年「年報」。

表24　1932と1933年の支出構成

(単位：元)

| 項　　目 | 1932 | 1933 | ±％ |
|---|---|---|---|
| 発　　　　電 | 74,897 | 76,558 | 2 |
| 買　　　　電 | 75,565 | 201,030 | 166 |
| 配　　　　電 | 45,009 | 51,087 | 14 |
| 給　　　　電 | 16,383 | 22,919 | 40 |
| 営　　　　業 | 9,728 | 14,743 | 52 |
| 報　　酬　　金 | 4,165 | 6,000 | 44 |
| 総　　　　務 | 32,860 | 48,077 | 46 |
| 雑　　　　支 | 19,297 | 26,976 | 40 |
| 攤　　　　提 | 18,000 | 2,000 | -89 |
| 合　　　　計 | 295,904 | 449,390 | 52 |

出典：『22年営業報告』「損失表」

料（資材）・証券等を含み，会社も自有の資金となる。計算していない固定資産及び雑項資産の中で，流動負債中の一部の負債額が相殺されてしまう。表19から流動負債が負債総額に占める実際の割合は最も多いときでも25.3％を過ぎず，低いときにはわずかに8.3％であり，大変低いといえよう。このため，

表25 1934及び1936年～1937年の支出構成

(単位：元)

| 項目＼年 | 1934 | % | 1936 | % | 1937 | % |
|---|---|---|---|---|---|---|
| 発 電 | 80,854 | 13.6 | 68,296 | 8.8 | 79,704 | 9.6 |
| 買 電 | 268,101 | 45.1 | 387,782 | 49.7 | 398,443 | 48.0 |
| 供 電 | 125,282 | 21.1 | 147,789 | 18.9 | 180,790 | 21.6 |
| 営 業 | 25,836 | 4.4 | 51,360 | 6.6 | 35,388 | 4.3 |
| 管 理 | 93,570 | 15.8 | 124,755 | 16.0 | 136,618 | 16.5 |
| 合 計 | 593,807 | 100.0 | 779,982 | 100.0 | 830,943 | 100.0 |

出典：『23年営業報告』「費用表」,及び『26年営業報告』1-2頁費用表。
説明：1937年はもともと8月末までの数値であるが，ここでは1年分を推計した。1936年は発電と買電が分かれていないが，1936年と1937年の買電状況は明らかであるため，その単価を用いて1936年の費用を算出した。誤差はあるだろうが，妥当な数値と考えている。

表26 浦東公司の収益力

(単位：千元)

| 年 | ①払込済資本 | ②利益 | 利益率(%)②/①×100 |
|---|---|---|---|
| 1921 | 150 | 14 | 9.3 |
| 1922 | 200 | 15 | 7.4 |
| 1923 | 200 | 24 | 11.9 |
| 1924 | 250 | 30 | 12.1 |
| 1925 | 300 | 29 | 9.8 |
| 1926 | 300 | 40 | 13.3 |
| 1927 | 370 | 42 | 11.4 |
| 1928 | 375 | 53 | 14.1 |
| 1929 | 400 | 55 | 13.6 |
| 1930 | 400 | 56 | 14.0 |
| 1931 | 500 | 69 | 13.9 |
| 1932 | 500 | 81 | 16.3 |
| 1933 | 652 | 104 | 15.9 |
| 1934 | 800 | 143 | 17.9 |
| 1935 | 1,000 | 179 | 17.9 |
| 1936 | 1,226 | 207 | 16.9 |
| 1937 | 1,500 | 126 | 8.4 |

出典：表13,表20と同じ。
説明：1937年の利益は12カ月分を推計した。

浦東公司の財務構造は至って健全であったことが判る。

浦東公司の収支と利益は表20のとおりである。

表20から1937年に計算していないほか，1921年-1936年の16年間で収支は安定して成長している。ただ1925年に収入がやや下がると同時に利益も下がっているが，これは江浙戦争が原因であり，大きな影響はなかった。1921年を基数として平均すると，収入増加は63,343元，支出増は50,465元，利益増12,877元で，経営がうまくいっていたことが窺える。1936年は1年で20余万元の利益があった。

収入類別は1930年以前を一つの計算法で計算した。

表21から収入は電灯（工業用）が主で，電力（工業用）収入ははじめ1926年には数が少なく，1930年には総収入のわずか15%を占めるだけであった。その他の収入は，初期にはメーターの貸出，取付料金収入が比較的多く，後に減っている。年による違いの比較的大きい原因は不明である。

表22は1930年以後の電気料金収入の類別である。

表22の，電気その他の収入は自家用電と追加料金を指す。1937年は戦争の影響で8月末までである。1930年-1936年の6年間，電灯収入は2.7倍に増え，電力（工業用）は12.96倍に増え，電熱は72倍の増加で，同業電気会社への卸電は21倍の成長，街灯は4倍の成長である。表22から電熱と同業買電収入の成長がもっとも多く，これはその基数が低いせいであるが，その発展傾向も見て取れる。電熱使用の更なる増加は電化の進展と生活の質の改善をあらわす。このほか，（工業用）電力の成長が最も大きく，電灯収入に迫る勢いである。実際は電価は安く，（工業用）電力使用量は電灯に使う電力よりはるかに多く，1936年の（工業用）電力使用量は電灯の4.8倍であった。

浦東公司の支出類別について初期の資料は，わずかに1923年と1925年の2年分しか得られなかった（表23参照）。

2年のうち，支出は40%増加し，そのうち修理・石炭の増加が最も多い。これは自発電所で大量発電をしているためである。その他の増減がまちまちなのには，特別な意味はない。

会計の分類が違うので，資料には限界があり，各種の支出をひとつの表にまとめるのは難しいが，前後の状況を比較し，もとの分類にこれを比べることができた。1932年と1933年の比較は表24の通り。

支出の最大の項目は買電の部分であり，1933年には総数の44.7%を占め，もっとも増加の多い一項でもある。これは浦東公司が政策の影響を受けたためである。他の一項の増加が比較的多いのは営業費用であり，これは公司の発展における自然現象である。

表25より，発電が増加していないのを除くと，その他は増加が非常に多く，とくに買電ははなはだしい。これは営業区を拡大し，供電が増えたためである。1937年の営業費は管理費を加えると，1936年に比べて増えず，反対に減っている。公司の経営の進んださまをあらわしている。各項の支出の占める割合は買電が最も多く，支出の約半分を占める。

浦東公司の収益力は，表26にまとめた。

浦東公司の利益は初期と1925年と1937年を除き，ひとしく11%以上の収益力がある。1934年と1935年は最高17.9%に達した。1925年の収入は決して低くない。ただ，石炭価格が上昇して，燃料費の増加が甚だしかったためであり，このため収益が減少した。供電状況全体についてみると，営業区が広範であるが人口が少なく，買電工業用が主であるがこのように安定した収益能力があったのは，安定しているといえよう。他社と比較すると，民営電業公司中の第4位に位置する。[71]

## 結　論

浦東電気公司は1919年に設立してから1937年8月に送電を停止するまでの19年という長期間を通じ，成長は非常に速かった。工員は6人から178人に増え，資本金はもともとは10万元と定め半分を集めたことに始まり，最終的には150万元にまで増えた。土地は2畝から165畝に増えた。発電容量は120kwから10,600kwに増えたが，10,000kwは未完成で，その間，華商・閘北の両社から買電・転売し，1936年の買電量は総電量の86.4%を占めた。初期に自家発電量を増やすことができなかったのは，上海市公用局の政策で制限を受けていたためであった。

営業範囲は次第に拡大し，小型電灯発電所十数軒も買収し，供電範囲は4県1市に及んだ。営業区が広範で人口が少なく，このため利用者が比較的少なかった上に，電線は長く必要なため設線コストはかなり高く，送電による

損失はかなり大きかった。浦東公司の電力販売は初めは電灯が主であったが，後に（工業用）電力が主になった。1936年，工業・同業者・街灯・電熱等への電力販売が総売上量の84.4％を占め，電熱はわずか15％になった。

浦東公司の経営について言えば，利益が多いとはいえなかったが，社会に果たした貢献は非常に大きかった。

電気料金は，附表１によると，電灯料金が同じものが６軒，それより高いのが４軒，低いのが５軒で，浦東公司はその中間の１軒であった。電気料金は，閘北・華商等の７軒が同じで，戚墅堰電廠を除くとこれが最低価格であった。ただし，これらの公司はいずれも発電容量が5,000kw以上であるのに，浦東公司はわずか600kw，大企業と同列に論ずるなら，この電気料金は更に低く抑えた価格だと言えよう。公司の電気料金とサービスの品質は，利用者の満足を得るもので，もめごとが発生したことはなかった。

浦東公司は電気の（電業または国家）主権保護についても貢献している。1931年に童世亨が回顧して言っている。

> 創立のはじめ，地方人民・官庁の役人の多くは公用事業に対してさっぱり関心がなかった。故に租界の電話は勝手に浦東沿岸につなぐことができ，とくに気にかける者もなかった。外国の工場やら倉庫は浦東の公有地に勝手に電柱を立て，それを誰も止めることができなかった。甚だしいのは，日華紗廠が工部局に長江を越して送電することを請求するにまで至り，三井・三菱の各商社が会社を作って浦東の電車事業を一手に請け負おうとしたことがあった。本社が創立して久しかったので，全力で阻止して実行はさせず，地方の主権は幸いにも失われなかった。これは10年前に発起に賛助してくれた皆さんの功であると言えましょう。[72]

これも浦東公司の社会・国家に対する貢献のひとつであった。

困難な状況にもかかわらず浦東公司の業績は優良で，1930年から1935年の６年連続で建設委員会の出す栄誉賞を獲得した（1936年の該当会社は未発表）。これは中国の民営公司中の唯一にして最多であった。1934年９月，建設委員会の電気事業指導委員会主任委員の惲震は視察に来て以下のような評を与えた。

組織は無駄がなく健全で，上下の連絡はすべて車輪が交錯するように円滑で，無用な手続はひとつもない。しかし，なお満足せずに随時改良する様は敬服に価する。[73]

1937年，建設委員会は浦東公司に更に最良の評を与えた。

浦東公司の歴史はわずか17年（1921年の開業時より起算），その占有区域は上海のもっともさびれた地であった。しかし，事の成否はやり方しだい，会社（従業員）は正しい道に従ってよくその責務を果たし，ゆえに近年来，多くの利益を得るだけでなく，その事業と名誉も日に日に高まり，民営電気業の模範となっている。……内陸に供電し，深く農村にまでその電気は普及している。管理規則，仕事の手順，図表や統計はみな合理的である。[74]

公司の功績は，中央主管機関の報奨を受けるに足るものだった。
公司の成功の原因は，以下の3点にまとめることができる。

### 1．恵まれた人材

浦東公司の創設者であり総経理の童世亨は，会社の魂というべき人物であることはまちがいない。彼は電業全般に精通していただけでなく，経営管理の経験もあり，先見性もあった。浦東地区の発展の潜在能力を見出し，企業家が争って来る地にしようとした。はじめ，わずか10万元を集めて石炭発電機を使ったが，その目的は会社を速やかに設立して先に地を占め，他人との争奪を避けるためであった。事実，そのとおりとなり，他人より先に浦東に確固とした地位を固めたと言えるだろう。彼が腕をふるい安値で10余軒の小型電灯公司を買収したのも，その先見性の鋭さのあらわれである。

彼は終生電力事業に尽力し，学んだところを発揮して社会に幸福をもたらしたいと願い，個人的な利益は求めなかった。南京電廠廠長をしていた時の月給は150元であったが，浦東公司総経理の時は自ら60元と定

めた。しかも，はじめの2年間は月給なしで，持ち家のひとつを設立準備処に無料で提供した[75]。これは会社の支出節約のためで，童が重点を事業に置き，金銭には清廉な人柄であることを証明している。

　最高責任者としての童世亨が頭脳明敏でやり手であった。その手腕はすでに学生時代に現れており，働きながら勉強に励んだ。彼は南京電廠の整理に成功して経営の才能を発揮し，発電所の赤字を黒字に転じた。

　商務印書館では，決算報告に損益表がないのを知り，不合理であるとの疑問を出したのが機縁となり，結局理事に推薦された。前からの理事たちも彼の頭脳明敏を尊重せざるを得なかったことが判る。ただし，その後に様々な改革要求を提出したので，張宝済は機嫌を損ねた[76]。

　上海市の6軒の民営電気公司合組連合会は，公用局に抵抗して陸伯鴻を主席に選び，童は副主席に選ばれた。後に商辦公用事業連合会と改称し，童が執行委員に，童伝中が監察委員に選ばれ，正副主席は陸と童が任命された。初期に市政府に提出した文書は童の起草したものである[77]。彼が上海の商工界で重視され，頭角を現していたことが見受けられる。その明晰さと敏腕ぶりはこれで明らかであろう。

## 2．的確な経営

　浦東公司が工場を設立した際，法院の競売した土地を安く購入し，発電機や機材を購入した際は，銀価の高騰のために資本金の50％増に等しい約5万元という多額の費用を節約できた。5年後にスチーム式に交換したが，タービン式電機は比較的新しく，3年後に石炭機を売却したが損失はなかった。これも童世亨の緻密な計画性を表している。

　人事管理方面では，公司の従業員への規律と職工の待遇について詳細な規定があり，良好な管理の基礎となっていた。1929年12月，張宝桐が公司を視察し，翌年提出した報告に「当社の事務組織は大変健全で，各帳簿は各項費用を計算して詳細に分析してあり，特別市各電気公司の鏡である。……当発電所は毎週火曜に一度，科務会議を開き，全発電所のすべての重要事項を討論する」[78]。

　こうした会議は，公司内部に横の連繋を確立し，組織の運営上大変重要であった。

かつて建設委員会全国電気業事指導委員会の第一組主任であった朱大経は，後に回想して以下のように述べた。
　「上海の浦東電気公司は，連続4年（実際は6年）奨状を得た。その原因は当社が会計制度の方法で全発電所の工程業務を管理していたからである。電柱の短い線が折れてどこにいったのか，どこに移されたのか，すべてカードに詳細に記してあり，材料を現金と同じ重さで見ていた。こうした管理方法は他社も見習うべきである」[79]。
　これは浦東公司の経営がすでに相当合理化されていたことの証明となるだろう。

### 3．中央主管機関の支持
　公司が設立された当初，華商公司の妨害にあったが，幸い交通部の助けを得て反駁した。浦東塘工局の言いがかりも仲裁で和解できた。
　しかし，最悪の妨害者は上海市公用局であった。はじめ浦東公司に市外の資産を業務と分けるように要求し，ついで新しい発電所建設計画を，公用局の政策と合致しないという理由で阻止しようとした。公用局は1928年，統一上海特別市発電計画を取り決め，閘北・華商の両公司の発電は許可するが，その他の小さな発電所は両社から買電するのみとした。この政策については交渉の必要があったが，公用局はそれをつっぱね，ひたすら浦東の新発電所建設を阻もうとしたのである。幸い，建設委員会の助けで公用局側が軟化したが，最後に腹いせに電灯料金を一分値下げしろと迫った。
　公用局と建設委員会の浦東公司に対する態度はそれぞれ異なっていた。これは両者の立脚点が違っていたためでもある。公用局は上海市区の利益を優先し，建設委員会は一市一地の利害にこだわることなく国全体としての施策を考慮した。実際のところは，公用局が感情的に処理しようとしたのであり，建設委員会と縄張りを殊更に争ったのである。

　以上のことから，施政者は全体を知った上で実際の需要を重視し，些事にこだわり個人的な感情をまじえて地方の発展を妨害するようなことはあってはならず，全体のことを優先して考えるべきだということが判るであろう。

1 ) 童世亨『企業回憶録』（光華印書館，1941年）上冊 1 -149頁。張元済『張元済日記』（商務印書館，1981年）48-644頁。
2 ) 童前掲書，上冊51-59頁。
3 ) 童前掲書，上冊70-90頁。
4 ) 童前掲書，上冊59-64頁。
5 ) この会社は民国25年に資本金が20万元に増え，毎年の収益力は，民国11-24年には最高でも僅か7.2%で，最低で2.6%，平均で5.1%でしかなかった。民国12年6月28日「浙江省署咨」22年，23年，24年の「業務報告」『建档』23-25-13，17。
6 ) 童前掲書，上冊64-66頁。
7 ) 民国25年3月「技正高敏学・葉桂華視察報告」『建档』23-25-02，10。陳真『中国近代工業史資料』第1集，（北京，生活・読書・新知三聯書店，1957年），683頁では，23年の利益獲得率7.9%，24年18.3%，25年16.9%。
8 ) 彼は南京電廠を整理し，民国2年上半期の予算を出し，利益を8,257元と見積もった。後に営業が盛んになったため，予想よりも収入が大幅に増加し，民国元年の10-12月の利益だけで合計で23,690元となった。江蘇省行政公署は褒章を与えなかっただけでなく，その詳細な計算をもう一度報告させ，職員を派遣して帳簿や家具などを調べ，童に耐えがたい思いをさせた。
9 ) 民国6年3月8日，童世亨は開封・洛陽や，隴海・津浦路に沿って更に循江にまで行き，電灯・電話事業が可能かどうかを視察するので，張元済に分館への紹介状を頼んだ。『張元済日記』180頁。童前掲書，中冊1 - 2頁。
10) 民国8年1月2日「呈江蘇省文」，1月12日「江蘇省咨交通部文」『建档』23-25-72，2-1。童前掲書，中冊2 - 3頁。
11) 民国8年，9月30日「農商部咨」『建档』23-25-72，2-1。
12) 民国8年12月19日「省署咨」『建档』23-25-72，2-1。
13) 資料が限られているため，民国22年の理事監事の名簿しか見ていないが，列挙されている人名は同年の名簿には入っている。実際には呉在章は17年にすでに理事であった。
14) 民国8年12月19日「省咨」『建档』23-25-72，2-1。
15) 民国19年1月10日「張宝桐視察報告」『建档』23-25-72，3。
16) 『民国22年営業報告』23-24頁。『民国23年営業報告』26頁。
17) 童前掲書，中冊7 -9，144頁。
18) 童前掲書，中冊20頁，民国9年から14年まで技術員であった。

19) 民国 8 年12月24日「浙江省署咨」『建档』23-25-13, 17-1。
20) 冠生園公司理事長, 五洲大薬房・滬閔南拓長途汽車公司・鑄豊塘瓷公司・興華製麺公司理事。外務省情報部編『現代中華民国満洲帝国人名鑑』(東京、東亜同文会, 1937年) 339頁。
21) 註18), 童伝中は総務課, 会計課長, 営業主任, 協理（副社長）などの職を勤めた。
22) 童前掲書, 中冊144-154頁。
23) 民国 8 年12月19日「省咨」『建档』23-25-72, 2-1。
24) 民国22年の「浦東公司営業報告損益表」では, 給与合計が68,612元, 民国20年より91人減っている。
25) 『22年営業報告』50-51頁。民国20年の人数より減っている。浦東公司は22年の雑項に26,161元を支出している。もしこれをすべて食費と考えると, 合計94,773÷91＝86.8元。ただすべて食費であるとは考えられないので, 見積もりの平均を80元とした。
26) 童前掲書, 中冊 7, 11, 13頁。
27) 『浦東公司第三届股東常会議事録』2頁, 『建档』23-25-72, 2-2。
28) 民国 8 年 9 月15日「省咨」『建档』23-25-72, 2-1。童前掲書, 中冊15-16頁。
29) 民国10年12月10日「上海電話局工程師華蔭微呈」『建档』23-25-72, 2-2。民国17年 1 月 3 日「浦東公司呈」『建档』23-25-72, 3。童前掲書, 中冊25頁。
30) 民国15年 8 月30日「浦東公司呈請換照」『建档』23-25-72, 2-2。
31) 民国18年11月16日「浦東公司呈」『建档』23-25-72, 3。『22年営業報告』財産目録。
32) 民国21年 5 月25日「江蘇省建設庁呈」, 25年 3 月19日「浦東公司呈」『建档』23-25-72, 3, 8-1。『26年業務報告』財産目録。
33) 童前掲書, 中冊13, 16, 20頁。
34) 童前掲書, 中冊39頁。民国15年 8 月30日「公司呈」, 17年 5 月16日「沈福海呈」『建档』23-25-72, 3。
35) 民国26年 1 月26日「浦東公司呈」, 4 月21日「建委員准」『建档』23-25-72, 8-1。
36) 民国 8 年 8 月 6 日「童世亨呈」『建档』23-25-72, 2-1。
37) 童前掲書, 中冊75-77頁。
38) 『上海市年鑑』民国25年, N39頁。
39) 『22年営業報告』2-3, 5 頁。『閘北水電公司22年業務報告』25頁。童前掲書, 中冊78頁。
40) 童前掲書, 中冊94-98頁。

41) 表12参照。
42) 童前掲書，中冊94頁。
43) 「民国12年報表」『建档』23-25-72, 2-2。
44) 王樹槐『中国早期的電気事業1882-1928』(『中国現代化論文集』中央研究院近代史研究所，1981年)，469頁。
45) 附表１参照。
46) 『22年営業報告』12-13頁。宣伝品は附件１を参照。
47) 民国８年１月17日，１月31日，２月１日の各函電，『建档』23-25-72, 2-1。
48) 童前掲書，中冊４-６頁。
49) 童前掲書，中冊40-41頁。
50) 童前掲書，中冊17-19頁。
51) 童前掲書，下冊2-42頁。
52) 拙稿「上海市公用局与電気事業」(未刊)の一節。
53) 民国24年10月５日「浦東公司呈」「附７月30日公用局文稿」『建档』23-25-72, 7。
54) 同上。
55) 民国24年10月25日「上海市函」『建档』23-25-72, 7。
56) 民国24年11月９日「函上海市」『建档』23-25-72, 7。
57) 民国24年11月11日「函上海市」『建档』23-25-72, 7。
58) 民国25年１月29日「上海市函」『建档』23-25-72, 8-2。
59) 民国25年２月８日「函上海市」，２月12日「上海市回文」，２月20日「函上海市」３月３日公用局箱，３月５日「憚震呈文」『建档』23-25-72, 8-2。
60) 民国25年４月28日「浦東公司呈」『建档』23-25-72, 8-2。
61) 民国25年８月29日「審査意見」，９月17日「函上海市」『建档』23-25-72, 8-2。
62) 民国25年11月17日「上海市函」。資産・負債・収入・支出の四項を分けて報告するように要求している。『建档』23-25-72, 9-1。
63) 『26年営業報告』14頁。
64) 民国25年11月19日「上海市函」『建档』23-25-72, 9-1。
　　列挙されている見積もりコストに，以下の3点の疑問がある。
　　① 王家渡は電気使用量が最も多い地区からは遠く，電線による損失が計算に含まれるべきである。
　　② 発電所の自家用電力と蒸気機で使用する石炭は，負荷において因数が低い時は，１台の機器を使用し，燃料費の割合がかさむ，もとの見積もりはこうした消費率を含めていない。
　　③ 設備の予算150万元は，１ワット150元ではできないと考えられる。

65) 民国25年12月8日「函上海市」『建档』23-25-72, 9-1。
66) 民国26年1月26日「上海市函」『建档』23-25-72, 9-1。
67) 民国26年4月20日「浦東公司呈」『建档』23-25-72, 9-2, 27附「公司4月7日呈文」。
68) 民国26年5月5日「上海市函」, 5月11日「函上海市」『建档』23-25-72, 9-2。
69) 『第三届(民国10年)股東常会議事録』4頁。童前掲書, 中冊22頁。
70) 同上, 4頁。
71) 附表2参照。
72) 童季通「浦東公司十周年紀念縁起」(『中国電界論壇』新電界雑誌社1933年), 文言は, 16-17頁。
73) 『23年営業報告』26頁。
74) 童前掲書, 中冊131頁, 『中国電力』創刊号より引用。
75) 『第三届股東常会議事録』5頁, 童前掲書, 中冊20, 23頁。会社は1920年から陸家嘴で洋式家屋を借りて事務所として使っていた。株主の報酬は, 優先株(紅股)60(計3,000元)を童に贈った。1921年から童世亨は会社の公費で支払うようになった。
76) 童前掲書, 上冊114-145頁。張元済は激昂して退席した。『張元済日記』455, 835頁, 童が編集した地図に対して非常に厳しい批評をしている。
77) 童前掲書, 下冊1-8頁。
78) 民国19年1月21日「張宝桐報告」『建档』23-25, 21-5。
79) 朱大経「十年来之電力事業」(譚熙鴻主編『十年来之中国経済』文海影印本, 原本は1948年)55頁。

〔原載:『中央研究院近代史研究所集刊』第23期89-132頁 中央研究院近代史研究所 1994年6月〕

附表1　発電所の電気料金比較　1936年　(単位：分〔=0.01元〕/KWh)

| 類別 | 発電所名 | 電灯価格 | 電力価格 |
|---|---|---|---|
| 公営 | 戚墅堰電廠 | 18 | 5.0 |
| | 首都電廠 | 20 | 6.0 |
| | 安徽省会電灯廠 | 26 | — |
| | 杭州電気公司 | 20 | 6.2 |
| | 北平電車公司 | — | — |
| 外資 | 上海電力公司 | 17 | 6.3 |
| | 九龍中華電灯公司 | 18/25 | 7.0/7.5 |
| | 天津比商電車電灯公司 | 25 | 10.0 |
| | 天津英工部局電廠 | 20 | 6.0 |

| 類別 | 発電所名 | 電灯価格 | 電力価格 |
|---|---|---|---|
| 民営 | 大照電気公司 | 20 | 8.0 |
| | 上海華商電気公司 | 18 | 6.0 |
| | 上海閘北水電公司 | 18 | 6.0 |
| | 上海浦東電気公司 | 20 | 6.0 |
| | 蘇州電気公司 | 20/22 | 4.5/7.2 |
| | 南通天生港電廠 | 23 | 6.0 |
| | 福州電気公司 | 24 | 9.0 |
| | 広州電力管理処 | 13 | 6.0 |
| | 漢口既済水電公司 | 20 | 8.0 |
| | 済南電気公司 | 20 | 6.0 |
| | 北平華商電灯公司 | 22 | 9.0 |

出典：『全国電気事業電価彙編』3-23頁。
説明：戚廠と蘇州電廠，及び上海電力公司は二段階式料金制で，電気料金の他，1馬力あたり月に1.4元の基本料を徴集しており，比較は困難である。第一級発電所は比較的高額だが，利用者が多いので有利である。本表では出力5,000kW以上のものを列挙したが，浦東と外資系は例外である。また，東北地域は除外してある。2種類の価格がある蘇州・九龍中華などは，安い方が都市向け価格，高い方は農村向け価格である。

附表 2　収益力の比較

(単位：千元)

| 類別 | 発電所名 | 1935 ①総投資 | 1935 ②利益 | 1935 ②/①% | 1936 ①総投資 | 1936 ②利益 | 1936 ②/①% |
|---|---|---|---|---|---|---|---|
| 公営 | 戚墅堰電廠 | 3,164 | 726 | 22.9 | 3,833 | 689 | 18.0 |
| 公営 | 首都電廠 | 5,391 | 1,269 | 23.5 | 8,013 | 2,035 | 25.4 |
| 公営 | 安徽省会電灯廠 | 239 | 32 | 13.4 | 292 | 23 | 7.9 |
| 公営 | 杭州電気公司 | 6,780 | 383 | 5.6 | 6,680 | 394 | 5.9 |
| 公営 | 北平電車公司 | 4,803 | -98 | -2.0 | 4,803 | -61 | 1.3 |
| 民営 | 大照電気公司 | 906 | 67 | 7.4 | 895 | 81 | 9.1 |
| 民営 | 上海華商電気公司 | 6,547 | 1,582 | 24.2 | 6,274 | 1,528 | 24.4 |
| 民営 | 上海閘北水電公司 | 7,507 | 994 | 12.7 | 11,979 | 1,061 | 8.9 |
| 民営 | 上海浦東電気公司 | 1,000 | 179 | 17.9 | 1,226 | 207 | 16.9 |
| 民営 | 蘇州電気公司 | 2,640 | 529 | 20.0 | 2,739 | 522 | 19.1 |
| 民営 | 南通天生港電廠 | 1,300 | 104 | 8.0 | 1,234 | 107 | 8.7 |
| 民営 | 福州電気公司 | 2,472 | 65 | 2.6 | 2,639 | 62 | 2.3 |
| 民営 | 広州電力管理処 | 5,737 | 1,177 | 20.5 | 5,737 | 1,004 | 17.5 |
| 民営 | 漢口既済水電公司 | 3,715 | 149 | 4.0 | 3,715 | -96 | -2.6 |
| 民営 | 済南電気公司 | 1,333 | 148 | 11.1 | 1,384 | 137 | 9.9 |
| 民営 | 北平華商電灯公司 | 8,805 | 369 | 4.2 | 9,254 | 384 | 4.1 |
| 外資 | 上海電力公司 | 144,502 | 7,821 | 5.4 | 144,502 | 6,148 | 4.3 |
| 外資 | 九龍中華電灯公司 | 8,000 | 1,406 | 17.6 | 8,500 | 1,373 | 16.2 |
| 外資 | 天津電車電灯公司 | 4,100 | ─ | ─ | 4,100 | 1,383 | 33.7 |
| 外資 | 天津英工部電廠 | 2,160 | 435 | 20.1 | 2,232 | 540 | 24.2 |

出典：『中国電気事業統計』第6号17-19頁，第7号15-17頁。
説明：本表は出力5,000kW以上を列挙したが，浦東電気公司と外資電廠は例外で，東北地域は含まない。
　　　安徽省会電灯廠の，1936年の投資総額は92,000元とされるが，1935年との格差が大きすぎて信頼できない。同発電所の資本総額は300,000元（『中国経済年鑑』23年，k719頁；『中南支経済概観』1939年，93頁），よって投資総額は292,000元に改めた。
　　　天津英工部電廠は投資総額を欠いていたので，固定資産で代替した。

附図1　封筒うらの広告

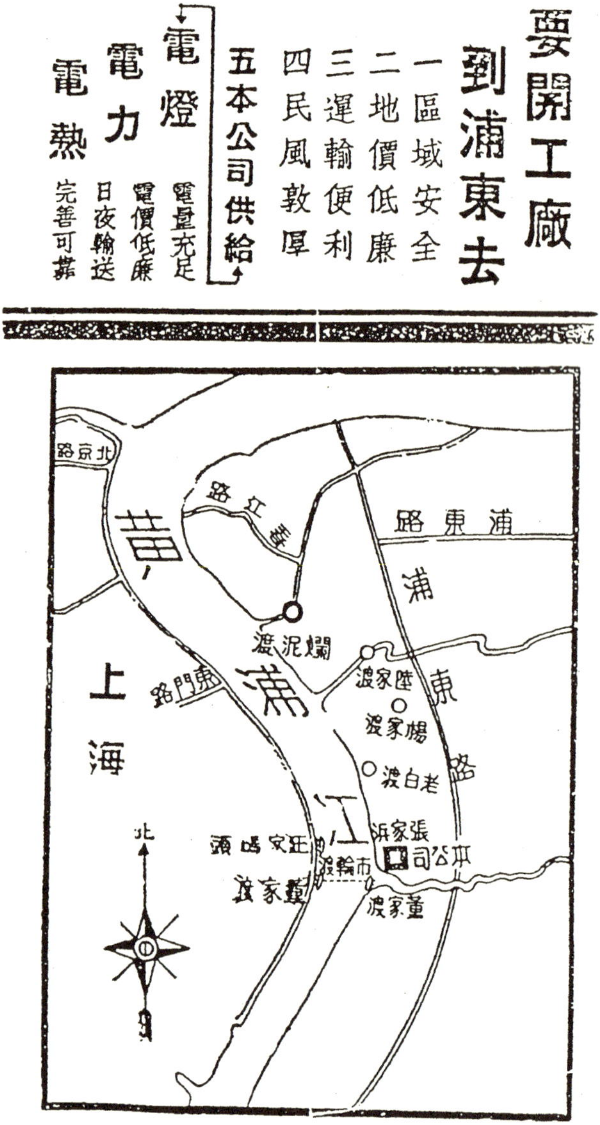

要開工廠到浦東去

一　區域安全
二　地價低廉
三　運輸便利
四　民風敦厚
五　本公司供給

電燈　電量充足
電力　電價低廉　日夜輸送
電熱　完善可靠

（叚家綸先生の提供による）
「工場を開くなら浦東へ」との惹句

# 第5章　上海翔華電気公司：1923-1937年

## はじめに

　上海翔華電気公司は1923年に設立された。営業面積はわずかに2.5平方キロ，上海の電気会社のなかでもっとも営業区の小さな会社だった。営業区の人口は1929年に51,316人，宝明電気公司（30,213人），真茹電気公司（28,480人）の2社分を併せた数とほぼ同じである。ちなみに，宝明公司は1932年の第1次上海事変以降，回復の術がなく閘北水電公司に買収された。真茹公司は微々たる利益しかあげることが出来なかったので売却もされず，営業区の人口が最も少なく，上海で最も規模の小さい電気会社として1937年にも存在していた。

　翔華公司は営業区の面積は最小であったが，人口が多かった。閘北地区でもかなり繁栄している地区である公共租界の北に位置し，人口密度は上海の各電気会社の中でも最も高かった。1929年の人口密度は華商電気公司の営業区の4倍であり，その他の会社との比較は言うまでもない。1936年には華商公司の営業区の人口密度の4.25倍に増加した。このため，翔華の地域は電気業者の争奪の目標であった。翔華公司の設立には特殊な原因があった。地域が狭くて人口密度が高い地域で，電気事業を経営するのにはどんな特色があったのだろうか。また上海の民営電気業史上にどのような意義があったのか。このような問題は研究に値する。本稿では先ず設立の経過と，組織と人事，設備と電気生産量について述べ，次にその営業方針と財務概況について述べる。最後にこの翔華電気公司の事例の意義を検討する。

## 第1節　会社の設立と営業区の確定

　翔華公司の設立は紆余曲折を経たものであった。その設立が容易でなかった。先ず上海市区内にはすでに多くの電気会社が既に設立されており，互いに縄張り争いをするのは必至であった。閘北地区について言えば，既に閘北

水電廠があったので，新参の翔華公司が締め出しを食らうのも必至だった。実際に1920年に商人の劉仁山は引虹電灯廠の設立を計画したが，上海県署に却下された。

　1923年5月，物華絲織廠は自家発電をするとともに付近の住民への電気を供給した。江蘇省はその電線の撤去を命じたが，命令に従わなかっただけでなく，閘北水電廠への料金未納で電気を切られた家々につぶさに電線をつないでいき，引翔郷電灯廠をつくろうと公言して憚らず，省の命令に対して抵抗した[1]。5月13日には引翔郷の各公共団体は交通部と江蘇省公署に発電所計画の意見を提出した。

　1．閘北水電廠は電力不足である［訳注：第2章，第3章参照］。
　2．工部局が越境侵略してきている。
　3．「電気事業取締条例」には電気販売独占の条文はない。
　4．引翔郷は閘北水電廠の支配を拒否する[2]。

　8月，陳保欽が翔華電気公司の設立を企て，登記を申請した。交通部は「(申し出については)地方官に転達する」との判断・決定を伝え，これを受けて陳保欽は更に県・省に登記の申請をした。1924年1月，省署は交通部に回答して，胡家木橋は閘北水電廠の営業区なので，営業侵害をすることになる陳保欽の申し出は認められないと伝えた。7月26日，陳保欽は至急文書(代電＝快郵代電)で以下のように抗弁した。胡家木橋の行政区画は1913年当時には閘北市に属していたが，現在はすでに引翔郷自治公所の所属に改められている。閘北水電廠もすでに民営になっていることであるから，閘北水電廠こそ何時までも当地を侵害しているのがおかしい。しかも，閘北水電廠は電力不足で市民の需要に応じられず，市の行政そのものを妨げているのであると。8月27日，交通部は省署の意見によって陳保欽に再び回答した。閘北水電廠は民営になったのであるからこそ営業区を拡大しなければならないのである[3]。この回答を見れば，翔華公司の設立の阻む動きの方が一歩先んじたかのように見える。

　9月1日，陳保欽は納得せず，更に閘北公司を難じた。「租界工部局の電気を転売するブローカー風情ごときが，表立っては営業区は譲れませんなどと

もっともらしいこと言いながら，裏では国家主権を損なっている。このような悪辣な強奪行為と，市と自治公所の区分をもないがしろにすることは到底容認できない」と。同日，胡家木橋商業連合会もこれを支持して交通総長に文書を提出し，胡家木橋はわが郷に属しており，市と自治公所には境界があるではないかと強調した。「わが郷の各団体の一致した意向で，商人の陳保欽らに任せて翔華電気公司をつくらせて，電気事業を奪還し自分達で電力供給する。わが郷の商人を集めて自分達で電気事業をすることは市政府にとっても意義があるはずである」。そして，閘北公司の電線は租界から引いてきて密かに主権を損ねているに外ならず，租界に漁夫の利を進呈している。区画は公平に分けていただきたい。閘北公司の当地におけるすべての設備は，陳が資金を準備して買収するとのことなので，明らかに公平妥当である。[4] 8日，交通部は，登記は許可し難く，境界のことは地方官に願いでて処理してもらうのが適当であると指示した。商人達は納得せず，この年の冬，11の団体が連名で交通部に文書を提出して，省公署を非難した。「『（閘北水電廠が）営業区を拡大しなければならないから』だと……閘北水電廠が営業区を拡大するまで静かに待てとでもいうのか……閘北はなぜこれほど幸運であるのだ！

わが郷に何の罪があるというのだ！　……閘北水電廠は外人の電気を売っており欲得に目が眩んだ外国人の走狗であるから固より語るに足りない。しかし，省署はこの国権が喪われている状況を助長して，直そうともしないではないか。それのみならず，主権を愛護しようとする者には攻撃までして退けようとしている。政府中央の機関としてこれをひどいと思われないのですか？」最後には脅しが入った。「省署が情実にとらわれた依怙贔屓で，公道を支持しないのなら，万が一地方で激しい義憤から騒動が起これば，咎は誰にあることになりますか？」交通部は省府にしっかり調べた上で処理するように通知した。[5]

　翔華公司と地方人士の主張した根拠は次の2つである。
- ①　胡家木橋は引翔郷に属し，閘北市ではない。行政区画にしたがって水道・電力は地方の自営に帰すべきである。
- ②　閘北公司は工部局の電気を販売して，利権を失い，地方の建設を妨害していると民族主義の理念に訴えるべきこと。

この2つの根拠は正当で有力なものであり，当時の民意の盛んな様が見ら

れる。3ヶ月の交渉が経過し，省署は人員を派遣して境界の調査をすることに同意し，交通部は上海電話局のエンジニア・華蔭薇と北京電話局西南分局長・王秉驎の両者に同省の境界を調査させた。しかし，省委員の汪正聯が辞職したので，派遣されてきた華と王の2人が実際の調査をしたが，この2人の行った簡単な調査だけに終わった。

1925年，上海に五卅惨案（五・三〇事件）が発生して反英運動が起きたことの影響は大きく，電気事業にも少なからざる影響を与えた。上海の製糸工場は大半が工部局の電力を買っていた。五卅惨案の発生後，工部局のストライキは8ヶ所に及び，そのうちの4ヶ所が発電所と配電所であった。工部局は7月6日に停電したが，この停電の原因については報復であったのだろうという分析が多い。各団体は強く非難したが，停電は2ヶ月に及び，上海の中国資本紡績工場（織布工場は含まず）の直接・間接的な損失は230万元に上った。この事件は民族主義を高めることになり，外人に制せられることはない，自分達で発電しようと広く主張されるようになった。

この期間に，地方人士と社団は政府に政策を提案し，翔華の問題の解決を図った。1925年6月20日，馬玉山は交通部に翔華の登記をするように求めた。7月10日，胡家木橋商聯会は次のように言った。工部局の停電は中国の商業者の間に恐慌を引き起こしたのであるから，閘北公司も「イギリスの電力を販売するのは極力控えるべき」であるとしたのである。12日，閘北公司の側も交通部に文書を出し，反論した。「翔華公司の正体というのは（違法に営業を始めた）物華絲織廠そのものであるので，電気事業経営が許されるべきではありません。市郷制が既に定まったとは言え，電気会社は公共事業の一つであるので，もし区域内にすでに電気会社があれば新たに他の会社の設立が許されるなど断じてあるべきではありません」とした。7月18日，翔華公司は電報で再反論した，「本地の商民は英国の工部局と閘北公司に憤っており，一致して閘北公司を拒絶し，翔華が電力供給をすることを求めています。こうでなければ翔華の発電をやめるところであります。」各公団も翔華から電気を融通してもらうことを希望し，翔華は電気が欲しいという人々の歓心を得ることに専心し，ようやく事なきを得た。工部局が停電した時に，自然商工業界も翔華公司をより強く支持するようになっていた。

1925年7月23日，華蔭薇は調査報告を提出し，当地の人士の意見は以下の

5点にまとめられると報告した。

1．本郷の公共営業は本郷の全区域を範囲として欲しい。
2．官営の閘北公司の設立当初は，当地は範囲内に含まれなかった。その後，同意を得ずに勝手に加入されたので，（閘北公司の営業こそ）絶対に承認できない。
3．英国（共同租界？）の工部局の電力が売られることには反対である。国家主権の損失である。
4．江湾の一郷も，以前は閘北公司の営業区であったが，現在はすでに営業区域外になっている。
5．閘北公司は民営に改められたが，省営と変わらない。その営業区は交通部の審査・許可を得ていない以上は確定したとすることはできない。

交通部内部でこの事案が審議された。前年の8月に閘北水電廠が民営化された時，交通部へ登記されていたのは，（省政府との契約の中にも明記してあるように）滬寧路以南を営業区としたものであった。これは1922年10月に閘北水電廠省が出した届け出に基づいたものであった。ところがこの登記内容は交通部が別に宝明・江湾の両社に出した営業許可証（執照）とは差し障りがあることも判った。他方，翔華公司は登記が許されもしないのに人々の求めに応じて電力供給を行っていたが，これは違法であり，承認できることではないとなった。また今回，閘北水電廠は改組して民営となったが，急な話で営業許可証（執照）が出せていない（という落ち度が交通部にもあった）。事を穏便にすませようと，交通部は閘北公司に先ず翔華公司と協議をし，併せて宝明・江湾両社とも相談して営業区の境界を明確にして，争いを止めさせようとした。[14]

華蔭薇は省委員の蔡培を加えて閘北・翔華の両方の会社の代表と上海で会談した。この時の討論は双方に言い分があった。閘北公司の側からは，引翔郷の営業権（40万元）はすでに省署から閘北公司が買い取っているのであり，定まった契約があるとした。翔華公司側はこう言った。閘北水電廠が民営になる前の胡家木橋への電力供給は，電球数で換算して1年に700余元（電灯1個を1元と計算）の金を翔華に払っていたではないか（訳註，閘北公司としては下請

けさせた代価か)。この支払いは翔華が自家発電を始めた時に止めたものである。これこそ閘北公司が引翔郷が営業区内にないと認めた証ではないか。

華蔭薇は2つの方法を提案した。

1．閘北公司が翔華公司を買収する。閘北・翔華両社が同意しても，市郷の社団が同意しがたいだろう。
2．翔華公司が閘北公司から営業権・営業権を借り受ける。翔華公司が同意しても，閘北公司が同意せず，董事会を開かなければ決められないと言うだろう。[15]

この交渉の最中に，省署は突然法令を発して翔華公司を制止した。上海県知事・李祖慶は，閘北公司は毎年，翔華にかなりの金を支払っていたのだから，翔華側を説得するのは難しく，寧ろ閘北公司が翔華公司に営業区を貸与させる方が容易だとした。胡家木橋商聯会は至急文書で，翔華から閘北公司に営業区を又貸するので，交通部に先に許可証を発行してくれるように願い出た。交通部は省署に審議の上返答せよと文書を送ったが，省署は当地の地方長官の許可を経ずに営業許可証の交付などしないで下さいと反駁した。[16]
9月，物華・天宝両路の商工業連合会等の6団体，計32人が交通部に省署と閘北公司に反対する旨を申し立てた。その際の根拠はほぼ前述のとおりで，また代表として陳似蘭を北京に派遣して請願させた。交通部は省署に再調査を行うよう言った。[17] 省署はまた蔡培と華蔭薇を派遣してそれぞれを歩み寄らせようとした。閘北公司の董事会は営業区を貸し出すことに同意しなかった。蔡・華の2人は翔華に営業範囲を縮小し，翔華が現在設置している電信柱と電線を境としてこれ以上広げず，特に沙涇港を境にし，その西の狄思威路（Dixwell Road）を臨時の貸出区域，永久貸出区域とし，双方により決めた賃貸料を1年ごとに支払うように勧告した。この方法について，閘北公司の代表は董事会の決定が必要だと言い，翔華公司代表は地方各団体の同意が必要だと言った。しかし，華蔭薇の観察したところ，双方とも異論なさそうで，両社が従うかどうかだろうと報告している。[18]

実際には，華蔭薇が楽観したようにはならなかった。閘北公司は沙涇港以西の地を，すぐに返すように要求したが，翔華公司は同意しなかった。1926

年初め，上海・宝山両県は再び双方を招いて協議させたが，翔華は依然即日返還に同意しなかった。警察署が更に双方を集めて協議させ，沙涇港以西の地は1年半を期限として翔華電気公司に貸し出すことで，その時は双方同意したが，翔華は公団が反対しているとやはり肯んじなかった。交通部は文書で上海商埠督辦に協議を差配するように要請したところ，督辦・警察署・県公署は皆翔華公司には誠意が欠けていると受け止めており，閘北公司の請求により翔華公司を制止して欲しいと求めた。ここに至って，省はようやく強圧的に省令を発し，滬海道尹（上海道長官）公署はこの命令を受けて，上海・宝山の両県公署に翔華公司の営業を停止するよう命じた。6月には財政庁も表だって翔華に，閘北公司から出された業務停止要望を伝えてきた。閘北公司によれば，営業権を巨額の資金で買っているのは閘北公司であり，営業権代価の第3期の10万元の支払い期限がもうすぐ来るのに翔華公司は営業区を侵犯し続けているとのことであった。

翔華公司はこのような圧力に対し，以下のような反論を提出した。

1．同一の営業区内でも営業区を分けることはできます。それぞれが営業すれば壟断など起こることはないのです。
2．現在両社の営業区として重複している区域があるのは，閘北公司が電気を供給できなかったためである。弊社は時代が必要とするものに応えただけであり，先じて経営していれば民法上では先制占有権が認められる。
3．交通部が閘北公司に営業許可を出した時に，区域内に他の会社があればその会社と相談して区域を分けることとし，独占してはいけないと言明している。
4．閘北公司は省営から民営に変わっている。閘北公司は省を通して営業区を審議して登記を決定するように願いを出しているが，交通部が特許登記をまだしていない。省に納めさせる（省営となった以上無効というべき）営業権の代価と，（今回まだ登記が認められて払っていないはずの）特許営業権の代価とは全く別物であるはずである。
5．閘北公司との調停の案は，何度も賃貸料を相談して決めようと書面で閘北公司に求めましたが，先方は取り合いもせず応えることなく，弊社

には電力供給中止を強く迫るのみであります。[20]

　翔華公司の挙げた理由のうち，第1点は説得力に欠ける。営業区は小さく分割し過ぎないほうがいいからだ。第2点は，事実と符合しない。閘北公司の設立が先で，1919年には電線を張っている。第3・5点は協議上の問題である。翔華は重要な点を避けて大して重要でないことを主張している。争点は借り賃としていくら払うかではなく，貸与期限のほうである。第4点は，交通部の正式の特許登録を経てないといっても，省署がすでに営業権の代価を受け取っているのは否定しようもなかったはずである。

　交通部の立場は，総じて双方が協議すべきこととしていた。省からの強い要請に対してもあまり是認しなかった。交通部は1926年10月27日，翔華の上申書を許可して，先に登記することとして営業許可証を発給し，閘北公司との貸借金はあとで協議させるとしたと省署にも通知し，翔華公司の設立に賛同した。翔華と閘北の両社は，3ヶ月の交渉を経て，1927年1月31日，もとの調停委員の意見に応じて契約を結んだ。沙涇港の東側は1927年2月1日から15年間貸し出し，毎年の貸出金は150元，港の西側は，双方が電柱と電線をこれ以上設置せず1927年12月31日を期限として無条件で閘北公司に返還する。[21]沙涇港東西の両域における両社の電柱・電線及び設備は，双方が無条件で相手方に渡す。4年近い営業区の争いは，こうして一段落を告げた。[22]

　法律的には，閘北公司に理がある。しかし，実際には翔華公司はすでに設立されており，五卅惨案の際に，電力供給を拡大し，行政区画云々とか民族感情等々に訴えて大変説得力があった。加えて地方勢力が介入してきたことも助けとなって翔華電気公司は閘北公司に対して対等に振る舞うこととなった。この際に重要であったのは，中央主管機関の交通部の態度である。法律と事実の双方を鑑みつつも，企業同士が協調することを原則とした。そのため，こうした結果になった。このような経緯を見ると，地方勢力の力が強くなり大きな影響を持つに至ったことが判る。

## 第2節　組織と人事

　上海翔華電気公司は1923年に，物華絲織公司を経営する陳保欽（懐垣）ら

9人によって登記申請された。25年には，翔華公司準備処の主任・王銓運（際亨）によって更めて申請された。1927年に閘北電気公司と土地貸借の契約がされたときには，陳保欽・朱頤寿（静庵）が代表だった。朱頤寿は上海人，怡和静記紡績廠の工場主で，物華との関係については判らない。29年に朱が登記を申請した。朱が董事長を務めたのは1934年までである。1934年，蒋世芳（莱仙）が董監事を引き継いだ。蒋は嘉興人で，物華織物公司の董事長であった。株数は全部で5,000株，会社の董監事の持株状況によって，物華公司との密接な関係が判る（表1参照）。

表1から，1930年には重要人物と物華公司の持株総数が31%を占め，そのうち物華公司とその職員分が1,208株にも達し，重要人物の78.4%を占めている。この後，董監事の中に物華の職員はたったの2人に減りもしたが，それでもその持ち株数は383株もあり董監事の持株の43%以上を占めていた。その他の董監事と物華の関係がどうだったのかはよく判らない。それでも，この2人の所持している株数はかなりのもので，翔華と物華の関係が密接なのが判るだろう。

表1　翔華電気公司董監事特殊表

| 姓　　名 | 1930年 | 1933年 | 1935年 | 1936年 | 経　　歴 |
|---|---|---|---|---|---|
| 朱　頤　壽 | 50 | 150 | 210 | 216 | 怡和静記糸廠主 |
| 蔣　世　芳 | 198 | 175 | 343 | 343 | 物華公司董事長 |
| 陳　保　欽 | 129 | — | — | — | 物華公司 |
| 嚴　志　良 | 126 | — | 40 | 40 | 物華公司董事 |
| 陳　德　馨 | 115 | 40 | 56 | 56 | 精華針織廠主 |
| 葉　慶　俊 | 55 | 49 | 99 | 99 | 慶大錢荘経理 |
| 王　兆　昌 | 44 | 43 | 94 | 94 | 義和綢荘荘主 |
| 王　銓　運 | 53 | 93 | — | — | 不明 |
| 姚　　　鴻 | 129 | 159 | — | — | 不明 |
| 王　銓　濟 | — | — | 40 | 40 | 均益銀公司董事 |
| 物　華　公　司 | 755 | — | — | — |  |
| 合　　　計 | 1,541 | 709 | 882 | 888 |  |
| 占總股数% | 30.8 | 14.2 | 17.6 | 17.8 |  |

出典：民国12年11月「翔華呈」，22年「職員表」，24年「職員表」，25年「職員表」，『建档』23-25-72，23-24-25。

翔華公司の組織は，初期についてはよく判らない。総理・協理が1人ずつ設けられ，後に，総理1人に改められたのが判っているくらいである。

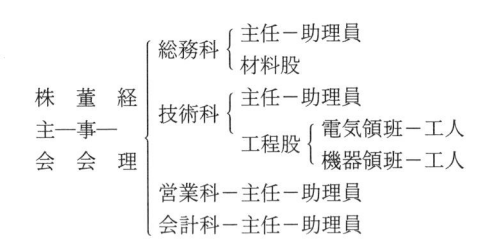

```
                    ┌ 総務科 ┌ 主任－助理員
                    │        └ 材料股
株  董  経          │ 技術科 ┌ 主任－助理員
主─事─理          │        │ 工程股 ┌ 電気領班－工人
会  会              │        └        └ 機器領班－工人
                    │ 営業科－主任－助理員
                    └ 会計科－主任－助理員
```

1929年における組織の大綱は以下の通りである。[26]

組織は簡単ではっきりしている，各科の責任者は主任であった。助理人員は業務の量によって決められていた。材料と工程はやや複雑であるが，専門の部署が設けられている。組織としては，かなりよくできている。

はじめ，経理は陳保欽（懐垣）であったが，1928年には陳徳馨に代わっており，37年まで経理を務めた。1936年に，業務多忙のために副経理を一人増やし，営業科主任の唐経綬（南喬）を昇格させ，37年に彼は経理代理となった。唐は呉県人で，物華との関係は深く，引翔郷の董辦事処主任，物華織物公司の董事，国光綢緞廠経理を歴任した。[27] その物華織物公司とのかかわりは自然，深いものがあった。

翔華公司の職員は，1929年には35人，30年には34人，31年には38人，36年には51人であり，[28] 人員増は抑制されており，少数精鋭を旨としたことが判る。

## 第3節 設備と電力量

1923年に陳保欽らが登記を申請し，8万元を集めた。1925年に資本は25万元に増え，この後は増えていない。1936年末，翔華の固定資産は384,424元であった。1937年には154,400元あまりで再び設備拡大をしようとし，閘北公司の保証金23,000元余を加えると561,000元余であった。資本金は25万元，減価償却9万元余，合計で39万元余，先にあげた数との差が相当あるが，これは1937年6月に増資5万元を申請し，株主の一部の反対にあったことと，

時局との関係で果たせなかったことによる[29]。このため，翔華の資本金は長い間ずっと25万元であった。

　翔華の設備は初期には65馬力の石炭動力機2台，80kwの発電機1台を使用していたようだ[30]。1923年の登記申請時には，合計200馬力のディーゼルエンジン2台，合計125kw（常用70kw，55kwは予備）の交流発電機2台を購入したという[31]。1925年，実際にディーゼル発電機を据え付け，合計4台，125KVA1台，150KVA3台の合計460kwになり，これは当初の計画通りの増加であった[32]。

　翔華公司は，市政府の政策に協力し，1930年1月から自家発電を停止して，閘北公司から電力を購買した[33]。発電機などの機械は売り出し，原価は168,048元，販売価格は83,000元余，85,000元の欠損であったが，機械の土台・油塔・配電盤などが40,367元を占め，運送・積み下ろしの費用が半分を占めていた[34]。

　翔華公司は電力の購入と転売については充分勝算があった。閘北公司から高圧線を使って送電すれば，思いのまま拡充でき制約はなかった。高圧線で損失の減少も望め，給電圧力が一定の程度を維持できれば増収が見込めた[35]。もともと高圧線は1本しか敷設されていなかったので，安全のために特に閘北公司から許可を受けて専用地下ケーブル1本を増設した。この工程は1933年12月に完成し，以後は停電することはないと期待できた[36]。

表2　翔華公司設備表

| 年 | 出力(kW) | 変圧器(KVA) | 電柱(本) | 低圧電線(km) | 架空高圧線(km) | 地下線(km) |
|---|---|---|---|---|---|---|
| 1927 | 460 | — | 278 | — | — | — |
| 1928 | 460 | — | 310 | 9.4 | — | — |
| 1929 | 460 | 1,000 | 394 | 11.0 | — | — |
| 1930 | 600 | 1,250 | 422 | 11.0 | — | — |
| 1931 | 600 | 1,550 | 475 | 12.4 | — | — |
| 1932 | 1,000 | 1,850 | 486 | 13.1 | 2.6 | — |
| 1933 | 1,500 | 1,850 | 576 | 15.5 | 2.6 | — |
| 1934 | 1,500 | 2,250 | 650 | 18.0 | 4.5 | 0.25 |
| 1935 | 2,000 | 3,250 | 752 | 19.1 | 5.1 | 0.28 |
| 1936 | 2,000 | 3,910 | 906 | 22.0 | 8.1 | 0.37 |

出典：「公用」《上海市統計》民国22年7-8頁，民国20年，21年，22年，23年，25年，各年の『業務報告』。

表3　電力購入と損失表

(単位：KWh)

| 年 | 発電或購電 | 販売kW数 | 損失kW数 | 損失率(%) |
| --- | --- | --- | --- | --- |
| 1927 | 533,242 | — | — | — |
| 1928 | 869,401 | 777,256 | 92,145 | 10.6 |
| 1929 | 1,391,752 | 1,231,545 | 160,207 | 11.5 |
| 1930 | 1,870,910 | 1,579,570 | 291,340 | 15.6 |
| 1931 | 2,773,100 | 2,343,499 | 429,601 | 15.5 |
| 1932 | 2,279,850 | 1,923,154 | 356,696 | 15.6 |
| 1933 | 3,296,700 | 2,733,463 | 563,237 | 17.1 |
| 1934 | 4,241,700 | 3,870,668 | 371,032 | 8.7 |
| 1935 | 4,863,900 | 4,509,164 | 354,736 | 7.3 |
| 1936 | 7,121,210 | 6,403,126 | 718,084 | 10.1 |

出典：表2と同じ。

　ここに年来の各設備を表2にした。
　表2から，1936年の電力購買容量は27年の自家発電容量に比べて，4.3倍増加し，設備の中で最も増加の多い項である。変圧器の容量は，1936年は29年から3.9倍に，電信柱は27年と比べて3.3倍，低圧電線は28年と比べて2.3倍に増加した。これによって，電力購入が増えると変圧器も増えることが判る。しかし，営業区が狭いために，電線の延長には限りがあった。
　電線が短く，更に1934年からは電線の整理も進み損失率は大幅に低下した（表3参照）。
　表3から発電と電力購入キロワット数の増加が大変大きく，1936年は27年の14.4倍，1936年の増加がもっとも多いが，これは実際の需要のためである。販売キロワット数も相対的に増加している。損失率は1928，29年の2年が一番少ない。1930年の大量増加は，はじめて電力を大量に購入したが，利用者が大きく増えなかったせいである。1931年には大水害があり，当然損失は大きかった。1932年は戦争のため購入電力量が減少し，販売量も減少した。1933年は景気が悪く，翔華の工業区域は紡績工場が70％という多数を占めたため販売量は多くなかったが，年末に初めて好転した。1934年からの損失率が低下したのは，翔華公司が電線の整理をしたためで，経済もまた徐々に回復し，更に料金値下げが販売量の増加をもたらした。1936年は時局が安定し，

表4 翔華公司設備表

| 年別 | 容量(kW) | 発電量(千kWh) | 最大負荷 | 設備利用率 | 負荷率 |
|---|---|---|---|---|---|
| 1927 | 460 | 533 | 396 | 12.2 | 15.4 |
| 1928 | 460 | 869 | 410 | 21.7 | 24.2 |
| 1929 | 460 | 1,392 | 462 | 34.5 | 34.4 |
| 1930 | 600 | 1,871 | 490 | 35.6 | 43.6 |
| 1931 | 600 | 2,773 | 650 | 52.8 | 48.7 |
| 1932 | 1,000 | 2,280 | 975 | 26.0 | 26.7 |
| 1933 | 1,500 | 3,297 | 1,036 | 25.1 | 36.3 |
| 1934 | 1,500 | 4,242 | 1,214 | 32.3 | 39.9 |
| 1935 | 2,000 | 4,864 | 1,048 | 27.8 | 53.0 |
| 1936 | 2,000 | 7,121 | 1,669 | 40.6 | 48.7 |

出典：表2と同じ。

農作物も豊作で，商工業も発展したため，翔華の営業も飛躍し年来の成績を大きく上回った。[37]翔華公司の発展は企業努力のほかに社会的背景との密接な関係があることが判るだろう。

設備利用率と負荷率を表4にまとめた。

表4をみると，初期の設備利用率と負荷率はともに低く，発電機使用量と発電量も高くないことを示している。1930年以降，電力購入のために状況は好転したが，購入電気量が高くなった当初は，設備利用率が下降した。これは利用者がすぐには増加しなかったためである。ただ，この数字は電力購入の故であって，実際の機械の使用程度ではなく，翔華公司のコストとの関係は小さい。設備利用率とコストの関係は負荷率で見ることができる。これで見ると1927年，1932年が比較的低く，この両年の利潤も相対的に低くなっている。

## 第4節　営業方針と概況

翔華公司の経営は斬新な理念を備えていた。陳保欽は1923年8月に登記申請した際に，すでに引翔郷の将来の発展を見越していた。引翔郷は県の東北に位置し，さみしい辺鄙な場所であったが，近年，租界が拡大してきたため，租界に近い胡木家橋も次第に人が集まり始め，工場を建てる者もあり，将来

は商業の発達が期待できた[38]。

　1931年，翔華は自信をもって「現今の日に日に拡大する公共事業と日に日に増大する営業収益は時代の趨勢のしからしむるところであり，それは知恵者でなくても判ることである。ただし，進歩の早い遅いは人による。…もし昨年の下半期に水害と商業の不振がなければ，本社の今年度の収入は楽観できたのであるが」と言っている[39]。ここで「人による」とする経営方針は料金の値下げとなって現れた。1933年の業務報告に，近年来の商工業の凋落で業務をやめた者が多く，これは営業の常であり，ある者は時勢だけが景気を左右できるとされる。しかし，当社はあえて料金の値下げをする。事業を成功させるためには，まず損をすることだとした[40]。自らの営業方法に対して大変自信をもっていた。それでも，料金値下げは商売の一手段であるが，公共事業について，翔華公司にはなお一層の深い意義づけをしている。23年業務報告に曰く。

　　電気事業の経営が負っている使命は，他の商工業と異なる。その他の商工業は生産・販売が発展し，利益を獲得すれば，優れた業績と認められよう。電気事業はそれだけではすまない。社会の進化を促し，商売を繁盛させ，商工業の発展を助け，農村の灌漑耕作の便宜を図らなければならないし，それはいずれも経営者の天職としてしなければならないことに過ぎない。そして人民を啓発して，電気の清潔で便利なことを認識させて，電気を使うことを楽しいことだと判らせなければならない。これは電気産業人として逃れることができない厳しい責務なのである。

　これほど強い電気産業人としての使命と責任を持っているので，「将来どこまでできるか心配が無いではないが，この正道に違背してはいけない」と，翌年1月から値下げを続け，大工場に対しては特別価格で電気を提供した[41]。
　ここに翔華の電気料金を大まかにまとめた（表5参照）。
　1927年，電灯は1kWhが0.2元，電力は1kWhが0.1元であった。1929年，翔華公司は民衆の電力使用促進のため，1930年1月1日から電力価格を値下げすることにし，電灯1kWhは0.18元，電力は1kWhが0.09元になった。そして段階制を改め，電熱は1kWhが0.07元，大口利用者には適宜，割引を行い，保

表5　電力価格比較表

| kWh数 | 対上海電力公司比(%) | 対25年以前自社比(%) |
|---|---|---|
| 50-150 | 5.0-11.1 | 16.7-23.5 |
| 160-250 | 3.0-14.6 | 13.3-26.0 |
| 260-350 | 2.3-13.8 | 13.8-26.5 |
| 360-400 | 4.0- 0.3 | 5.1- 9.9 |

出典：翔華公司宣伝ビラ，『建档』23-25-27，25-2。
説明：もとの表は50kWhから10kWhごとに計算しているが，料金体系が異なるため段階ごとの増減がちがう。
訳注：この数値は上海電力公司と1925年以前の自社料金より何％安くなっているかという数値である。

表6　翔華公司利用者数

| 種類 年 | 電灯 | 電力（馬力数） | 電熱 | 合計 | 街灯（灯数） |
|---|---|---|---|---|---|
| 1927 | 987 | 73( 350) | — | 1,060 | — |
| 1928 | 730 | 79( 566) | — | 809 | — |
| 1929 | 836 | 122( 849) | 4 | 962 | — |
| 1930 | 1,267 | 144( 973) | 5 | 1,416 | — |
| 1931 | 1,761 | 225(1,417) | 7 | 1,993 | 242 |
| 1932 | 1,918 | 244(1,663) | 6 | 2,168 | 242 |
| 1933 | 2,207 | 262(2,070) | 12 | 2,481 | 272 |
| 1934 | 2,599 | 275(2,703) | 13 | 2,887 | 292 |
| 1935 | 2,669 | 257(3,155) | 10 | 2,936 | 297 |
| 1936 | 2,957 | 311(4,002) | 18 | 3,286 | 297 |

出典：表2と同じ。

証金を軽減し，接続費をなくして，積極的に集客し，市況を活発にして，新規利用者の激増に効果があった。1934年1月から，更に電気料金を値下げし，比較的大きな工場に対しては，翔華の営業区内に投資をするように特別料金で提供した。1935年1月から電気料金をまた値下げし，電灯・電熱の段階制を改めた。1936年，（工業用）電気料金は更に下がり，50馬力以上は別に契約を結んで特別に優待した。結局，電灯用料金の第1級では1kWh毎に0.2元が0.18元へと10％下がった。第2級は500kWh以上であり，一般の家庭では500kWhを越えることはほとんどありえないので，その恩恵を受けたものは少

なかった。電熱用では1kWhあたり0.07元が0.055元に下がり（第1級），21.4%も減少であった。値下げ幅がもっとも大きかったのは（工業用）電力価格で，1kWhが0.1元が0.06元に下がり（第1級），40%もの値下げであった。また，段階別価格の差が縮小され，もとは第1級は1-150kWhだったのが，1936年には1-50kWh，51-150kWhの2段階に改められ，下げ幅も大きかった。1936年，翔華公司は自社と上海電力公司の電力価格を比較して，その安さを大いに宣伝した。

利用者数を表6にまとめた。

実際に，翔華の電力価格は上海電力公司の電力価格より安かったが，電灯価格1kWhは1分高かった。つまり，翔華の電気料金は閘北水電公司と華商電気公司の電気料金と同じで，特別安いわけではなかった。特別な点があるとすれば，主体的に値下げし，広く宣伝に努めた点である。

表6により，1936年には1927年と比較して，どのように利用者は増えたのかを見てみよう。電灯利用者が3倍に増え，（工業用）電力利用が4.3倍に増え，馬力で計ると11.4倍に増加している。上海の電気会社中，最も多く増加しており，努力の成果である。電熱利用者は4.5倍に増え，街灯の増加は少ないが，これは区域が狭いためである。

各種類の利用者の電気使用状況は表7の通りである。

街灯用電力は少ししか増えていない。電熱方面では1934年の増加が大変多

**表7 利用者別の電力消費量**

(単位：千KWh)

| 項目<br>年別 | 販売総量 | 電灯 | (%) | 電力 | (%) | 電熱 | 街灯 | 自家用 |
| --- | --- | --- | --- | --- | --- | --- | --- | --- |
| 1930 | 1,580 | 476 | 30.1 | 1,033 | 66.1 | 2 | 58 | 11 |
| 1931 | 2,344 | 680 | 29.0 | 1,587 | 68.4 | 3 | 59 | 15 |
| 1932 | 1,923 | 509 | 26.5 | 1,351 | 70.7 | 2 | 52 | 9 |
| 1933 | 2,733 | 799 | 29.3 | 1,864 | 68.2 | 4 | 66 | — |
| 1934 | 3,871 | 863 | 22.3 | 2,912 | 75.2 | 18 | 78 | — |
| 1935 | 4,509 | 864 | 19.2 | 3,561 | 79.0 | 5 | 79 | — |
| 1936 | 6,403 | 925 | 14.5 | 5,391 | 84.2 | 8 | 79 | — |

出典：表6と同じ。
説明：民国22年から自家用電力は電力の中に含まれるが，比較の便宜のため，自家用電力は電力の%の中に含めた。

いが，原因は判らない。（工業用）電力方面の増加が最も多く，その割合も大幅に増加した。電灯方面の増加には限りがあり，占める割合もだいぶ下がっている。全体的に言うと，1936年は1930年と較べて4倍に増え，そのうち1932年は唯一，前年より20％下がっている。これは戦争が原因である。これによって翔華公司が社会的な貢献は主に（工業用）電力方面にあり，次が電灯方面であったことが判る。

## 第5節　財務概況

翔華公司の財務は2部門に分けられる。ひとつは資産と負債，もうひとつは収支と損益である。以下分けて述べる。

### 第1項　資産と負債

翔華公司の総資産は1927年から1930年までは以下の通りである。315,027元，313,567元，340,963元，370,602元，1935年にはおよそ529,300元であった。1936年には622,401元に増え，1927年のおよそ2倍に増えているが，多いとは

表8　翔華公司資産分類表

(単位：元)

| 項目＼年 | ①1931 | ②1932 | ③1933 | ④1934 | ⑤1936 | ⑤/① |
|---|---|---|---|---|---|---|
| 土　　地 | 5,118 | 5,118 | 5,118 | 14,438 | 14,438 | 2.8 |
| 房　　屋 | 24,724 | 25,494 | 25,549 | 25,669 | 26,142 | 1.1 |
| 輸配電 | 131,106 | 138,240 | 147,156 | 175,314 | 217,415 | 1.7 |
| 給　電 | 53,643 | 59,365 | 74,194 | 86,275 | 103,650 | 1.9 |
| 労　務 | 12,269 | 12,458 | 11,537 | 18,097 | 22,779 | 1.9 |
| 小　計 | 225,860 | 240,675 | 263,554 | 319,793 | 384,424 | 1.7 |
| 流　動 | 95,887 | 91,005 | 145,627 | 156,330 | 237,977 | 2.5 |
| 繰　延 | 106,872 | 106,872 | 107,872 | 30,000 | — | — |
| 合　計 | 429,619 | 438,552 | 517,053 | 506,123 | 622,401 | 1.4 |

出典：民国20〜25年，各年の『業務報告』。
説明：繰延資産は旧発電機の欠損85,721元と創業費の余りの21,151元である。33年には旧発電機欠損の一項に合併された。雑項資産の性質は流動資産と似ており，原表は時によって分けたり一緒にしたりしている。この表では一緒にした。

表9　翔華公司負債類別表　　　　　　　　　　　　　　　（単位：元）

| 項目＼年 | 1929 | 1931 | 1932 | 1933 | 1934 | 1936 |
|---|---|---|---|---|---|---|
| 資　　本 | 250,000 | 250,000 | 250,000 | 250,000 | 250,000 | 250,000 |
| 積 立 金 | 1,660 | 6,476 | 12,419 | 15,229 | 22,761 | 49,269 |
| 減価償却 | 15,704 | 28,745 | 65,798 | 89,692 | 52,275 | 94,775 |
| 応 攤 提 | 2,764 | 5,288 | 10,575 | — | — | 12,173 |
| 未 払 金 | 4,319 | 22,231 | 10,856 | 27,426 | 24,274 | 27,902 |
| 保 証 金 | 28,615 | 57,950 | 62,915 | 71,569 | 88,102 | 96,893 |
| 預　　金 | 572 | 2,900 | 2,400 | 2,000 | 4,053 | 9,978 |
| 応提報酬 | — | 3,313 | 2,597 | 3,927 | 4,482 | 5,256 |
| 利　　益 | 37,329 | 52,716 | 28,567 | 57,211 | 60,176 | 76,155 |
| 合　　計 | 340,963 | 429,619 | 438,552 | 517,053 | 506,123 | 622,401 |

出典：各年の『業務報告』。
説明：民国25年には貸し倒れ準備金に，12,173元があるが，応攤提の項目に入れた。

言えず，その発展には限界があった。これは営業区の制限があるためである。1931年から36年の資産分類を表8にまとめた。

　表8から，固定資産が1.7倍に増えていることが判る。そのうち土地の増加が比較的多くて2.8倍，事務所の土地が9分9厘から2畝1分6厘に拡大されたことによる。その次に輸配電・給電・業務設備でこれらはほとんど同率の増加である。流動資金の増加も多く，代表業務も大きく増えた。各項の占める割合は，1936年を例に取ると固定資産が61.8％，流動資産が38.2％，この例は流動資産が高過ぎる嫌いがあるが[46]，これはストック・応収款・預金等（合計96,337元）が大変多く，流動資産の40.5％を占めたからである。流動資産の比率は高かったが，これは大した問題ではなかった。かつ流動負債に伴う過大な財務危機とも無縁であった。ただ生産方面に多く用いられなかったことは残念である。これは営業範囲が狭くて，大きく拡大することができなかったせいである。固定資産と流動資産の合計中においては輸配電が占める割合が最も多く（34.9％），次に給電部分（16.7％）が多い。これは正常な現象である。その他の土地・建物・業務資産の占める割合はおよそ10％で，はなはだ合理的であり，かなり節約していることが明らかである。

　表9から，負債がだんだんと増え，そうした一方で株式資本の占める割合

表10　収支利益表

(単位：元)

| 年 | 収　入 | 支　出 | 利　益 |
|---|---|---|---|
| 1923 | 33,600 | 26,880 | 6,720 |
| 1926 | 72,760 | 55,502 | 17,258 |
| 1927 | 100,296 | 77,801 | 22,495 |
| 1928 | 86,224 | 57,141 | 29,083 |
| 1929 | 123,244 | 85,915 | 37,329 |
| 1930 | 148,179 | 106,684 | 41,495 |
| 1931 | 221,872 | 169,944 | 51,928 |
| 1932 | 178,211 | 151,367 | 26,844 |
| 1933 | 266,599 | 210,303 | 56,296 |
| 1934 | 312,454 | 253,892 | 58,562 |
| 1935 | 338,462 | 278,430 | 60,032 |
| 1936 | 378,780 | 302,707 | 76,073 |

出典：民国12年8月「陳保欽呈」『建档』23-25-72, 23, 民国18年, 20年, 21年, 22年, 23年, 25年各年の『業務報告』。

表11　収入類別表

(単位：元)

| 年＼種別 | 電　灯 | 電　力 | 電　熱 | 街　灯 | 自家用 | 雑　項 | 合　計 |
|---|---|---|---|---|---|---|---|
| 1928 | 52,989 | 30,082 | — | — | — | 3,153 | 86,224 |
| 1929 | 69,709 | 52,033 | — | — | — | 1,502 | 123,244 |
| 1930 | 78,173 | 66,550 | 107 | 1,609 | — | 1,740 | 148,179 |
| 1931 | 113,438 | 104,254 | 148 | 1,646 | — | 2,386 | 221,872 |
| 1932 | 85,788 | 88,002 | 116 | 1,309 | — | 2,996 | 178,211 |
| 1933 | 134,550 | 123,421 | 186 | 1,789 | — | 6,653 | 266,599 |
| 1934 | 144,472 | 158,754 | 470 | 2,096 | 1,635 | 5,027 | 312,454 |
| 1935 | 147,001 | 181,267 | 370 | 2,139 | 1,234 | 6,251 | 338,462 |
| 1936 | 156,154 | 212,872 | 440 | 2,138 | 1,353 | 5,823 | 378,780 |

出典：民国18年, 20年, 22年, 23年, 25年, 各年の『業務報告』。

が次第に減っている。しかし，積立金と減価償却費（折旧）も次第に増え，この株式資本・積立金・減価償却の3項目の占める割合は1929年が最高で78.6％，1936年は最低で63.3％を占めた。この外には未回収代金準備金が12,173元，2％の割合で増えている。この構造から，財務状況が良好である

ことが判る。1936年の流動負債（利益以外）は計140,029元でわずかに全体の22.5%を占めるに過ぎず，流動資金237,977元があるので，資金をよそに求める必要はなかった。

### 第2項　収支と利益

翔華公司の収支と利益は表10の通りである。

1926年を基数とすると，1936年には収入は5.2倍，支出は5.4倍，利益は4.4倍に増えていて，企業として成長している。1932年はやや下がっているが，この年にはかなりの利益があり，31年のおよそ51.7%である。

表11から，1936年は1928年と比べて，電灯収入は2.9倍，（工業用）電力収入は7.1倍に増えている。1936年と1930年と比べて電熱は4.1倍，同様に街灯は1.3倍に増加している。雑項は増えたり減ったりしているが，こうした収入の本質は変化が大きく，たとえば1928年は賠償収入が多いが，1933年は修理費用が多い。営業収入以外も多いが，その増減は大きな意味はない。比較すると（工業用）電力成長が大きく，翔華の社会的貢献と，（工業用）電力がますます重要な地位を占めていったことをあらわしている。

各項の収入の総収入に占める割合は変化している（表12参照）。

表12　収入類別百分比表

| 年 \ 種別 | 電灯 | 電力 | 電熱 | 街灯 | 雑項 |
| --- | --- | --- | --- | --- | --- |
| 1928 | 61.5 | 34.9 | — | — | 3.6 |
| 1929 | 56.6 | 42.2 | — | — | 1.2 |
| 1930 | 52.7 | 44.9 | 0.1 | 1.1 | 1.2 |
| 1931 | 51.1 | 47.0 | 0.1 | 0.7 | 1.1 |
| 1932 | 48.1 | 49.4 | 0.1 | 0.7 | 1.7 |
| 1933 | 50.4 | 46.3 | 0.1 | 0.7 | 2.5 |
| 1934 | 46.4 | 51.1 | 0.2 | 0.7 | 1.6 |
| 1935 | 43.6 | 53.8 | 0.1 | 0.6 | 1.9 |
| 1936 | 41.4 | 56.4 | 0.1 | 0.6 | 1.5 |

出典：表11と同じ。
説明：民国17～22年の自家用電力は収入の中に入っていないが，比較の便宜のため，自家用電力の費用はすべて合計数の中から削った。

表13 支出類別表（一）　　　　　　　　　　　　　　　　　　　　（単位：元）

| 種別＼年 | ①1930 | 1931 | 1932 | ②1933 | ②/① |
|---|---|---|---|---|---|
| 購　電 | 56,279 | 98,868 | 29,260 | 115,564 | 2.1 |
| 給　電 | 12,805 | 11,854 | 11,344 | 22,052 | 1.7 |
| 事　務 | 20,322 | 21,876 | 21,000 | 25,175 | 1.2 |
| 雑　項 | 417 | — | 2,401 | 1,540 | 3.7 |
| 報　酬 | — | 3,313 | 2,597 | 3,927 | 1.2 |
| 減価償却 | 13,127 | 11,601 | 12,333 | 13,074 | 1.0 |
| 旧機折耗 | — | 17,144 | 17,144 | 18,396 | 1.1 |
| 攤開覽費 | 3,732 | 5,288 | 5,288 | 10,575 | 2.8 |
| 合　計 | 106,684 | 169,944 | 151,367 | 210,303 | 2.0 |
| 利　益 | 41,495 | 51,928 | 26,844 | 56,295 | 1.4 |

表14 支出類別表（二）　　　　　　　　　　　　　　　　　　　　（単位：元）

| 年＼種別 | 購電 | 給電 | 営業 | 管理 | 雑項 | 合計 | 利益 |
|---|---|---|---|---|---|---|---|
| ①1934 | 143,735 | 42,412 | 11,923 | 30,635 | 25,187 | 253,892 | 58,562 |
| 1935 | 132,327 | 44,885 | 18,610 | 42,685 | 39,923 | 278,430 | 60,032 |
| ②1936 | 178,827 | 55,685 | 18,510 | 49,685 | — | 302,707 | 76,073 |
| ②/① | 1.2 | 1.3 | 1.6 | 1.6 | — | 1.2 | 1.3 |

　表12から，収入構造の変化は電熱・街灯方面の変化は少なく，雑項方面の変化が大きいがたいした意味はない。重要なのは，電灯・（工業用）電力の増減状況で，はじめは電灯収入が多かったが，後に（工業用）電力収入がトップの位置を占めるようになる。

　支出の類別は項目が違うので，1930年から1933年を1期とし，1934年から1936年を2期とした（表13・14参照）。

　表13を見ると，1930年と1933年を較べて創業費の減価償却分と雑項以外で増加が最も多いのは電力購入と給電の2つで，その他の項目の増加はあまり大きくない。電力購入・給電の費用増加は電気業務の増加をあらわし，その他の費用はこれと同じ割合で増加していない。これは事務と管理費が固定し

た費用で，電気業務の増減に従って増減するわけではないためである。1934年と1936年を比較すると，雑項の支払いが含まれているため，営業と管理費の増加が比較的大きい。

古い機械の減価償却は2つの要素を含んでいる。1つは現在の発電機を売却した時の損失で，合計で85,721元である。もう1つは電線設備の移譲によるものである。閘北公司と新しい営業区を分割し，沙涇港から東が翔華，西が閘北の営業区となった。双方の電線設備は数の多少に関係なく代金支払いなしに委譲しあったので，翔華側は22,150元の損失となった。この2つが欠損で，4年に分けて会計処理し，このため減価償却費が比較的高くなることになった。[47]

表14から，営業費と管理費の増加が比較的多いが，増加の割合には一定の制限があり，増加の原因は各項の細目の増加状況から見出すことができる。

表15 支出細目表

(単位：元)

| 種別＼年 | ①1929 | 1931 | 1932 | 1933 | 1934 | ②1936 | ②/① |
|---|---|---|---|---|---|---|---|
| 薪　金 | 11,486 | 10,552 | 11,367 | 17,113 | 16,538 | 30,223 | 2.6 |
| 工　資 | 7,012 | 6,481 | 5,437 | 11,662 | 14,495 | 17,093 | 2.4 |
| 膳　食 | 3,889 | 3,776 | 3,500 | — | — | 3,025 | 0.8 |
| 燃　料 | 23,439 | — | — | — | — | — | — |
| 購　電 | — | 98,868 | 79,260 | 115,564 | 143,735 | 178,827 | 1.8 |
| 消　耗 | 9,601 | 87 | 108 | 1,859 | 5,584 | 3,424 | 0.4 |
| 修　理 | 916 | 333 | 478 | 665 | 2,330 | 1,112 | 1.2 |
| 折　旧 | 15,704 | 28,745 | 29,477 | 31,469 | 15,267 | 25,899 | 1.6 |
| 攤　提 | 2,764 | 5,288 | 5,288 | 10,575 | 25,187 | — | 9.1 |
| 事　務 | 9,939 | 10,287 | 11,433 | 14,712 | 20,308 | 23,111 | 2.3 |
| 捐　税 | 1,165 | 2,214 | 355 | 1,217 | 1,653 | 4,825 | 4.1 |
| 報　酬 | — | 3,313 | 2,577 | 3,927 | 4,852 | 5,881 | 1.8 |
| 雑　項 | — | — | 2,087 | 1,540 | 3,943 | 9,287 | 4.4 |
| 合　計 | 85,915 | 169,944 | 151,367 | 210,303 | 253,892 | 302,707 | 3.5 |
| 利　益 | 37,329 | 51,928 | 26,844 | 56,295 | 58,562 | 76,073 | 2.0 |

出典：表11と同じ。
説明：民国22，23年の膳食費は，もとの表では薪金と工資に分かれて入っていた。25年の膳食費は手当であり，膳食費ではない。この雑項と表13・14の雑項は内容が異なる。

ここに支出の細目を表にした（表15参照）。

表15から，増加の最も多いのは減価償却で，これは多くても少なくても特に意味はない。次に雑項であるが，これは必ず支払わないといけない項目でなく，1929・1930年の両年は欠けている。次が税金だが，この増加は営業者がコントロールできるものではない。これらのほかに，最も増加しているの

表16　公司利益獲得力表

(単位：元)

| 年別 | ①利益 | ②資本金 | ①/② |
|---|---|---|---|
| 1927 | 22,495 | 250,000 | 9.0 |
| 1928 | 29,083 | 250,000 | 11.6 |
| 1929 | 37,329 | 250,000 | 14.9 |
| 1930 | 41,495 | 250,000 | 16.6 |
| 1931 | 51,928 | 250,000 | 20.8 |
| 1932 | 26,844 | 250,000 | 10.7 |
| 1933 | 56,296 | 250,000 | 22.5 |
| 1934 | 58,562 | 250,000 | 23.4 |
| 1935 | 60,032 | 250,000 | 24.0 |
| 1936 | 76,073 | 250,000 | 30.4 |

出典：表10と同じ。

表17　利益分配表

(単位：元)

| 種別＼年 | 1929 | 1931 | 1932 | 1933 | 1934 | 1936 |
|---|---|---|---|---|---|---|
| 積立金 | 1,866 | 5,193 | 2,684 | 5,629 | 5,856 | 6,250 |
| 株式利息 | 20,800 | 20,800 | 20,800 | 20,800 | 20,800 | 20,800 |
| 割増配当金 | 12,126 | 25,935 | 4,042 | 28,292 | 32,334 | 35,532 |
| 営業税 | 1,466 | ― | ― | ― | ― | ― |
| 特別積立金 | 375 | 750 | 125 | 875 | 1,000 | 13,573 |
| 剰餘 | 696 | 936 | 916 | 1,615 | 187 | ― |
| 合計 | 37,329 | 51,928 | 28,567 | 57,211 | 60,177 | 76,155 |

出典：各年の業務報告。
説明：民国21年の合計数の中には19・20年の利益1,723元が含まれる。22年の合計数には21年度の利益916元が含まれる。23年の総数には22年の利益1,615元が含まれる。25年の総数には前年の利益82元が含まれる。このため表10の収支表とは利益の数字が異なる。

表18 株主の獲得配当金（紅利）
(単位：元)

| 年 | 1929 | 1931 | 1932 | 1933 | 1934 | 1936 |
|---|---|---|---|---|---|---|
| 株主配当金 | 7,276 | 15,561 | 2,425 | 16,975 | 19,400 | 21,319 |
| 配当金(％) | 2.9 | 6.2 | 1.0 | 6.8 | 7.8 | 8.5 |

（出典）　表17と同じ。

は薪金と工資（給与）の2項目で，人件費の増加をあらわしている。初期には食費と，薪金・工資を分けていたが，1933年から36年からは2つを併せて計算している。比較のため，1929年の食費・薪金・工資の3つを併せると，1936年は29年の2倍であり，増加は多くなく，事務費の増加よりも少ない。事務費の増加は業務の発展によるもので，しかし収入（1936年は29年の3.5倍）の増加より少ない。人件費の増加は人員の増加と賃金の上昇と関係している。こうした増加の趨勢から見て，翔華公司の支出は全く正常であると言える。

翔華公司の収益力は表16の通りである。

表16から，1932年以外はその収益力はほとんど直線的に上昇し，1936年には30.4％に達していることが判る。上海の民営電気会社の中でもトップである。利益の分配は株式利息の固定分が20,800元，8.32％で，その他は公定積立金・割増配当金（紅利）・特別公債などに分けられ，表17の通りである。

株主の所得は株式利息のほかに割増配当金が60％あり，年ごとの株主の割増配当金は表18の通りである。

表18から，株主の割増配当金の増加は1.0％から8.5％とまちまちで，1936年には割増配当金と株式利息の合計は16.8％という高率になったことが判る。

# 結　論

翔華公司の成立は激しい争いを経て達成された。閘北水電公司との営業区をめぐる対立と争いは，最終的に翔華公司が閘北水電公司から営業区を借りる形で妥協して解決した。[48] この事件の背後には2つの大きな力があった。ひとつは閘北公司を支持する省公署，もうひとつは翔華公司を支持する当地の諸団体であった。中央主管機関である交通部は中立の態度を保ち，双方が妥協して解決することを望んでいた。省署と地方の諸団体にはそれぞれの経緯

と法律的な根拠があり，重要だと考えたことが違っていただけであった。どちらの法的根拠に理があるかは措くが，この一件によって商工会などの地方の諸団体が地方事務を処理するのに，すでに相当の力を持っていたことを見出せるだろう。

　翔華公司の組織と人事は，当地の絹織物業者を主体とし，組織は簡にして要を得たものであり，人事は安定し，人員の増加数は多くはなかった。設備方面では，電力の転売のための送電が主でありその増加には自ずから制限があった。これは総じて営業区が狭く，発展が難しかったためである。しかし，電力販売の実績は増大著しく，これは工業の需要が増えたことを説明している。そうした一方，電力の損失率を見ると当地の社会環境や，平和と動乱（第１次上海事変時の損失大など），経済の栄枯盛衰と密接な関係があったことが判る。翔華の営業収入は大変よく，主な原因は翔華が自主的に電気料金を値下げし，広く宣伝に努め，工業用電力の顧客を集めたことにあり，その経営手腕の見事さと企業としての先見の明を見ることができよう。社会的な貢献は，工業用電力が主体であり，1936年，工場などへの電力販売量は総販売量の84.2％を占めていた。翔華公司の財務構造はとても合理的で，翔華電気公司自身の収益が優れていたために資金を外に求める必要がなく，1936年には上海の中国籍・外国籍の電気会社の中でもトップに位置した。小規模な電気会社として最も成功した事例であった。1931年，34年，35年の３回，建設委員会の報奨状を受けた。この回数は，上海市についていえば，浦東・閘北の両社に次ぐ３位の成績である[49]。その他の報奨された企業は比較的規模の大きな企業であるが，翔華公司は最も小さい会社だった。一般的には規模の大きな会社の方が管理のコストが低くなり，利益は大きくなるが，翔華公司の成功は企業の規模ではなく営業区内の人口密度の高さと工業の発展に支えられたものであった。この翔華電気公司の事例から，電気事業の成功というのは，内部の経営がよろしきを得ているかは勿論大事なのであるが，その所在地の周辺諸環境と最も深く結びつけられていることが判る。真茹公司が発展できなかったのは，営業区内の人口が少なくて経済が発展していなかったためである。鎮江大照電気公司の発展できなかった原因も，鎮江市の経済が次第に衰退していったことと関連があった[50]。電気会社は電気を提供する責務を負うが，社会に有効な需要があるかどうかが，会社の発展を決める決定的な要素

であるということができよう。

―――――――――――――――

1) 民国13年9月1日「虹鎮商界聯合会呈」。民国14年7月12日「閘北公司呈」『建档』23-25-72, 23。
2) 金丸裕一「上海電力産業的再編過程1925-1937」草稿8頁。
3) 「来往文件」『建档』23-25-72, 23。
4) 民国13年9月1日「陳保欽呈」「商界連合会呈」『建档』23-25-72, 23。
5) 民国13年12月8日「収虹鎮商界連合会呈」, 12月17日「交通部咨省署」『建档』23-25-72, 23。
6) 民国14年3月14日, 3月24日, 4月3日, 省署と交通部間の往復文書『建档』23-25-72, 23。
7) 李健民『五卅惨案後的反英運動』(台北, 中央研究院近代史研究所1986年), 171-218頁。金丸裕一『中国の工業化と電力産業』1990年, 東京都立大学修士論文, 第3章31-42頁はこの停電問題について論じている。
8) 沈嗣芳「紗廠原動力問題商確」『華商紗商連合会季刊』6巻1期 (1925年), 18頁。工部局の電力価格が安く, また停電の心配がないので工場の歓迎を受けたと指摘している。
9) 李健民, 前掲書209頁。まわりの発電所は楊樹浦電廠, 斐倫路電廠, 揚州路・海防路配電所。
10) 金丸裕一, 前掲論文7-8頁。ストライキのためか, 石炭不足のためか, 政治的な報復のためか, 停電の原因は不明であるが, 報復の可能性が大きい。停電のほかに水道も停止すると宣言し, 工部局は閘北公司に一時的に給電を停止すると書面を送った。民国14年7月10日「上海紗商連合会呈」『建档』23-25-72, 23によれば故意に停電したとする意見が多数を占める。
11) 民国14年9月27日「収上海華商紗商連合会呈」「外交部档案」「滬案」。『申報』1925年10月31日。
12) 民国14年7月10日「胡家木橋商連会呈」, 7月12日「閘北公司呈」『建档』23-25-72, 23。
13) 民国14年7月10日「胡家木橋商連会呈」, 7月12日「閘北公司呈」『建档』23-25-72, 23。
14) 民国14年7月23日「華蔭薇呈及審査意見」『建档』23-25-72, 23。
15) 民国14年8月2日「華蔭薇呈」『建档』23-25-72, 23。
16) 民国14年8月29日「上海県知事呈」, 8月30日, 9月9日「商連会文」, 10月5日

「江蘇省咨」『建档』23-25-72, 23。
17) 民国14年9月16日「工商連合会等六個団体電」, 9月24日「交通部批」『建档』23-25-72, 23。
18) 民国14年11月25日「収華薔薇報告」『建档』23-25-72, 23。
19) 民国14年12月, 閘北公司はすでに翔華公司を制止するように依頼した。民国15年4月30日「閘北再呈」, 17年5月「交通部審査意見」『建档』23-25-72, 23。
20) 民国15年6月25日「翔華公司呈」『建档』23-25-72, 23。
21) 民国16年3月5日「閘北・翔華両公司合呈」『建档』23-25-72, 23。
22) 『22年業務報告』4頁。双方で電線と設備を移し, 翔華公司は大損した。民国22年翔華は徹底的に調査し, 損失は22,150元であった。
23) 民国12年11月の申請時, 陳保欽の住所は物華綢厰発行所であった。『建档』23-25-72, 23。
24) 民国15年6月25日「翔華呈」『建档』23-25-72, 23。朱頤寿は日本の東京の法政大学を卒業し, 上海元豊絲厰の経理, 無錫民豊模範絲厰の経理, 上海糸厰同業公会の執行委員を務めた。経歴の中に物華との関係は出てこない。
25) 民国23年6月8日「翔華公司呈」『建档』23-25-72, 25-1。蒋世芳は嘉興師範を卒業し, 浙江省議会の議員, 嘉興商会会長兼常務委員, 嘉興銀行副理であった。
26) 民国19年1月21日「張宝桐報告」『建档』23-25, 21-5。
27) 民国15年6月25日「翔華公司呈」『建档』23-25-72, 23。『上海特別市業務報告』民国17年6月から12月の「調査表」。民国25年1月23日「上海市函」『建档』23-25-72, 25-2。唐経綏は江蘇省立第二農業学校卒。
28) 『上海市統計』民国22年「公用」9頁。『中南支各省電気事業概要』1145頁。
29) 民国12年8月 (9.2受取)「陳保欽等呈」『建档』23-25-72, 23。
30) 『第三届営業報告書』民国18年「資産目録」。
31) 民国12年8月「陳保欽呈」『建档』23-25-72, 23。
32) 民国19年1月10日「張宝桐報告」『建档』23-25-72, 24-1。
33) 民国19年8月30日「翔華公司呈」「附購電合同」『建档』23-25-72, 24-1。
34) 『第三届営業報告書』民国18年「資産目録」。『第五届営業報告書』民国20年, 2頁。
35) 民国20年『第五届営業報告書』2頁,「財産表」3頁。
36) 『22年業務報告』工程部分。
37) 民国20年から25年の各年業務報告。
38) 民国12年8月「陳保欽呈」『建档』23-25-72, 23。
39) 民国20年『第五届営業報告書』1頁。
40) 『22年業務報告』2頁。

41)  『23年業務報告』1頁。
42)  『上海市統計』民国22年「公用」9頁。『第三届営業報告書』民国18年, 3頁。
43)  『23年業務報告』3頁。
44)  『25年業務報告』6頁。
45)  『上海市統計』民国22年「公用」7頁。『25年業務報告』資産負債表。
46)  翔華の流動資金は総資産の38.2%を占め, 浦東 (19.3%), 閘北 (21.1%), 華商 (38.0%) と比較してかなり多い。
47)  『20年業務報告』3頁。
48)  日中戦争勝利後, 貸与期間が満了したので閘北公司により回収され, 1947年7月, 双方が譲渡契約をむすび, 77,000万元の価格で翔華公司は終結した。その固定資産の低減は戦争により「設備の大部分が破損した」ためである。民国36年9月22日「上海市函経済部」『経済部档』18-25-11, 5-1。
49)  『建档』23-25, 14-2。
50)  拙稿「江蘇省第一家民営電灯公司－鎮江大照電灯公司1904-1937」

〔原載:『郭廷以先生九秩誕辰紀念論文集』上冊157-182頁 中央研究院近代史研究所 1995年〕

# 第6章　滬西電力公司の設立をめぐる交渉：1932-1935年

## はじめに

　上海の公共租界の（行政機関たる）工部局が経営していた電気処は，中国の最大の発電の設備を擁し，公共租界に電力を供給するだけではなくて，上海の中国の各電気会社に電力を売って，自らも越界路区の各戸へ電力を供給していた。1929年8月，この公共租界工部局の電気処の設備と営業権はアメリカ資本に売却され，上海電力公司（The Shanghai Power Co.）と改名した。そうした一方，1927年上海特別市が成立すると，いち早く越界路と電力を供給する権限の回収が図られることとなり，かくて上海電力公司と上海市の交渉が行われた。

　交渉は歴史上よくある事象で，往々歴史上の出来事を決定する。この交渉もそのような事例である。本文の要諦はこの交渉の過程と上海市政府の失敗の原因を研究することにあり，結論で批判を加える。

　交渉の定義は多くある。Oran R. Young は交渉に臨んでいる2人（もしくは2人以上）が，価値の分配についてのやりとり・駆け引きをして，相互に影響をあたえて一つの協定が成立することとする。P. H. Guniver は問題を解決する一つの過程であるとし，交渉とは仕事上一方が相手方が意見を異にしていると捉えたときに，共通の決定に達成することとする。G. H. Snyder と Paul Diesing は交渉における主要な過程は1種の価値と認知を操縦（Manipulating）する過程であるとする。J. N. Morgan は交渉とは一種の愚弄的方策で虚勢を張って相手にこれが最大の譲歩だと思わせるものとしている。[1]

　これらの定義を見ると，交渉には客観的な情勢を掌握する能力も欠かせないし，また相手の考えを操る能力も必要である。交渉過程では相互が影響を与えあい，博捜して得られた資料が駆使され，交渉術が尽され千変万化の様相を呈する。[2] 中国人も絶えず是非を論じ，情に訴え，恩恵をちらつかせ，脅し，利益で釣り，ペテンなどの技巧を利用する。それらの技巧の中で最も有効であるのは，まず，己を知り相手を知り，彼我の利害関係を考えることで

ある。

　交渉を研究するに当たって，上述の各種の要素要因について留意する外，交渉の策略（戦略）のパターンに留意することもできる。交渉者は事前にどのような方針戦略で望むか決めるべきで，交渉者は情況（或いは事実）を見て，交渉人本人は自分のおかれた状況下どれだけの手段があるのか？　相手の情況はまたどのようなものであるのか？　などを考慮する。戦略を決める者にはいくつかの選択肢があるが，その選択は良くも悪しくも決定者本人の自己の価値判断に左右される。決定がなされた後の交渉時においては相手はどう反応をして，あるいはどのように新たな挑発をしてきて，これにどう対処すべきであったか？　研究者は相互が影響し合った過程に留意しないといけない。[3]

　電気事業は現代の工業の動力の母であり，同時に公益企業の一つであり，実に多くの日常生活を支えている。1936年，外資の発電容量と発電量はいずれも中国側の自営業者を上回っており，電気事業もまた中外関係の一つの課題となっていた。本文が研究した「滬西電力公司の設立」はその一例である。これまでの研究者が中国の電気の事業に対して行った研究は多くなく，電気事業所が関わった中外交渉についてとなると更に少ない。[4] 本稿は中国と外国の企業の交渉を主として論じる。中国と外国の企業の間で行われた交渉の1事例とし，双方の成功と失敗の原因を分析する。

## 第1節　越界路に電力を供給する由来

　上海の公共租界の工部局には本来租界の外に道路を造る権利などなかった。道光25年（1845）上海道台の宮慕久が公布した地皮章程（土地章程）にはその規定はない。同治5年（1866），租地人会は自分勝手に地皮章程の改訂を行い，同治8年（1869）は北京駐在していた英米などの5国の公使達がそうして公布された新しい規程の第6項を暫時行えと許可を出して，工部局が土地を買って道路を作り公園を造っていった。しかし，この許可は中国政府の承諾を経ておらず，本来は法的効力は無いというべきものであったのである。光緒5年（1879），租界の納税者は再び改訂を行い，工部局が越界路区の公共の安全及び交通の権力を管理を維持できると規定した。

同治元年 (1862), 競馬場の株主達は2マイルの長い静安寺路を造った。元々は馬を走らせた道であり, 会員は道路費用を納めなければならなかった。後にこの収入が減った為, 株主会は同治4年12月 (1866年2月) に工部局に接収管理してもらうことを決議した。こうして工部局は静安寺路, 呉淞路を接収した。同治9年 (1870) になると, 都合8本の道路を接収管理し, 中国政府に土地税の免除まで求めた。光緒21年 (1895) には, 越界路は既に13マイルに達していた。光緒25年 (1899), 公使達は租界の拡充を求めて, 中国政府は妥協を強要され, 拡充を許した。租界外の建設道は一括して租界内に組み込まれた。[5] 上海フランス租界もまた不断に租界外に道を建設していた。同治初年 (1860-1862), フランスの工兵が徐家匯路を建設して, それ以後絶えず拡張を繰りかえした。1913年 (民国2) になると全部で25もの道路を築いており, 1914年の租界拡大のおりに一括して租界内に組み込んだ。[6]

中国の政府と人々は, 初めは越界路が主権を損なうものとは感じず, 交通が便利になると思っただけであり, 道路を作る時は国内外の民衆及び上海道台までもが金を拠出した。外国人が租界の拡大を求め, 警察権が発生するにいたってようやく事態が深刻であることが認識されたのであるが, やむを得ない情況下で, その租界の範囲の拡充を許し, 現地人の民間人と協議して土地を買うことについては許した。ただ道路は墓地を迂回し, 家屋を保存した,[7]

こうして公共租界と仏租界は多くの租界外に多くの道路 (越界路) をつくった。[8] 一部の越界路はすでに租界に組み込まれていたが, 1928年時には, 租界の北部に11本の道があり, 租界の西部にも更に28本の道があった。以下に列挙するが, 北部は表1の通りである。

表1の滬北部分 [上海市北部] は, 1つだけ長さが不明であるものを除いて, 合計6,489メートルあった。滬西の電力供

表1　公共租界の越界路　滬北部分

| 路　名 | 開設時期 | 長さ (m) |
| --- | --- | --- |
| 江　灣　路 | 1903 | 1,220 |
| 北　四　川　路 | 1903, 1916, | 2,134 |
| 黄　陸　路 | 1904 | 457 |
| 北浙路及界路 | 1907, 1908, | 不　明 |
| 赫　司　格　爾　路 | 1911 | 122 |
| 施　高　塔　路 | 1911 | 508 |
| 寶　樂　安　路 | 1912 | 457 |
| 狄　恩　威　路 | 1912 | 1,128 |
| 白　保　羅　路 | 1913 | 149 |
| 歐　嘉　路 | 1917 | 274 |
| 哈　爾　賓　路 | 不　明 | 40 |

出典：『上海市年鑑』民国24年H 6-7頁。

給問題と関係がないから電気供給設備を掲げていない。表2にまとめた滬西の越界路は28本あり，電力の供給をうけているものは23本で，その中で1925年に造られた12本中のうち5本にまだ電力が供給されてなかった。

中国政府の越界路に対する態度の変化は，4つの時期に分けられる。

1. 1853-1899年。無知でどうしたらよいか判らなかった時期。反対はするが時既に遅く，1899年の租界拡大により，すべての越界路が租界内に取り込まれた。
2. 1899-1911年。正式に交渉した時期。上海道台の袁樹勛が光緒30年（1904）工部局に対して現地の中国人から土地を買って道路を作る許可を与えた。道路ができると，必然的に水際の埋め立て交渉，警察権交渉，衛生問題，徴税問題などがおこった。宣統元年（1909），租界を拡充が望めないと工部局は租界外の道路建設に尽力した。
3. 1912-1925年。消極的な抗議時期。政府は帝政や内紛，あるいは南北講和に忙しくて，この問題にまで手が回らず，消極的な態度であった。その上，袁世凱はフランス租界の大幅な拡大を許可した。
4. 1925-1937年。積極的な回収時期。五卅惨案の交渉時に，すでに越界路の回収を申し出た。孫伝芳時代に，総辦・丁文江が再度申し出て，警察権はほぼ回収できた[9]。

国民政府が上海特別市政府を創立した後には，積極的に回収が図られた。交渉の前に，先に行政的手法で回収に着手した。黄膺白の市政建設の重点は2つあった：

① 租界の外周を取り巻く道路を建設して，拡張を防ぐ。
② 呉淞に港をつくって租界との間に新しい市区を作り，租界の占める商業的地位を低くする。

沈怡が公務局長であった時に，上述の意見を改めて3点の政策を決定した。

① 1本の閘北と龍華をつなぐ道路を造り，越界築路区を貫いて，越界

## 表 2 滬西の越界路と電力供給情況 (1931年)

| 路 名 | 建築時期 | 起 点 | 終 点 | 長さ(m) | 個 数 | 容量(KVA) |
|---|---|---|---|---|---|---|
| 極司非而路 | 光緒2年及民國2年 | | | 約2,805 | 5 | 6,537.5 |
| 勞勃生路 | 光緒26年 (1900) | 極司非而路 | 租界線 | 1,601 | 11 | 4,152.5 |
| 白利南路 | 光緒27年 (1901) | 羅別根路 | 極司非而路 | 5,595 | 14 | 6,845 |
| 海格路 | 光緒27年 (1901) | 福煦 | 徐家匯路 | 4,085 | 4 | 612.5 |
| 虹橋路 | 光緒27年 (1901) | 海格路 | 上青交界線 | 9,787 | 12 | 595 |
| 羅別根路 | 光緒27年 (1901) | 虹橋路 | 白利南路 | 3,750 | 2 | 120 |
| 憶定盤路 | 光緒31年 (1905) | 海格路 | 白利南路 | 1,631 | 4 | 1,125 |
| 康腦腹路 | 光緒32年 (1906) | 極司非而路 | 租界線 | 991 | 3 | 575 |
| 地豊路 | 宣統3年及民國13年 | 海格路 | 極司非而路 | 991 | | *a |
| 大西路 | 宣統3年 (1911) | 海格路 | 華倫路 | 1,372 | 5 | 700 |
| | 民國11年 (1922) | | 虹橋路 | 3,689 | 1 | |
| 檳榔路 | 宣統3年12月 | 勞勃生路 | 租界線 | 1,601 | 1 | 325 |
| 星加披路 | 宣統3年12月 | 康腦脱路 | 租界線 | 915 | 1 | 625 |
| 愚園路 | 民國元年 (1912) | 白利南路 | 極司非而路 | 2,378 | 4 | 475 |
| 華倫路 | 民國元年 (1912) | 虹橋路 | 白利南路 | 2,011 | 2 | 1,002.5 |
| 静安寺路 | 民國10 (1921) | 租界線 | 大西路 | 503 | 1 | 1,250 |
| 開納路 | 民國12年 (1923) | 憶定盤路 | 極司非而路 | 595 | | *b |
| 林肯路 | 民國14年 (1925) | 羅別根路 | 大西路 | 4,186 | 4 | 712.5 |
| 膠州路 | 民國14年 (1925) | 租界線 | 勞勃生路 | 323 | | *c |
| 哥倫比亞路 | 民國14年 (1925) | 虹橋路 | 大西路 | 1,787 | | *d |
| 凱旋路 | 民國14年 (1925) | 虹橋路 | 白利南路 | 2,655 | | *e |
| 喬敦路 | 民國14年 (1925) | 凱旋路 | 海格路 | 1,497 | | |
| 安和寺路 | 民國14年 (1925) | 凱旋路 | 喬敦路 | 1,448 | 1 | 225 |
| 惇信路 | 民國14年 (1925) | 凱旋路 | 大西路 | 1,241 | 1 | 125 |
| 法磊斯路 | 民國14年 (1925) | 虹橋路 | 大西路 | 692 | | |
| 佑尼干路 | 民國14年 (1925) | 華倫路 | 大西路 | 871 | | |
| 麥克利奧路 | 民國14年 (1925) | 羅別根路 | 虹橋路 | 1,817 | | |
| 碑坊路 | 民國14年 (1925) | 虹橋路 | 比亞士路 | 4,024 | | |
| 比亞士路 | 民國14年 (1925) | 碑坊路 | 白利南路 | 3,628 | | |
| 総計28路 | | | | 68,478 | 76 | 26,002.5 |

以下の5ヶ所は変圧設備がないが, 架空線により電力供給していた。
　a：高圧用線 (6,600V) 140m, 低圧用線 (350／200V) 1,070m。
　b：低圧用線650m。
　c：低圧用線320m。
　d：高圧用線1,970V, 低圧用線460m。
　e：低圧用線330mo
出典：『建档』23-25, 9-1,「滬西越界築路統計表」「上海電力公司在滬西越界築路各地設備一覧表」の2表と説明を整理して作成。

築路区の拡大しようとする租界側の思惑を粉砕する。
② 越界路に含まれる家屋は工務局に建築許可を申請して許可を受けさせる。
③ 閘北，南市，滬西の道路システムを公布して，越界路をその中に含める。

この3政策の目的は，越界路区を貫いて租界の拡大を防ぎ，本来あるはずの主権を回収することであった。張定璠が市長をしていた時もこの計画は引き続き行われ，1927年冬に正式に施工して中山路を建設し，竜華駅から越界路区を横切って閘北に至り，更に呉淞にまで伸びて17キロメートルもの道になった。[10]

その後市政府は越界路の情況を調査して，1929年に交渉を始めたが，まだ進展をみなかった。1932年は第1次上海事変のため交渉は一時停止し，5月に交渉が再開された。6月に市政府と工部局が草案を立案した。その要点は3つある：

① 越境して造られた越界路は完全に中国の管理下に返還する。
② 双方が同意の上，特別警察機関を設置し，中国人を警長に，外国人を副警長に任命し，その下に中国人・外国人の警官若干名を配置する。これはすべて中国政府が任命する。
③ 税収の管理は，市政府と工部局が共同で責任を負う。

草案は工部局の董事会に送られ，董事会は議決して領事団に書面で通知したところ，はからずも日本人の断固とした反対にあった。日本側は，自ら警察力を保持する権利と自由に建築できる権利を有するとし，そして日本の居留民は未来永劫重ねて税を納めることはないとした。1934年，交渉は続けられたが，合意を見なかった。[11] 1937年になっても依然として懸案であったのである。

## 第2節　上海市政府の初期の対応

　上海の公共租界の工部局電気処の越界路への電力供給は，もともと西（滬西）と北（滬北）の区別があった。しかし上海の北の滬北の越界路は11本のみで，範囲はより小さかった。滬西は事情が異なっていた。面積は大きく呉淞江の南岸に沿って工場が林立し，電力需要も多かった。それ故，租界工部局と上海市の双方ともが滬西の地区を重視していた。発電所は滬西にあり，法華・蒲松の2つの地区の越界路は28本を数え，1928年時にはその内の22本は既に電力供給を受けており，その後更にもう1つの道路に供電されるようになった。1927年当時，越界路の電力供給は2千余りの住居に対して行われ，特別寄付は毎年2万両を下らなかった。[12] 上海市の公用局が創立した後に，このような状況は，座して利益を失うのみならず，主権が妨げられていると認識されて早急な対策が求められたのである。

　公用局はまず閘北と華商の2つの電気会社をして工部局電気処と競争させた。閘北公司の本来の電気料金はキロワット時0.22元であったが，電気処はキロワット時0.15元と廉価だった。公用局は閘北公司に供電価格を値引きさせて，権益を挽回することを期した。[13]

　法電電車電灯公司が運営する水道事業所は，滬南にあり，その水道管は仏租界へつながっていた。その水道管の横に電線が敷設されて，水道事業所が使う電気は直接フランス租界の発電所から供給された。第3番の水道管を埋設する時，水道事業所と滬南工巡捐局は契約を結んでいたが，その第11条の規定は「フランスの発電所は華界へも供電するが，華界が自ら電力を自給できるようになる日にそれは終える」と規定していた。1928年の時点で，華商公司の電力供給力は発電容量（16,000kw）ですでに仏租界の発電所（12,128kw）を超えており，フランスの水道事業所への供電権はもう回収しなければならなくなった。ところが，華商公司は回収しないだけではなく，仏発電所と互いに電気を融通し合っているという有様であった。公用局は公安局とともに人員を派遣して送電線を封鎖し，フランス水道事業所への終日電力供給権を回収した後に，再び開放した。またフランスの水道事業所の水道管に付け加えられていた送電線は，公用局が工務局とともに路面から掘りだして抽出検

査されて，漏出が防がれた。[14)] これは，公用局の電力供給権の収回についての堅い決意をみることができるものである。

上海市政府が更に1929年9月に定めたのは「華区と租界の境を接した住居については，完全に華界に位置するものとして，華界から必ず水道と電気の供給を受けなければならならない。もし華界が暫時給電できなくても，市政府が許可なくして無断で租界の水道と電気を利用することは許されず，およそ越界路区で上海電力公司の電気を使いたいと思うものは，前もって公用局に誓約書をもって声明することとし，合法的な電気会社の送電線が当所に到れば1ヶ月の内でつなぎ直す」ということである。しかし，誓約書を提出したのはわずか120戸だけであった。[15)]

閘北，華商の2つの会社は発電容量が十分になく，このことについては躊躇し，滬西への電力の供給はまばらでほんのお飾り程度のもので，上海電力公司にはとても対抗できなかった。[16)]

公用局が行った滬西の電力供給状況調査によると，電線は4種類を計えた。22,000V, 6,600V高圧の地下ケーブル，6,600V, 350Vの架線，そして別に電話線もあった。設備容量は26,000KVA，最高負荷は少なく見積もっても10,000KWだった。設備価値は約500万元，毎年の売上げは約200万元だった。その規模の大きさが判る。

公用局は滬西水電についての解決方法を3つ提案した。

1. 市政府が滬西に水道と電気の会社を設立して，暫定的に租界から水道と電気を転売して使うこととする。これには約100万元が必要とされる。更に設備を拡充して，自分で水を電力の供給をするとなると，およそ400万元必要となる。
2. 滬西地区を分けて，一部を華商電気公司と内地自来水公司の経営に帰し，一部を閘北水電公司の経営に帰す。
3. 市政府が以上の3社とともに滬西の水道と電気会社を組織して，暫定的に租界から水と電気を買って消費者に転売することとし，将来的に各会社がそれぞれ水道と電気を供給することとする。

第1の方法は官営・公営とする案であるが，市にはそれだけの財政力がな

かった。更に計画して準備するにも3-4年かかるものであった。この間利権は収回はできないし，自分で水道と電気を供給しても3,4年の間は準備に費えやはりこの間権益の収回は不可能であるし，租界も同意しないだろう。

　第2の方法は商弁（企業・民間の商人を募って経営させること）であったが，滬西の一帯というのは，人家の煙がまれな区で，短期内の経営では損益が出る可能性があり，企業を招致するのは難事であった。

　第3の方法は国営の商業のために共同経営して，第2法の意図をも含む。工部局の水道管・電線などの設備を買収した上で，機器を拡充し，電力の供給に100万元を投資し，給水事業には150万元を投資すると見積もった。先に電力事業をし，水道事業は後にする。市政府が投資に関わることは，管理するのにも都合がよかった。将来完全に市を回収するにも便利であった。給水は別に滬西に水道事業所を設けてもよかった。経費の調達は，公債を発行でできる。先に水道と電気権力を回収すれば，路権が回収できなくても，その侵略を防ぐことができる。滬西の将来の発展は十分見込め，大きな利益を上げることも思うがままだった。[17]

　上述の意見は，更に市の営業組の審議を経て，閘北の水道と電気の各会社に対して投資することに賛同して，公益企業に対して賛助を惜しまないことのみならず，主権を守ることを目指すことも示したのである。将来，市の行政の地区が確定してから，積極的で地区に近接する水道と電気の会社に配慮して政府所有株分の資本を増やし，水と電気が通じたとなれば，地価を高くすることができ，短時日の内に巨利を得ることができるのである。[18]

　もし主権を回収することができるならば，長期間に巨額な利益を見込め，最上の策とできよう。しかし現実には2つの困難があった。まず，資金難。滬西の資産総額の約500万元の上に，送電線を拡充するためには巨額の資本が要った。そして，上海電力公司がそうやすやすとは手放すはずはなかったのである。上述のような方策で滬西の電力供給問題を解決しようとしてもそれは簡単なことではなかった。しかしどの方案をとったにしても，上海電力公司との交渉しなければならない手続きであり，重要な手続きであった。

## 第3節　政府の最初の政策決定

　上海市政府は行政院の命を奉じて，越界路の電力供給権を回収する方法を協議した。1932年4月16日，公用局は事務総長（秘書長），財政，工務，社会の各局の局長が会議をして，上海電力公司との交渉の原則を相談して決めた。市政府と上海電力公司が共同経営することとする。できないのであれば，市政府から適切に上海電力公司に経営を依頼することとした。5月14日，市政府と上海電力公司は交渉して，上海電力公司総理のホプキンス（P. S. Hopkins. 中国語表記・賀清）は以下のように表明した。

1. 上海電力公司と上海市との滬西の共同経営は，目下のところはその時期ではない。
2. 上海電力公司は中国銀行界と共同出資して新しい会社の設立を強く望んでいる。
3. 滬西の電力供給問題が解決すれば滬北については電力供給権を放棄する。

　第2点目の新しい会社をつくることについてホプキンスは補って4点の説明を加えた：

1. 外資は6割，中国資本は4割。
2. 新しい会社と市政府は約束を決めて，そして中央政府に対して登記する。
3. 新しい会社の権利と義務，契約によるものとして，治外法権の一端については，自らの意志で放棄すると声明してもよい。
4. 新しい会社は上海電力公司に最低利回りの利益を保障することとする。

　ホプキンスは，営業権代価まで算出した覚え書まで提出した。このことから，上海電力公司が早くから滬西への電力供給問題を解決して，滬西における合法的な地位を確定したかったことが判る。

全国の電気事業を主管する機関であった建設委員会(建委会と略称される)は，行政院に書面で要請をして，行政院経由で上海市に求めた。滬西の電力供給に関わることについては審査に供すべく当建設委員会に送るようにと。また行政院はすぐ外交，実業の2つの部に命令を下して建設委員会と共に審査するように命令をだした。[19] それ以後外交部，実業部，建設委員会が会議で協議した。9月24日，3機関は連名して行政院に報告した。この問題の最も適切な方法は解決方法は買収代金を準備して買収回収して自分たちで経営することであるものの，上海電力公司の投資は巨額であり自ら進んでそう簡単に放棄はしないだろうし，越界路を楯として容易に服従しないだろう。買収する金額も市政府の能力を越えたものであり，民間に募ったとしても容易なことではない，企業を招致しようとしても容易なことではなく，かつて閘北・華商の2つの会社とじっくり協議したがこの2つの会社の力に余ることである。

　このような困難な状況下，4点の建議がなされた

1．組織，中央政治の会議で採決された利用外資方式の第二種特許経営方法による。[20] 理由は2つある。
   ①　もし資本を出し合う合資ならば，中国側の株が多数を占めなければならなくなり，上海電力公司としては承服しにくいだろう。
   ②　将来買い戻すときにも，やはり大量の資金を調達しなければならず，特許経営するにしくはなく，満期になれば無償で回収できるのだ。天津の電車電灯公司が先例としたある。[21]
2．年限を30年で期限として，満期になると政府は金を払うことなく回収する。
3．営業区は越界路の地区に限定し，上海市政府には特に注意して，この会社が黄浦河辺で発電所を設けることを許さないことを求める。
4．「報効」(金)は，毎年若干納めることとし，これは上海市政府との相談の上で決定するものとし，更に一回の専営権代価を納める。[22]

　行政院はこの報告を受けて決議して，実業部と上海市政府が共に方策を協議することとした。実業部は技師(技正)の顧毓琇を上海に派遣して，公用局長の黄伯樵と子細に方法を協議させ，また上海電力公司の責任者のホプキ

ンスと３度意見を交換して，公用局長と２人で14ヵ条からなる案を策定して行政院に報告した。この報告書は冒頭で上海電力公司の態度を７つの点にまとめている。

1. 上海電力公司としては，越界路の問題の解決を待たずに，まず先に電力供給問題を解決して，中米双方の利としたい。
2. 米側には中国と協力して中国の実業発展させんとするとの誠意があり，上海電力公司は中国とともに中国の電力事業の発展に寄与しようとしている。
3. 上海電力公司は「滬西電力公司」をつくることを望んでおり，中国からこの区の営業権を得たいと考えている。
4. 上海電力公司はかつて華商電業公司，閘北電業公司の２会社に参加するように促したことがある，もし起業時に参画しなくとも，新しい会社が利益を得た時に参画することを待つ。
5. 新しい会社はアメリカ国籍とする。そうでなければ株式を募集することは困難である。それ故，米国籍の株は半数以上を占めなければならない。
6. 新しい会社は中国の法律を守ることを願ってやまないが，それは新会社が中国政府と人民に関わりをもつ限りの各法令に止まるべきものである。
7. 満期になると無償で回収されるとの一節は承服出来ない。電力工業というのは毎年資本の増加が必要なのであり，満期になって減価償却で資産価値がゼロとなったたとされるべきではない。満期時においても政府は公平な価格を払って回収するべきである

顧毓琇と黄伯樵が提言したのは以下の14条である。

1. 特許経営とする。
2. 米国籍の滬西電力公司に経営権を数年の間与えることとし，満期になっていない時でも，中国政府が資金を準備して，回収できる。必要な場合は斟酌してその年限は延長できる。

3．アメリカ株は51％，中国株は49％とする。
4．営業区は滬西の越界路区に限り，政府の特別許可がなければ区域外に電力供給することはできない。
5．区域内に既設の電気設備は滬西電力公司の所有に帰す。
6．滬西電力公司は中国の法令を遵守する。
7．滬西電力公司は中国政府の監督を受ける。
8．営業区内で設備や業務を拡充する際には，上海市の政策を遵守する。
9．電気料金は上海市が審査して許可を与える。
10．滬西電力公司の行動は上海電力公司と工部局が締結している契約の束縛を受けない。
11．滬西電力公司は上海電力公司から電力を購買して転売でき，営業区外の発電所設置については上海市政府が特別に考慮することができる。
12．滬西電力公司が1回収めることになる営業権代価若干は，市政府が決定する。
13．滬西電力公司は1年の電力販売の総収入の5％を報効金として納める。
14．契約と本方法の詳細は上海市政府がこれを制定する。[23]

12月5日，建設委員会はこの14点に対して修正・補充意見を提出した。

1．期限が来れば，代価支払なしで政府に無償譲渡されるべきである。
2．相手側のアメリカ商人が譲歩しなければ，報効金を総収入の5％から8％に引き上げて，満期となったときに政府が会社を回収する資金とする。幾つかのアメリカ企業の「報効金」はこの率を上回っている。
3．中央の各公益企業の主管機関は市政府と市参事会とともに管理委員会を組織して，新会社の最高監督機関として「報効金」もこの委員会が責任をもって保管する。
4．特許契約は上海市政府が決めて成立するにあたっては，中央の主管機関の審査・精査を経て決定・許可を受けるものとする。
5．将来営業区の外で発電所を設立することを許さない，市政府は今後電力を供給する発電所を自分で計画するべきである。[24]

この5点から判るのは，建設委員会の態度は，実業部及び上海市政府と比較すると求めること強硬甚だしいということであり，国家利益と建設委員会の自身の権限と職責上こう求めたのである。12月15日，行政院が上記の14条を通知した時に，建設委員会は再度補充の意見として強調したのは「もし，この案件が主権を損わず法令に違背することなく迅速に解決出来れば甚だ善しとすべきである。そうではなく，彼が一々譲らず我が方が種々譲歩を重ね，徒に懸案を解決したという虚名のみを得たとしたら，外資の公益事業における悪例となり，国家と地方の双方に実益が損なわれよう」とし，更に声明して「特許契約は必ず，本会の審査の上の許可を得た上で調印・署名すること」とした。[25)] 行政院が決議したこの内容は，実業部，外交部，上海市政府及び建設委員会に通知せられて，一同に会しての協議がもたれた。実業部は1933年2月3日に会議を召集し，建設委員会からは全国電気事業指導委員会の主任委員の惲震と電力事業科の科長の張家祉が，上海市からは公用局長の徐佩璜と科長の鄭葆成が，実業部からは技官（技正）の顧毓琛が，外交部からは副科長の楊曾翔がそれぞれ出席した。会議において主要なやりとりは建設委員会と上海市政府の間で行われた。その要点は次の通りである。

1．建設委員会が建議（修正補充意見の第3点のことのようである）したことを，上海市の代表の側が市政府の職権と齟齬をきたしていると捉えた。すでに万事は中央に伺いを立てており，更に委員会を組織する必要はないのではとした。
2．報効金は管理委員会が保管することを，徐佩璜は市政府の職権と抵触すると認識した。
3．全14条を逐条討論して，第4条と第9条の「上海市」は「中国政府」に改めた。
4．第11条は全文削除。
5．第13条に追加：「会社が収めるところの営業権代価と毎年の報効金は，政府が上海電気事業保管基金委員会を設立して保管し，新しい工場の建設と会社を集会する準備に充てる，その詳しい方法は上海市政府が作成して中央政府に審査決定してもらう」。市政府代表は保留して研究するとした。

6．臨時の動議が出されたとき，建設委員会はまたも「中央に滬西の越界築路の地区内の公益企業を監督する機関を設立して政策の統一を期」そうとし，建設委員会と実業部は方策を定めて，別個に扱おうとした[26]。建設委員会には上海市を排除する意図があったようだ。

2月14日，建設委員会の惲震は同委員会内の張人傑に上申して，基金保管会を作ることの重要性を訴えた。政府が金がないからと言って外国人の経営にまかせてしまえば，期日が来て金がなければ，収回することは困難，信用を失い，権利を喪失し，約束すらまもることができないということになる。上海電力公司の楊樹浦の発電所の発電量は既に16万KWに達していて，更に数万KW分を増やさなければならなくなっていて，上海電力公司側には早くから漕泾区の黄浦江の深水の沿岸に発電所を一つ作り，滬西に供電し楊樹浦の不足も補おうと企図している。この場所というのは水深も深く，交通の便にも恵まれており，他日電線網の中枢となるべき地域であり，我が方も一刻も早く準備を進めるべき地域です。ここに中国側の発電所を作れば滬西の回収が遅くなったとしても害があったとはいえません。それができなければ，滬西を早期に回収したとしても利を得たとはいえません。それ故に「報効金」を保管する委員会を組織し，3年から5年の間に漕泾区の近辺に新しく発電所を作るのです。もし市政府にこの件を任せ切ってしまえば，30年経っても滬西電力公司を収回できるか怪しいものです。この点については建設委員会と実業部が譲らなかった[27]。臨時動議で提案された別個に監督機関をつくる件については，上海市政府の意に沿うようにと保留された[28]。

　基金保管会については，数度の協商を経て，4月24日に再度集まって協議すると決定された。この日，建設委員会は管理委員会をつくる構想を破棄した。外交部は第13条を行政院に上申して審査の上判断を示すように求めるべきとした。実業部は関連機関で委員会を組織し，上海市政府が管理するべきとした。これに対して上海市公用局は営業権代価といい，設けられるかも知れない保管委員会といい「報効金」は税収なのであり，到底賛同できないとした。最終的には第13条を改め「上海市政府が保管委員会を設立する」とした。徐佩璜は，この決議は市政府へ持ち帰って指示を仰ぐ，もし市政府が賛成しないならば，双方から行政院の査定を申請することになるだろうと表明

した。それでも市政府はなおも同意しなかったので，それぞれが行政院に調べた上で決定するよう求めた。行政院は基金保管委員会をつくることについて，審議した上で決定した。ただこれは中国側内部の問題に止まり交渉とは無関係であったが。

## 第4節　交渉の過程と内容

交渉に臨んだ上海市の代表は，主席を務めたのが上海市政府の公用局長の徐佩璜，もう一人の代表は財政局長の蔡増基であった。第13次会談から，秘書長（事務総長）の兪鴻鈞が加わる。列席者は公用局の第3科科長（電気事業の責任者）で，当初は鄭葆成で，第13次会談からは陳宗漢に変わった。第4次の会談の時，財政局の王科長が参加しているが，この1回だけである。重要な人物を以下紹介する。

徐佩璜，字は君陶，江蘇呉県の人，1888年生まれ，米国のMIT（マサチューセッツ工科大学）卒業，化学工業を修め，1921年帰国して，上海肥皂制造公司（上海石鹸製造会社）の技術の顧問となり，南洋大学の教授を経る。1927年上海市政府科長兼国産博物館館長，1928年上海市政府顧問，1930年教育局長，中国工程師学会副会長，その後公用局局長となった。

蔡増基，広東の中山県の人，1890年生まれ，1915年米国のコロンビア大学を卒業して帰国，広東省議会の議員，両広都司令部の外交委員，『北京郵報（英文）』の副編集長，香港工商銀行のマネージャーを務める。1926年10月，国民政府の交通部鉄路処処長。1927年12月，財政部金融監理局局長になる。この後，鉄道部管理司長，滬寧・滬杭甬鉄路管理局長，杭州市長，建設委員会専門委員，後に兼秘書長。1932年には上海市の財政局長となった。

兪鴻鈞（1898-1960），広東の新会人，上海に生まれて，1919年に上海の聖ジョン大学を卒業して，学校に残って助手となり，後に陳友仁が創始した英字紙『大陸晩報』の記者となった。1927年陳友仁が外交部長となると，その英文秘書となった。張定璠が上海市長となると，兪は英文秘書兼宣伝科長，後に代理財政局長，参事官兼秘書長を兼ねた。1932年，兼任ではなく真正の秘書長（事務総長）となり1936年には上海市長になった。

上海電力公司は総理のホプキンス（P. S. Hopkins，中国語表記は賀清）が代表

者であり，列席者は協理のヘラルド（W. S. Herald，中国語表記は薛爾徳），副総理兼会計士のハーマン（Ashley Harman）などが参加した。全ての過程に於いてホプキンスが主導し，列席者の発言は少なかった。ホプキンスは1887年生まれ，米国マサチューセッツ州工業専門学校〔訳注：徐佩璜の卒業したMITかと思われるが，麻省工業専門学校とあり特定できず〕を卒業し，米国のいくつかの電気会社の副総工程師，総工程師及び営業経理を務めた。1931年から1933年の間，上海電力公司の副社長となり，1933年に総理兼経理に昇任した。ヘラルドは1890年生まれで，米国ミシガン大学の工事科卒業，1935年滬西電力公司の主任の技師になった。Ashley Harmanは不詳である。このようにみると，ホプキンスとヘラルドの2人は電気工事の専門教育を受けていた。ホプキンスは経営管理の経験があって，電気の事業の技術と管理に対して全てかなり熟知して，自ら交渉のやり手を任じていた。その背後には意見を提供する参謀人員と弁護士がいる。

公用局と上海電力の交渉過程は3期に分けられる。

1．第1回-第3回，非公式の談話。1932年12月20日から翌年2月9日まで，都合1ヶ月18日間かかった。公用局は草案の一分を出して，ホプキンスは草案29条を出した。交渉の重点は営業権代価の討議であった。
2．第4回-第12回，1933年8月1日から翌年の2月26日まで，約7ヶ月かかり，都合8回交渉した。ホプキンスは公用局の提案に対して68点の意見を出している。1933年12月27日，公用局の側もまた修正の草案を出している。その後，卸電収入に営業区外への卸電収入を入れるかどうかで双方が言い争って譲らず，その為交渉は5ヶ月間もの長期間中断した。
3．第13回-39回，1934年7月5日から12月19日まで。半年有余の間26回交渉して，とうとう成立した。

交渉の結果，公用局の草案の54条のうち，最後に締結された契約には43条が残った。その中の1条項は上海電力公司が実行を拒絶して，実際には42条だけ残ったのである。もとの草案から12条が削除された。その他の条項と合併されたものが6条となり，増えたものが6条である。他の条項と合併された条項はしばらくおいて，削除されたのはどの条項か？　増えたのはどの条

項か？　その増減の原因はどこにあるか？

　削除された12条は表3のとおりである。上海電力公司側が会社内部の事であり市政府が関わる必要がないとしたもの4条，受け入れることを拒否したもの5条，その他暫時実行出来ないもの・もっともな理由があるもの・上海市内部のことであるとしたものそれぞれ各1条ずつとなる。要するに，大多数は上海電力公司側が受け入れるのを拒んだのだ。

　新たに加わった6条のうち第14条が最も重要である。それは，政府が会社の内部の事に関わることを拒んでいた。会社の内部の関連文書，例えば会社の登記証明書，株券証明書，会社規程，借款契約などは，会社が政府に報告をおくるとしていた。その他の5条の追加はさして重要ではない[35]。

　重要なのは，条文の削除と追加及び修正により，条文は更に内容が拡張さ

表3　削除された条約

| 条約番号 | 原文の主な内容 | 削除された主な理由 |
|---|---|---|
| 13 | 新会社は工部局・上海電力と行政上の関係はない | 新会社は完全に独立した企業であるが，上海電力公司との一定の関係はあるとホプキンスが考えたため |
| 15 | 市政府の政策によって設備を拡充し，業務を展開するべきである | 会社内のことなので，市政府が問うには及ばない |
| 23 | 市政府に通知して路線を拡充しなければならない | 補助金に関わる事なので，営業章程の中に置くべきである |
| 39 | 実収資本は投資総額の30％を占めなければならない | 内部の財務問題であり，市政府が問うには及ばない |
| 40 | 債券の発行は資産の1／2を過ぎてはならない | 内部の財務問題であり，市政府が問うには及ばない |
| 42 | 利用者の税金未納には電力供給を停止しなければならない | 越界路問題が未解決なので実行できない |
| 43 | 電力供給とサービスについては買収後も有効である | 市政府内部のことであるのでここに出す必要はない |
| 46 | 会社に経営能力がなければ，市政府が引き継いで管理する | 当然のことなのでここに出す必要はない |
| 47－49 | 保証金問題 | 受入拒否 |
| 51 | 罰金問題 | 受入拒否 |

出典：筆者作成。

れて，市政府側が受ける制約がより鮮明になったことである。重要なものは条文の増加のために改正をつくって及び，条文にいっそう拡充で，ここで法律，権利，財務の３方面を分けて述べる。

## 第１項　法律

　もとの草案の第12条はこう規定していた「会社が絶対に中国の中央政府と市政府が公布施行する，また本契約成立以後いかなる時にも公布施行することになる関連する一切の法令を遵守するべきである」と。上海電力公司はかつて1932年の時点で「治外法権の一端については，自らの意志で放棄すると声明してもよい」としていた[36]。しかし第３回目の談判の時，会社が中国政府と人民に対するときは中国の法律の制限を受けるものの，会社の内部の事については米国の法律に従うものであり，中国の法律の制限をうけないとした。第５回の交渉の時，徐佩璜はこの原則に同意してしまった。第６回の交渉の時，徐佩璜は上海電力公司側に治外法権を放棄させようと務めたが，ホプキンスはそれを良いとも悪いとも言わなかった。

　第21回の交渉時，徐佩璜は疑問を呈している「もしも原告が市政府あるいは中国人民であれば，中国の法廷に起訴することになるのですか？」ホプキンスは中国の法廷に起訴がなされることに同意しつつも，原告あるいは被告が中国人民でなければ，中国の法廷に起訴できないとした（このような回答は，領事裁判権を履き違えている）[37]。

　俞鴻鈞は更に問うた「もしも，会社が中国の法廷の判決に服しないならば，どうするというのだ？（この詰問はしたこと自体愚かと言うべきで，そうなったら政府が裁判所に会社を告訴するだけである。）」

　ホプキンス曰く「仲裁に回すことができる。」

　俞曰く「仲裁は本契約内のことについてされるべきで，契約以外のことは仲裁に回すことは出来ないはずだ。」

　ホプキンス曰く「仲裁人は我上海電力公司に対し中国の裁判所の審判に従うように判断をすることもありますよ。」

　徐佩璜は事態が深刻になったと感じて，暫時結論を留保するとした。この

ように見ると，中国の代表は事前に十分に検討することなく，気の赴くまま発問し，ホプキンスの側の講釈を拝聴して，毫も反駁せず，交渉技術上ですでに敵の術中に陥っているも同然だった。ホプキンス自身が先に治外法権を放棄してもよいとの原則を承認しているというのに食らいつく好機をみすみす逃してしまう有様である。中国の代表の交渉技術はお粗末きわまりない。

ホプキンスはというと機会を捉えるに敏で，第22回の交渉の時，書面を出して条文に「会社がもし中国の裁判所の判決に従わなければ，中国人民は政府を訴えることができ，政府が仲裁を求めることとする」という内容を盛り込むことを求めた。徐佩璜と兪鴻鈞はことの重大性を知っていて「これ以上つけ込ませないために」条文に加えることを拒み，ホプキンスも同意するしかなかった。しかし第30回の交渉時，兪は，またも「中国の現行法規が労働争議について仲裁を規定していないので，ホプキンスが提出した修正は考慮する必要がないようです」と切り出した。ホプキンスは言う「中国人民は政府に求めて，代行して調停を求めるように規定してよろしいですね？」徐佩璜は「よいです」即答してしまった。このように承諾の即答をしてのは軽率の極みで，どうして裁判所が審理するものですとの立場を固守することができなかったのか？

最後の契約の第13条は3項目を規定していた。

1．当契約が会社に与える権利は「中国の現行あるいは将来のいかなる法令により損害とその他の影響を受けるものではな」いものとし，もし紛糾する事態になれば調停（公断）をうける。
2．会社はアメリカ連邦政府の1922年の「中国貿易法（China Trade Act of 1922 H.R.4810)」に従って登記される。これは中国政府も認めていることである，その法人は内部の事務についての決定権を有し，中国公司法あるいはその他の会社法の支配をうけないものとする。ただし会社は中国国内での営業と経営でにおいていかなる中国の法律に背いてはならない。と中国政府を結んで承認した。
3．会社と政府あるいはいかなる中国人民が，もし論争があるならば，仲裁により解決する。仲裁あるいは仲裁人は中国の法律の原則に従って裁決する。

調停に言及しておくと,もとの草案の第52条はこう規定していた。「当契約の権利と義務に対して争議がある時には,双方がそれぞれ1人の調停人を推薦決定し調停(公断)をする。もし調停が達成できないときは,それぞれの調停人の2人が中立国の国籍の人を調停人に推薦決定する。もしこの2人が推薦決定した中立国の国籍の調停人に同意できなければ,中国外交部と駐華アメリカ公使がともに中立国の公証人をたてて裁決する。ひとたび裁決が行われたら,双方とも従う」。

数回の協議を経ての後,契約の第36条が決まった。

1．双方いずれか一方も仲裁を求めることができ,相手方は通知を得て10日以内に,調停人(公断人)を出さなればならない。それができない時には,相手方の調停人を推薦決定する権利を有する。
2．もし推薦決定された双方の調停人が合意に達しない時は,この2人の調停人は同意の上で仲裁人を推薦決定できる。もし10日間以内に,仲裁人の人選に同意できなければ,本契約は上海銀行公会(華人)主席と匯豊銀行(香港上海銀行)上海支店の支店長(経理)を仲裁人に推薦する。(この2つの銀行はこの仕事を引き受けることを同意した。)
3．もし調停人あるいは仲裁人が90日以内にその裁決書を通達出来なければ,政府でも会社でもその仲裁を取りやめてもらって,再び仲裁の手続きをすることができる。

このような仲裁方式は領事裁判権よりはましとはいえ,やはり中国の裁判所と法律をないがしろにするものだった。

#### 第2項　権利

ここでいう権利とは上海電力公司が新しい会社のために公用局に対して求めた多くの権利,あるいは新しい会社が確保した権利である。今数例を挙げ示そう。

(1) もとの草案第2条はこう規定していた。会社は営業区内において発電し,送電し,電気を売る権利を有するが,市政府やその他の団体・個人も発

電を行って自分が使うことができる。改訂・成立した契約の第4条は自家発電は各自の産業内の使用に限定されて，政府の自家発電すら直接間接を問わず街頭用に使うことを許さなかった。

(2) もとの草案の第4条はおおまかに新会社は2条が定めた必要な財産を建設維持するとのみ規定していた。ホプキンスの要求は他の会社の営業区内に送電線を設置することを求めてきた。第20回目の交渉の時，徐佩璜は工部局の側が他の会社に上海電力公司の営業区内で送電線路を設置すること許可していないのだから市政府も滬西電業公司に他の会社の営業区内に電線をひくことは許さないとした。もし必要なのであれば，滬西電業公司が他の会社に代わって設置するように要望すべきだとした。ホプキンス曰く「現在の状況に照らして，滬西電力公司は他の会社に頼んで代わって設置してもらうつもりはない」。徐曰く「そのような場合は必ず前もって市政府の許可を得なければいけない」。ホプキンス曰く「しかし市政府とても理由無く拒絶することはできない」。徐曰く「しかし他の会社の権利を侵害してはならない」。ホプキンスも同意した。

第23回目の交渉時，ホプキンスは条文の修正を提案し，元からある範囲を拡大したいと，閘北，華商，上海電力公司の3つの電気会社の電線をつなぐこととし，滬西電力公司は電線の敷設権を持ちたいとしたのである。以下に双方の応酬をみよう。

> 徐「もし閘北会社から電力を買うようにすれば，閘北公司は自ら電線を敷設するでしょう。」
> ホプキンス「閘北が払うべき借金利息は10-15％であるに対し新会社は6-7％で，新しい会社が敷設すれば安上がりである。」
> 徐「政府としては，他の会社の専営権を保障するためにも，新しい会社には越境して電線を敷設してもらいたくない。」
> ホプキンス「他の会社の電線など信頼できない。」
> 徐「他の会社の電線敷設コストが高いというのであれば，新会社が他の会社にお金を貸すというのはどうでしょうか。」
> ホプキンス「新しい会社が架設するのと何が違うというのか？」
> 徐「双方の電線がそれぞれ自社の営業区内にのみにあり，互いに入り乱れ

ることがなくなります。」

　第24回目の交渉時，ホプキンスはまた条文を改正したいと求めた。新しい会社は域外のいかなる地区の会社と電線を結ぶことができると，徐佩璜は上海電力公司とのみ電線をつなぐことを許すとした，理由は他の会社との電線の連絡は，他の電気会社の送電線を介してのみ許すのであるからとした。ホプキンス曰く「これは紛れもない干渉で，電力を買うのは上海電力公司からのみとのことか」。俞鴻鈞曰く「これはホプキンスが最初に出された文とも符合します」。ホプキンスもそれは認めたが，購入する電力が余った場合，他の会社に転売したいと要望した。徐は各専営区の区別を明確にとの立場を堅持し，電力供給が相乱れる事態を回避した。
　以上の論争から，上海電力公司の旧来からの区営業域外に電力を売ろうという野心が分る。このような野心を持つとは甚だ理不尽であり，毫も専営区問題を考慮せず，他の会社の電線を見下しているものだった。最終的に契約の第3条はこう規定した。「新しい会社は営業区外から電力を受け，また営業区外へ電力を送る権限を有する。他の会社の営業区を経る時，事前に必ず該当の他の会社と相談しなければならない。しかしその電線が適合せず不便なときは，別に適切な方法を定める。政府は90日間に必ず適切な方法を講じなくてはいけない，それができなければ新しい会社が決めた適切な方法を許可するべし。ただ，故無く他の会社の合法権利を妨げてはいけない」。こう見ると専営区の原則は放棄されてしまったようだ。
　(3)　もとの草案の第19条の要点は，市政府の建設工事が電線網を移すことを求めているのであるから，会社が費用を負担する。期限を過ぎて移っていなけば市政府が代わって移転するが，費用はそれでも会社が負担するものである。もし電力の供給に影響しても，会社は賠償請求をすることはできなかった。また第20条はこう規定していた「市政府以外の各方面が電柱と電線の移動を求めるときは，かかる費用をどこが分担するについて合意に達しないときには，公用局がこれを審査の上決定する」。
　契約の第18条が改正された要旨は次の通りである。

　1．政府あるいはいかなる人も，移転作業の費用を払って，移転を求める

ことができる。会社が自分で移転する電柱と電線を移転する場合は会社自身が費用を負担する。
2. 政府がもし1937年1月1日前に，道を拡幅する為に架線を移さなければならない時には，市政府と会社がそれぞれ半分の費用を払うこととし，停電等の事故があっても，会社は弁償を求めることはできない。
3. 道を掘るときの暫定的な支柱や工作物を使わなければいけない場合は，会社が費用を負担することとする。その他のいかなる措置の費用は政府が負担する。
4. 移築費用の計算と給付は，政府のその他の同様な状況に対する規則に基づくものとする。
5. 合理的で必要な理由がある以外，政府は会社にこのような移転をもとめないとする。

ホプキンスの主張する理由は「会社が電線を設置し，既に政府が審査の上許可しているものであるから，もし政府の側が移動を求めるのであれば，出費はしてもらう」ということだった。ホプキンスの主張は，通常の状況下ではもっともであるが，こと越界路の電力供給について言えば，成り立たない。なぜなら越界路の供電は中国政府が許したものではなかったのである。第2項は政府を半額で優遇することに賛成しているが，しかし時期は非常に短い2年であった。たった2年で政府はどれだけの道を拡幅することができるのか？　要するに，もとの草案と新しい契約を比較すると，会社は有利に保障された点が非常に多くなっているのである。

(4) もとの草案の第28条は「専営権の移転または担保化・債権化は，いずれも事前に公用局への申告を経て中央政府の審議の上で許可を得なければならない。これに違った場合は調査の上，公使の財産を没収する」となっていた。これに相当する第25条はこうなった「専営権の移転は，審査の上で許可を得なければ譲渡ができない。但し，理由無くして譲渡を拒否することはできず，90日の内に審議の上許可あるか公平な評価額で買い戻されることとする。会社は自ら会社の財産と専門経営権を担保にすることができる」。もとの草案と契約は随分違ったものになった。

以上の4例で見ると，交渉の結果，上海電力公司と新会社・滬西電力公司

が多くの権利を得たのは確かである。

## 第3項　財務

財務の方面の交渉も，広汎にわたり論争も多くの時間を費やした。今その重要なものを選べば，アメリカ株の分配分，営業権代価，報酬金，減価償却，電気料金などの事項である。以後それぞれ見ることとする。

### (1)　株式権利の配分

中国側は原案を出して株権の51％を中国側が保有するとし，アメリカ資本は49％に止めようと求めたが，上海電力公司は反対し2つの理由をあげた。

① 会社は絶対アメリカ国籍の会社を維持して，株式募集の有利さを維持すべきである。
② 外資の占有が僅か49％となれば,低利息の外資を多く招き入れることができなくなる。ということは，折角低利息にした利点が生かされない。[38]

この2つの理由は単に通り一遍のもので，実際には多数の株権で会社をコントロールしたいのである。上海電力公司の資金の全てが株式による現収の資本にはよらず，社債の発行あるいは優先株などの方式によって資金を得ていた。だからホプキンスは決して支配的多数の株権をとことん求めようとはせず，少しく多数を占めるだけで事足りたはずなのである。中国政府もこの1の原則を受け入れて，すぐもとの草案の第21条に明記した，中国株は恒に49％と。ホプキンスは当初中国側の財力を疑い，第1回が会談する中で表明したことがある。中国株が49％占めるとあるが，もし将来株式の募集でそこまで達成できなければ，これはできないことではないか？　徐は避けて交渉しなかった。第4回の交渉のとき，ホプキンスは中国が株を募集する方法を支援しようと提案をした。もし30日内に募集できないのであれば国を問わず募集することが出来るようにしよう。蔡増基は4段階を分けて取り扱うことを提案した。徐佩璜は強硬にこの49％は譲ることができないとし，契約の外に別に覚書で定めればよいとした。最終的に成立した第19条は救済する方法[39]

を規定する。(1) 会社の選定する中国人民から募集する。もし満30日たって募集が足りないのでれば，(2) その他の中国人から公募する。もし30日でまだ足りないのであれば，(3) 政府に引き受けてもらう。もし60日間以内まだ足りないと認められたら，(4)会社がする選定人募集は，国籍を問わない。その後，中国側は株権を間違いなく49％占めたのであって[40]，ホプキンスは中国がこのような株式募集を出来るかを疑ったが，その疑いは不要だったのである。

### (2) 営業権の代価

公用局の当初の見積もった営業権の代価は300万元であり，ホプキンスにこの数値を伝えた。1932年5月，ホプキンスは自分の算出法を提示した。

　　　総収入×純粋利率×5＝営業権代価。

この算定方法の要点は，総収入の多寡と純粋利益率の高低によって決まると言うことであり，原則としてはまだしも適切であるが，5倍という数値が適切かどうかとなると，判断が難しい。

上海市の公用局は別の算出方法を出している。それによれば，工部局が電力資産をアメリカ企業に売却した時の資産価値と営業収入は以下のようになっていた。

　　　81,000,000規両÷13,000,000規両=6.2

今滬西の営業収入1,800,000規両（2,400,000元を含む）×6.2=11,160,000規両。この数値は設備資産及び営業権という2つの代価を含んでいた。滬西の設備の資産は8,395,000規両（11,500,000元に相当）であるから，営業権の代価は2,765,000規両(3,686,000元)である。実際には滬西の設備の資産は9,000,000元の（6.750,000規両）を超えていなかったので[41]，営業権代価はもっと高いはずだったのである。しかし，公用局は300万元と見積もって，これで公平だと自認していた。

公用局のこの見積もりは，純粋な利率などを考慮に入れておらず，公平と

いえるものではない。

　ホプキンスは更に全く新しい（営業権代価を値切る）提案を出して，営業権の代価を70万元としようとした。そして，もし会社は1年内の総収入が前年度を200万両を超えた場合，つまり200万両増える都度に政府に10万両納めるものとする，但し，その前の2年間の純利が資本総額の12％を超えることを条件とした。もし営業権の代価を70万元とするならば，電気料金は上げない。しかし例えば給与，材料，保険料，税と他の費用が増加する時はこの限りではない。

　ホプキンスのこの提案は，かなり過酷なものであった。70万元がどのように算出されたかは置くとして，もし収入が毎年200万両増加した時に，僅か10万両分多く納めるだけであり，実に少ない。[42]

　第2回の会談の時，ホプキンスは純粋利率によって営業権の代価を算出することを堅持した。徐佩璜はFloyの書いた*Valuation of Public Utility Properties*の見積もり法によって，

　　　設備の資産×（1/3）＝営業権代価

とした。徐は設備の資産が9,500,000両であるとして，営業権の代価を算出して3,000,000両であるべきだとした。

　ヘラルドが出した工部局の工部局電気資産の算出は次の通りである。

　　　12.05×純益－設備資産＝営業権代価

　　　12,846,604（収入）－6,119,447（支出）＝6,727,157規両　（純益）

　　　6,727,157×12.05＝81,062,242規両　（営業権代価＋設備資産）

　この計算方式は実情に即したものかも知れない。しかし，設備資産額が不明であるので，営業権の金額として適切であるかの判断は出来ない。[43]

　第13回の交渉の時，ホプキンスは不注意にも上海電力公司の営業権の代価が公平な評価の（即ち全資産）の40％であると明かしてしまった。第15回の交

渉時に，ホプキンスのこの発言の削除を求めた，中国側がこれによって上海西会社の営業権を評価することを恐れたのであろう。今この見積もりに従えば，上海電力公司が有する営業権の代価は81,000,000×0.4＝32,000,000規両となる。この見積もりは信頼できる。[44]上海電力公司はこのように高い営業権代価（3200万両）を租界当局・工部局に払っているのに，滬西については70万元だけを上海市に払ってすまそうとは，過少に過ぎるといえよう。第34回の交渉時に，ホプキンスは提議している。もし政府がこの営業権代価で納めた金を上海市内で用いるのであれば，150万元に増やしてもよいとした。兪鴻鈞は表明した，この営業権代価は，将来政府が買い付ける時にやはり支払わないといけないものですね(即ちこれも公平な価格の中に含まれるものととしている)，150万元なら私ども受け入れることができる金額です。これで営業権代価の交渉は終わった。150万元でもどうしても少な過ぎる。

(3) 報酬金

建設委員会が定めた法規の中には報酬金の項目はないが，報酬金は単純なものである。企業を経営すれば政府に対して納税する義務が生じるが，報酬金を納めると営業税が免除されるという理にかなったものであった。国外にも報酬金が行われている実態があった。公用局が調査したところによると，表4の通りであった。

中国においては，2つに分けることができる。一つは外国の電気会社は，1904年（光緒30）に決まった時，総収入の3.5％を納めると定められた。[45]上海電力公司は工部局に総収入の5％を納めていた。1906年，上海比商電灯電車は総収入の5％を納めた。1908年，上海比商水電会社は総収入に基づいて，年々その報告する金額を増やした。[46]

もう一つは，上海市で中国人が経営する電機会社で，電気代の総収入をもとに算出された。(表5参照)。

表5を見ると，各電気会社ともに同じではない。これらとは別に終始2％の翔華公司もあるが，それほど違ってもいない。要するに，国内外の企業ともに報酬金制度を利用するべく申し込んでいたのである。5％はちょうどよい数字であると，関係方面で早くから共通で認識されていた。もとの草案の第35条は，半年ごとに総収入の5％の報酬金を納めると規定していた。

表4　国外電気会社の報酬金

| 都市名 | 計算基数 | % | 説明 |
|---|---|---|---|
| 東京市 | 純利益 | 6.0 | |
| 大阪市 | 総収入 | 3.6 | |
| 横浜市 | 総収入 | 5.0 | |
| ソルトレイク | 総収入 | 1.0 | 最初五年1％,以後年毎に増加 |
| シカゴ | 総収入 | 3.0 | 五年後に徴収開始 |

出典：民国23年8月30日「第26次談判記録」『建档』23-25, 20.

表5　上海市電気会社の報酬金　　　　　　　　　　　　　　　(単位：％)

| 年 | 華商 | 閘北 | 年 | 浦東 | 宝明 | 年 | 真茹 |
|---|---|---|---|---|---|---|---|
| 1931-1940 | 3 | 2 | 1931-1939 | 1.25 | 1.5 | 1931-1940 | 1 |
| 1941-1945 | 4 | 3 | 1940-1949 | 2.5 | 3.0 | 1941-1950 | 2 |
| 1946-満期 | 5 | 5 | 1950-満期 | 4.0 | 5.0 | 1950-1960 | 3 |

出典：『上海市政府概要』民国23年「財政」4頁。

　この時に，争われたのはその5％はどのような数値に基づいて算出されるかということであった。第10回目の交渉時，ホプキンスは総収入のうち自社で使用した費用は除外されるべきであるとした。また，報酬金の対象となるのは営業区内のみに限ると求めた。営業区外はすでに報酬金を納めており，重ねて納めれば重複課税になるとした。徐佩璜は賛成しなかった。第12回の交渉時，ホプキンスは再度持ち出してきた。そして更に言ったのは上海電力公司が閘北公司に電気を売った報酬金を納付したことはないし，杭州発電所(杭州電廠)が明文として「地区の内の電気代の総額」と定めているとした。公用局は主張した「当市においては各電気会社が電力区外に電気を売っても報酬金を収めさせている。こうも食い違うとは困ったことです。」双方がそれぞれ自分の主張に固執したため交渉は中断された。
　交渉を中断した後に，上海市はこの報酬金問題についての対処方法を別に思案した。その対処法は，23年5月3日の建設委員会への書簡に窺える。「今はこのようにしようとしております。新しい会社が将来決裁して営業区外へ電力を売る時には，電力を買う側の会社に期限を切って予め申請して許

可を得させることとし，更に報酬金も高くし，利を得ることがないようにするのです。各会社の報酬金が決まったために，増加できないのであれば，その営業税を上げることとする」[47]。どうしてこうもおめおめと自分で引き下がることができるのだろうか。

　第26回の会談の時，ホプキンスは（様子を窺いつつ探りを入れて）報酬金を電気を売って得た収入の３％で算出することを望むと表明した。結局，双方は５％で合意して，契約の第29条を取り決め，所得税を総収入から差し引くこととした。政府機関に提供される電力と会社自身で使用する電力は消費電力から差し引くものとされた。

### （4）　減価償却

　減価償却率を高く設定するか低く設定するかは，影響はすこぶる大きいものである。建設委員会もすでに取締条例において最低を４％，最高を７％と規定したことがあった。配当金は減価償却費が支出されて出すことができるものである。その主要な目的は会社の発展を維持し株主の利潤を減じることにある。減価償却率には最低と最高の２種類があるが，最高の方の減価償却率はその最高の標準に達することはないので，そう大きな問題ではない。しかしながら，最低減価償却率はなかなかに重大なものである。なんとなれば，

　　①　（最低）減価償却が高いと，利潤は少なくなり，株主が受ける配当金は減る。
　　②　（最低）減価償却が高いと，投資総額が減じるので，利益率が高くなり，電気料金に影響を与え，あるいは剰余益が政府のものとなる。
　　③　総投資額が減少すると，将来政府が買い付ける時の「公平な価値」は下落し，中国側が買い戻すときに安価になり有利である。

　上述の３項のような理由により，アメリカ企業側は（最低）減価償却率は低いほどよかったし，上海市公用局としては（最低）減価償却率は高く求めるべきであったのである。

　1932年５月，ホプキンスは閘北会社が滬西の電気を経営すると仮定して，減価償却率の７％で見積もると，元手を割るとした。公用局は珍妙にも「そ

れは余りにも高過ぎると」した（高ければ高いほど公用局にはよかったはずであるのだが）。工部局の電気所の減価償却率でも5％余り，上海の中国系の電気会社は5％前後を越えないとしたのである[48]。この時は見積もる目的が異なっているため，ホプキンスはかえって最高の（高めの）減価償却率を示していたのであるが。

公用局の草案第30条は，毎年減価償却率を公用局の審査に呈するとだけ規定するのみで，まだ数値を決めていなかった。第13回の会談の時，ホプキンスは4－7％の減価償却率があまりに高く，2.5％で十分だと表明した。徐佩璜は建設委員会が定めるところと一致しないといけないが，3％で試みてもよいとした。ただし，上申して許可を得ないとした。ホプキンスはすぐ記録員に3％と記録するように命じた。

第17回の会談の時，俞鴻鈞は減価償却率を変えるべきでなく，やはり4-7％であるべきだと表明した。ホプキンスは2％でも高いものであるとした。徐佩璜曰く「最低で2％としましょう。ただ『政府はいつでも公司と改定を提議し合って，双方が協議してそれを決定する』と挿入してはっきりさせておきましょう」（相手に決定権を委ねることを規定するとは）。ホプキンスは同意した。徐は更に付け加えた「最初の5年間の平均減価償却率は最低で2％とする」と。

第18回の交渉時，ホプキンスが最高の7％はあまりにも高い，5％あるいは4％に変えたいとした。徐佩璜は突然最初の5カ年を1％としようというのは個人的な意見で，まだ中央の審査・許可を受けなければならないと言い出した。（徐はどうして前回言った2％を間違って1％としてしまったのか，これが間違いではなくどうして1％に勝手になってしまったのだろうか？　これは記録の間違いであろうか，そうではあるまい。）

第19回の交渉時，ホプキンスは1938年1月1日前は，最低の減価償却率を1％とすることに同意を示した。最終的な契約第27条の規定はこうである。「1935年1月1日から1937年12月31日までが，平均の減価償却率は最低で1％で最高でも7％とする。1938年1月1日からの5カ年の間の何時いかなる時も，平均の減価償却率は最低で2％とする。但し，いつでも会社に通知して，双方が協議して最低減価償却率を高くすることができる。ただし，3％を上回ることはできない」。

このように見ると，徐佩璜の交渉能力はやはりいまひとつである。首尾一貫せず，減価償却率の高い低いが何を意味するかも判っていない。みすみす相手方に主導権を進呈し，原則を堅持することが出来ていない。

(5) 電気料金問題

電気料金の設定を純益の多寡から考えてみることはきわめて合理的だ。電気料金を交渉する要点は，純益の多寡が電気料金にいかに反映させるかにある。そのためには，まず純益の計算方法を決定しなければならない。建設委員会はこう規定していた「民営の公益企業は，その年間純益が実収総資本総額の25％に達した場合は，その次の年は料金を減らすか設備を拡充しなければならない」。上海市政府の元々の草案の第32条も純益が得た資本の20％を超えた時には実際に得た資本をもって純利益を算出するようにしていた。しかしホプキンスは同意せず，第11回の会談の時，営業総投資を計算基準にするよう求めた。この2つの計算基準は一見そう重要なものとは見えない。実収資本が計算基準となれば，純益率を25％に高めることができ，営業総投資を計算基準とすれば純益率は10％以下にもなり得た。しかしホプキンスはどうして総投資を計算基準にしようとしたのか。その意図は，実収資本が少ないときにこの計算の方が，純益率が高くなり過ぎず有利であったからである。徐佩璜はそうとは判らず，すぐに同意した。それからホプキンスはすぐ15％の純利率を基準として，電気の価格の増減を決めることを求めた。徐佩璜は10％のみが許されるとした。それ以後何度かの応酬の中で，ホプキンスはなかなか値引きに同意しなかった。会社の純益は15％が上回らない限りはと。値引をした後で，会社の純益が突然下降することを恐れてのことだった。ホプキンスは，損失部分を補償されない，毎年純益を算出することにも反対し，4年ごとに利潤を平均し13-14％を上限としようとした。超過分は指定銀行に預け入れ，消費者へ還付し，値引きはしない。値引きして利率が下がることを非常に恐れた。交渉の結果，契約の第28条はこうなった。

1. 1938年1月1日の前に値上げはしない。しかし電力買付契約で値上げがあったり，上海の各会社の値上げ，貨幣価値が下った時に，値上げを申請することができる。政府は60日間以内に合理的で新しい料金を審議

決定する。
2．維持する会社の純益は1938年8.5％, 1939年9％, 1940年9.5％, 1941年10％, これより低ければ, 自らの判断で値上げすることができる。連続して4年純益が13％を上回れば, 半数は政府の指定銀行に預け入れて政府の前借へ供し, のこりの半分は消費者へ還元する。

このような規定は, 料金を下げずに会社の純益を13％で維持することを主眼としている。

建設委員会は直接には交渉に参加していなかったが, 交渉には大いなる関心を持っていたし, 影響力も行使できた。1934年4月, 上海市政府は第1－12回の交渉記録を建設委員会に送附・提出し, これに対して建設委員会は3つの意見を附して上海市政府に通知した。

1．我方の代表は, 中央が定めた原則によっているが, 相手方は至る所で特殊な待遇を求めて, 中国の法令の束縛を免れようとしているのは, 到底容認出来ない。
2．会議の中断は, 上海電力公司の代表が地区外で売った電気の収入の報酬金を認めようとしないためであるが, この点は他の各会社の新聞の報酬金の政策にも関わることであり, 多く譲歩してはいけない。
3．上海市の2人の代表は交渉の会における意見が一致せず, このことで随分相手側に軽視され利用されている。毎回会議をする前には, 2人の代表は事前に協議し, 対外的には一致しなければならない。

交渉中蔡増基は常に新たな意見を出したが, それは相手方に便宜を与えるのと異ならなかった。交渉が再開してから, 蔡増基がおとなしくなって情況はよくなった。これは建設委員会の功績であろう。

契約交渉が終わった後, 全文が建設委員会に送られたが, 建設委員会はいくつかの条項は修正しなければならないと指摘した。その中でも最も重大であるとされたのは第13条と第41条で, 第13条は中国公司法とその他の法律の及ばぬところであり不当であり, 第41条は会社が特殊方式の登記を求め許可証の書式も会社が自分で決め「これは行える理もなく, 行ってはいけない方

法である」。政府中央にお願いして，非難するよう要請した。「およそ，このような条文は国家の主権を損ない，政府の地位を貶め，世間の驚愕も必至で，でたらめも極限に達しているというべきである。もし許可を与えるならば，与える被害は甚大で回復不能の悪例となろう。将来我が国は孫中山総理の遺教により外資を利用する機会が非常に多くなるのに，もし各会社が皆中国の法律を守らないならば，中国には主権がないも同然である」。交渉が不成立となり懸案にして置いた方がまだしも，我が国には決して大きな害を与えるものではなかった。実は滬西の評価は5-600万元を越えるものではなく，もし我政府が将来の営業収益を担保とし公債を発行するとしたら即日買収することも難事ではなかったのである[53]。

　国民政府の政治会議の決議は法制，財政の2組織の審査に供した。この審査の会には建設委員会と上海市政府の双方が人員を派遣して列席した。結局，契約は修正して可決された。その修正は，契約は予め政府に許可を得ることについては上海市が中央政府に対して審査と許可を求めるようになっていたのであるが，第13条は「当契約が定める規定は勿論であるが，各電力会社は中国の民営電気事業に関わる国家の法律と規則を守らなければならない」と付け加えられた。上海電力公司側はこれを受け入れたのである。これでこの設立交渉は終わったのである。1935年1月4日に調印が行われ，そして許可書が発給された。それ以後建設委員会は絶えず機会を利用して，主権を守らんとした。営業内容の拡大は，先に建設委員会に送って審査することとし，中国の官庁とやりとりする文章は，中国語を主とするとしたのである[54]。しかし契約の中ですでに決まっているものは，契約に従って行うものであり，ここまで争って得たものは名目上は関連する中国の法規を遵守するということに止まったのである。

　こうしてみると，建設委員会の態度と上海市公用局の交渉ぶりは天と地ほども違う。建設委員会は断固として各電力会社が中国の電気事業法規に従うことを求めた。建設委員会は改訂された契約中の既に決まった条文については正すことはできなかったものの，中国の主権を尊重するのだという原則を確立した。初めから建設委員会が交渉に当たれば，順調に話は進みはしなかっただろうが，随所で受け身に立ち相手に主導権を渡すなどという失態は演じなかっただろう。

## 第5節　上海市代表の失敗

　交渉の成り行きはすでに見た。上海市の代表は受動的であり，それで失敗したのは明らかである。上海市政府と違って，建設委員会は強硬であり，さしもの上海電力公司側をも受動的にさせた。実のところ滬西地区の専門経営権を獲得するために，上海電力公司は建設委員会の修正の条件を受け入れるほかなかった。このことと対比すれば上海市の交渉が失敗したのは代表の人選がよろしきを得ず，力量不足であったことが一目瞭然である。それ以外にも交渉を取り巻く状況も失敗の要因に数えることができる。

　交渉を取り巻く最大の障害要因は領事裁判権の存在だった。中国は1926年に上海の上海会審公廨（外国官憲と中国の裁判官が共同で審理する裁判所）を接収し臨時の裁判所を設立したとは言え，領事裁判権を享受する国家はその影響を受けることなく，その当初からの治外法権を維持できた[55]。このような困難な状況下，上海市代表は非常に不利であった。しかし，全ての状況が不利であったのではなく，北伐の成功や革命外交の推進，漢口・九江・鎮江の英租界・天津のベルギー租界・威海衛租借地を回収し，領事裁判権の撤廃も交渉中であった[56]。

　そして上海電力公司は越界路の問題を解決する前に越界して行っていた供電についての協議を終わらせて中国側から合法的な承認を得ておきたいと強く望んでいたのである。しかし当方の代表はそこにつけ込むということができなかった。このように利用すべき機会をみすみすとのがしているのであるから，この交渉の最大の失敗は総じて人的要素が最大というべきものである。

　以下，上海市の3人の代表について分析する。

蔡増基　　無邪気にしてお人よし（天真純良）。

　蔡増基はアメリカへ留学し，英語は出来たと思われるが，実際の仕事ぶりはきわめて混乱し，彼はたまたま高官になれたが，任に堪えないとして後に降格されて，1936年に招商局の総理となったことから，優れた人材とはいえない事が判る。性格は善良で無邪気であるが，言い争うことが下手で，寛潤の抱負の処世で事を議論する。その交渉の時の言論の表現からして，彼はお

人よしで，自分の成見というものがなく，交渉の闘士となるべき人物ではなかった。今その交渉の中の態度を，少し次の通り述べる。
　第1，2の段階（1-12回）の交渉時に蔡増基は積極的に発言し，ほとんど全ての交渉で発言した。都合74回，平均すると6.2回の発言であった。しかし，その発言の多くは見当外れで，彼自身が政府の立場について理解をしていないことを示している。発言の多くは心の赴くまましたものであり，毫も敵味方の区別もせず，あたかも中立者のごとき態度で，甚だしきは時として米側に立って，米国側の発言をした。以下に数例を列挙する。
　第2回の会談の時，ホプキンスとヘラルドが，滬西単独だけでは経営利益を得にくいとしたとき，蔡は「我々が決して政治上の問題を討議しているわけではありませんよね。経済上の共同事業の協議ですから，滬西電業公司が単独経営して利益をあげることができないのなら，どうぞ上海電力公司の方で経営して下さい」（建設委員会が加えた批注に曰く「中央の意図に違背」）と表明した。ホプキンスはこれを聞いて，思うつぼと発言した「もし完全に上海電力公司側で経営でき，会社を分割する必要がないのであれば，大変結構なことである。」これで判るのは，蔡増基は国家の意図をまだ理解もしていなかったし，どのような交渉をしているかも判っていなかったのである。
　第4回の交渉の時，ホプキンスは蘇州河と越界路の間の電力の供給も一緒に取り扱いたいと要望したが，蔡が即答した「これは小さい問題ですね。中央にそうお願いするようにしましょう」。交渉の場で蔡増基に勝手に言われてしまった徐佩璜は承認するほかなかった。
　また，蔡増基は法律上の権利の問題に言及して「会社は米国の会社であるので，会社内部のことは米国の法律によるべきであるのはいうまでもない」（彼は法律の問題をあまりにも単純に考えていて，寧ろ米側に立って論じている）。
　第7回の交渉の時，ホプキンスは監督条例の第19条に照らして，もし政府は満期になって買い付けることができないのならば，更に10年引き続き経営することができるべきだとした。徐佩璜と鄭葆成の二人はこの条例は外国の商人には適用することができず政府中央は許可しないだろうとした。ところが，蔡がこう発言した「多分中央の許可は得ることができます」。これで判るのは，上海市側の代表内部の意見が事前に調整されていず，蔡は心得違いも甚だしく自分こそが主人公であるとばかりに自分の意見を表明せずにはいら

れなかったということである。

　交渉が電線の拡充に及んだとき，草案の規定は市政府の政策に依るべきとしていたが，ホプキンスは会社内部の問題であるとし，蔡がすぐに応じて削除できるとした。徐は賛成しなかったが，果たして結果的には削除されてしまったのである。

　第10回の交渉時に報酬金を交渉した時，ホプキンスは営業区内の総収入を上限とすることを主張し，蔡はすぐにそれでよいと表明した。鄭葆成は他の会社にとって前例となることを懸念したのであるが。蔡はまた云った「新しい会社は5％，その他の会社は皆5％以下ですから問題ないでしょう。将来その他の会社が5％となった時に前例として問題になるだけですよ。」この回の交渉では結論にいたらず，第12回の会談で，ホプキンスと徐の態度が強硬であったため交渉は中断された。蔡増基のこのような態度はホプキンスの気勢を助長した。建設委員会が「代表内部の意見が一致していない」と批判したのももっともなことで，相手方から軽んじられ利用されたのである。

　建設委員会の批判があって，第13回の会談から蔡増基の態度がようやく大きく改善され，第13-39回の会談の都合27回中，蔡は2回欠席し25回出席した。発言は全部で67回し，平均は毎回2.7回の発言で，当初の平均の6.2回に比べて，大いに減った。発言もそれまでとは違って，重大問題には決然とした態度をとるようになり，それは時として重大でない問題についてもそうであり，およそ表現を取り繕うに終始し，自分の立場の擁護に努めるのみであった。第30回の交渉の時はこうである，蔡増基が第13条に「将来中国政府が公布するあらゆる法律は，如何なる国籍の人と工場にも適用され，そして新会社もそのような法令に従う」と付け加えられるべきだと求めた。ホプキンスは同意した。その間，アメリカ側の立場で一回話をしただけであった。第26回の交渉で電線の移築費用が討議された時に，徐佩璜は政府の側が架線の移動を求めた場合にも，費用は各会社が負担するものであるとし，くだんの如しの展開となった。ホプキンスは，国民が負担するべきと主張すると，蔡が雷同して「他の会社が収める報酬金は本契約で定める報酬金よりは安いのですから，本契約で政府が負担するとしても，問題はないと思います，すべての会社が同じであることはありません」と表明した。徐も決して固執せず，原則的にホプキンスの提案に同意すると表明し，この問題は決着を見た。

徐佩璜－力量不足
　徐佩璜は交渉の主役で，まだしも堅実であるといえる。ただし，この設立交渉を通してその力量不足が明らかになった。その原因を分析すると，以下の4点があげられる。
　(1)　準備不足。
　公用局が今回の交渉の主役なのであって，関連事項の準備はできるだけ周到にするべきだった。この新しい会社の設立が，普通の民営会社の設立と異なるものであるということで事前に考究すべきだったのだ。とりわけ上海電力公司と工部局の関係については徹底的に資料を探すべきであったのに，実際にできたのは上海電力公司と工部局との契約，上海電力公司の発展の概況とFloy著 *Valuation of Public Utility Properties* だけという，寥寥たる有様であった。華界における電気会社の情況に関して全く留意をしていなかった。外国における政府と電気会社の関係についても事前に何の調査もしていず，報酬金に交渉が及んだ時にやっと調査した。上海電力公司と工部局との契約についても誤解をしていたのである。[57]
　(2)　交渉の前に打ち合わせもしていない
　上海市の代表は公用局長・財政局長・第3科科長のわずかで3人なのであるから詳細に打ち合わせしておくべきであった。どのような戦略・策略をとり，目的は何であるのか。そのような事前の調整がないため，蔡増基の言動は頻々と徐佩璜と相反し，身内同士の論争になった。すでに多くの例を挙げたが，更に鄭葆成の例をあげておく。
　第8回の交渉の時，ヘラルドは第16条に停電は2時間してはいけないとあるのを事実上あり得ないとした。徐は会社の設備が良好な上に，多くのスペアを備えている。長期時間の停電は回避出来る，どうして時間の制限が受け入れることが出来ないのですかと問い詰めた。ところが，ここで鄭がヘラルドを助けるかのごとく言った「市政府と他の各会社の契約にはこのような規定はありません。この二時間の制限は削除されるべきです」。そこで（やむなく）徐も「ヘラルド氏の希望に即して削除したい」と言った。身内の側から土台が衝き崩されていたのである。当初草案を作った時，第3科長たる鄭葆成はどこにいたというのだ？　何故事前に内輪の段階で提案できていないの

だ？　何故，会の前に今一度の相談ができないというのか。

　市政府と各民営会社の契約はこのような停電についての罰則規定はまだなかったが，「電気事業取締規則」第46条は「やむを得ず停電する場合には事前に顧客に通知し，6時間以上15日以内の停電には，原因を地方政府に報告して審査に供す，背く者は100元以下の罰金に処す」と規定していた[58]

　1906（光緒32）年，上海比商電車電灯公司と仏租界の当局契約を結び，第93条でこう規定した「もし電車あるいは電灯のサービス停止が1時間以上になれば，公董局は会社を処罰して，毎回罰金40元とする。しかし会社がその停電が不可抗力によるものと証明すれば，罰を受けることを免れる[59]。1908年，比商水電公司と仏租界は約束を決めて，断水が2時間を越えれば100元罰するとした。もし会社が不可抗力であると証明できれば，罰から免れることができた[60]。この例で見れば，もとの草案の第16条に免罰規定を加えるだけでよく，全部削除するまでもなかったのである。

　(3)　金額にこだわりすぎた。

　上海市政府は，営業権代価と報酬金を争うことを第1目標にしていた。交渉以前の何度もの非公式の接触では，すぐ営業権代価の計算の方式に重点がおかれた。第1-3回の会談はほとんどすべて営業権代価を討論した。第1回の会談の時，徐は「今先に営業権代価の計算に関する問題を討論する」と表している。第2回の会談の時，ホプキンスは表明している「滬西と租界は合わせて経営して，ようやく利益を得ることができ，別個であれば利益を得ることができない。巨額の営業権代価を負担することは難しい。ことによると，営業権代価を適切な数値に縮小すれば，将来営業が盛んになったときに再び増額することが出来るかも知れません。市政府が必要な金は報酬金を担保として公債を発行することにしましょう」。蔡は上海電力公司が経営を合併することができると表明した。ホプキンスはこの方法が非常によいと表明したが，徐はもう異議を唱えなかった。ホプキンスならずとも，これで市政府，蔡，徐の心理状態は明かである。金額へのこだわり。越界路への電力を供給権を回収しなければならないという大原則・大目標を放棄しているかのようである。第3回の会談の時，ホプキンスは先ず特許契約を交渉し，契約を検討し営業権代価を決定しようと表明したが，その時に徐はきいた「もし草案を少し改正すれば営業権代価を300万元にすることができるか？」ホプキ

ンスは言った。「あり得ない」。これで上海市側の代表の関心が金銭の多寡にあったことが明らかである。

(4) 主導的な立場をとることができなかった。

自らが主導できなかったのは，準備が周到でなく，状況についての理解も欠乏していたからである。上海電力公司の内部と工部局との関係も判っていず，頻々として尋ねる始末であった。酷いときにはいくつかの適当でない問題を持ち出しながらも相手方の回答に一任していたのである。相手はというと，操る情報の量と内容，併せてその情報を掌握して解釈する能力，更には欺瞞的な方策までももってし，我が方をして受動的な立場に立たせ続けたのである。これが失敗の最大の原因である。

ホプキンスは2度徐佩璜をだまそうとしている。第5回の交渉の時，鄭葆成は上海電力公司と工部局の契約は，10年毎の延長と思っていたが，ホプキンスは20年だと思っており，結局契約を調べると，10年で間違いなかった。同日，ホプキンスは「公用局がつくられた契約の草案を私はまだ検討しておりません」と言った。鄭葆成はすぐ反駁した。この草案について「かつてホプキンス総裁が英訳までした上で，68もの多数の意見を出している。これは既に詳しく検討しているでしょう！」第6回の交渉の時，ホプキンスは検討済みであると認めた。上海電力公司が上海租界の工部局にどれだけの営業権代価を払っているかについては，ホプキンスは一貫して説明を拒絶した。たまたま口を滑らせたが，その記録の削除を求めた。これより分かるのは上海電力公司側の慎重さである，自分の方からは関連する情報を出そうとしていない。情報の掌握と判断は，主導的に立ち回る前提条件だ。

兪鴻鈞-言行共に慎ましやか。

兪鴻鈞は海外留学をしたことはなかったものの英語は堪能で，上海の聖約翰（セント・ジョン）大学で西洋文学を学び，何度も英文のスピーチコンテストに参加して受賞している。学校で『ジョンの音（約翰声）』の編集長になり，卒業した後に多くの英文の秘書の職を経験した。[61] 余暇を利用して米国シカゴ法律通信学校の教育を受けて，法律学士の学位を獲得し，上海の英仏の2つの租界の法院が認める弁護士の資格も持っていた。[62] 彼の個性は3つのことばで表現できる。すなわち誠実・謙譲・実務家である。以下に例証しよう。

(1) 誠実。

記者卜恵民は兪自身の言葉を引用して「誠意を示して，人の理解を得ることができた」と述べる。これは彼の処世の態度の1つだ。記者の譚日平は言う。「気さくで，実直で，穏健で，素朴に，慈しみ深い典型的な風格に飛びかかるので，人に対して誠実」としている。[63]

(2) 謙譲。

兪鴻鈞は辛抱強く寛大にして謙譲の美徳をあわせもつ，常に藺相如の言を引用する。「双方が争うから相争い，双方譲るから譲り合えるのだ」。張羣尤によれば，人が我慢することができないことを我慢でき，キリスト教を信じて，思いやりがあって寛大そのものだった。[64]

(3) 実務に励む。

兪鴻鈞が法を尊び，実務に励む者であると称賛するものは非常に多い。例えば蔣中正総統，于衡，彦遠沟通などの人。彼の死を悼んだ対聯は415幅あるが，その中の60幅が法を尊び実務に励んだとある。そのうちの2枚を見てみよう。[65]

「論政以崇法為先，処事惟務実為本（政治を論じるに法に崇ぶことを最優先として，事を処理するに実務に邁進することを本分とする）」。

「崇法務実開風気，相国愛民有徳勛（法を尊び実務に務め明るい気風で，宰相は人民を愛して徳勲篤し）」。

このような人柄であるから自然と現行の法規を尊重し，目の前の状況を思案し，言行を慎しむことにのみ専心したのである。

彼が上海電力公司と交渉した時にも，慎重な態度が現れている。正に紀念集の戴緯記者が掲げる人物評「彼は他人を尊重することを知ってはいるが……ある人は辛辣に批判して人がよすぎる，役立たずとする」の通りであった」。[66]

兪鴻鈞の交渉時のもの言いは温和で，多くは質問方式で相手に話をさせた。また事の道理の明らかなところで発言する，あるいは文字の修飾を行う，あるいは論争の時しばらく保留と言い出すというものであった。総じて調停するのがもっぱらであり，態度は弱々しい。今2つの例であきらかにしておく。

第26回の会談の時，会社の登記について討議したが，徐佩璜は表明した「いずれにしても新会社は建設委員会に登記すべきだ」。蔡が訊いた「外国の会社

は実業部に登録できるのか？」俞曰く「できます。でも，ホプキンスさんはこの登記が必要としているのでしょうか。」（軟弱の極みである，ホプキンスが決めることではない。法令に従うのみである）ホプキンス曰く「会社は登記してはじめて法律で認められた株式会社または有限会社となることができるのであり，さもなくばそれは法律の上では共同合名会社に止まるのである」。ホプキンスの目的が合法性を獲得することであったことは既に見たが，上海市の代表はこのことを認識できていない。登記されれば中国の法規に従わざるを得ないということは当たり前のことであるのに，どうして依然として相手側の希望を伺うなどという態度を取って，主導的な立場をここでも放棄したのか。

第34回の会談，ホプキンスは上海電力公司側が電気料金を下げる権限を完全に有するように求めた。徐佩璜はその場合は政府の同意を得なければならないと表明した。理由は会社が劣ってみられるのを避けたいとした」。ホプキンスは「政府が干渉することではない」とした。俞鴻鈞「もし値引きすることが問題がないなら，言い回しが穏やかな方がよいでしょう（調停しようという心算）。」ホプキンス曰く「言い回しは改められます」，結局「会社は随時政府に申告してから，その電力を売る価格を下げることができる」（第28条）となり，政府にとってのわずかばかりの面目をほどこした。

　ホプキンス：1つ1つ主導的に交渉を進める。

　ホプキンスの策略は主導的な立場で交渉を操ることだった。第2の段階の時，公用局草案を1条1条討論したが，しかしホプキンスは全草案について68もの意見（この文未見）を出しており，全体をよく考察しようという姿勢がある。第3段階の交渉をする前に，ホプキンスは「草案と資料の訂正集」を出して，38の要点を掲げて討議されるべきとし，それ以後は掲げられた要点によって討論され，公用局のもとの草案を参考資料と扱い，主導権を握ってしまった[67]。

　それ以後更条文の修正を出す機会を利用して，ホプキンスはまたも逐条修正する主導権を得た。第30回の会談ごときは，6項目の修正文と覚え書をホプキンスが出した。何度も議決した後だというのに，ホプキンスはまた修正文を送ってきて，会社の権利の範囲を拡大した。（第23回，24回の会談では電線の架設の拡大を協議したが）条文の修正は，公用局とホプキンスが派遣した人員

が共同で修正したものだった。それは真っ当な交渉手続きに則った公平なものであった。しかし双方が条文の修正について不満があるとき，突然「ホプキンスさんに修正して提出してもらってから討論しましょう」とする有様であった(第23回目に36条を交渉していた時)。また条文を修正していたときに，徐佩璜はあっさりと「ホプキンス氏に書いていただこう」とした。無責任の極みである。

　最後の交渉の時などは，ホプキンスはすっかり味をしめて，遂に主導して上海市政府になりかわって送る公文を起草しようとまでした。ホプキンス曰く「越界路の問題が解決していないので道はすべてまだ工部局が所有するものであり，工部局は道路を所有するとして賠償金を求めない訳にはいけません。もし会社にその賠償を負わせるのであれば上海市政府に納める所得税から控除していただきたい。つきましては，公文を認めましょう。双方が了解署名しそれでよしとしましょう。拒まれるのであれば，工部局が米国の按察使署に会社を告訴するでしょう」とした。

　付属文書として作成した文書

　上海市より滬西電力公司へ

　「市政府は，今，貴社に以下の権限を授けることとする。……
　洋涇浜以北の外国人居留地の市政機構（工部局のこと）について納めるべき金額のうち差し引かれる項目は……以上の項とする。契約の有効期間，これを行うものである。」

　蔡「原則的にこの提案は賛成することができる。」
　俞「原則的にこの提案は賛成することができるが，方法はまだじっくりと
　　　相談することにしましょう。」
　徐「原則的にこの提案は賛成することができるが，ただ検討してから更に
　　　協議しましょう。」
　陳「ホプキンスは曾て『工部局が越境して（道路や電気を）使ってきたことと，当契約の規定は無関係である』と主張した折りに『これは会社側

の問題で，資金繰り・賠償は会社が責任を負うものである』としていたではないか。」
ホプキンス「本当に私がかつてこの様な声明をしたにしても，それでもやはり政府がするべきことであり，もし賠償する場合に所得税から控除できないのであれば，電気料金を上げるだけである。」
蔡「ホプキンスの書簡を検討してどうですか？」
徐「結論を出すのはまだ早過ぎます。」
兪「研究してから，別に書面で送るべきでしょう。」

後でこのことは棚上げにされた。この一事から，以下のことが汲み取れる。

1．ホプキンスはアメリカ人で，上海電力公司電気公司の責任者であった。しかし彼は工部局の立場で交渉すること甚だしく，工部局側に賠償を求める権利があるとした。ホプキンスが自社のために利を争っていたことについては酌量の余地がある。しかし工部局のため利を争うのは，中国を侵略するならず者外国人の言い分に他ならない。
2．上海市の代表も早速にこの提案に原則的に賛意できるとし，またも失望させてくれる。まさか既に1932年5月に工部局が越境築路を返還することに同意したことと，未だ何の賠償も得ていないことを，もう上海市代表は忘れてしまったのであろうか。租界工部局との交渉には正に兪鴻鈞が参加しており，1934年にこのことはまだ交渉中なのに，どうして忘れるなどということができるのか？　全く理解出来ない！
3．兪，徐，蔡，陳の四者はこの交渉においても各人の態度が異なっていた。これも代表としてどうであろうか。兪，徐はこの原則的に賛同できるとしたが，意思の表示は慎重でなければならない。蔡は何も考えていない。陳だけがまだしも反撃をしている。全交渉過程でこの4人の態度はこのようにてんでばらばらだった。
4．上海市の代表の多くが租界の工部局の側に弁償を求める権利があると思って（思い込まされて）毫も疑いもせず，路権がどこに属するか（本来は中国のもの）を問おうともしていない。越界路の費用の一部は中国と外国の民間人が金を拠出している。道路が完成してから，工部局が道に面

した住民から税金を徴収していたから，路権は現地の住民すべてに属しているとすべきである，これがその1。越界路は不法につくられ中国の主権を侵害しているのだから，当然中国に弁償するべきである，これがその2。ホプキンスの提議は，やはり人を馬鹿にするにも程がある。まさか工部局に納付する弁償金額すら討論する必要がなく上海電力公司が決定すればよいとでもいうのか？ 上海市の代表は反駁を加えもしない。本当に失望させられる。

5．この交渉は，中国にとって失敗であった。策略上失敗し，交渉の場に於ける技巧としても失敗したことはかくの如く述べ尽くした。ホプキンスは最後の交渉時，なんと上海市政府になり代わって公文書を作成しようとまでした。このような心理状態となったのは，この交渉の過程そのものの中に原因がある。中国がこの交渉で勝てるはずはなかったのである。

## 結　論

　交渉の成否は，その時に双方がそれぞれ決めた目標に照らして，目標を達成したか否かにあり，達成したものは成功で，目標に達せず又は譲歩すること多過ぎるものは失敗とするだけである。成功か失敗かを論じる本稿としては，上海電力公司としては成功であり，上海市政府にとっては失敗ということになる。

　上海電力公司の当初の目的は越界路の地区への電力供給権の合法化にあった。これと併せて黄浦江の深水処に発電所を造ろうと目論んでいた。それゆえ，自らが中国の法令に従い，治外法権を放棄すると願い出たのである。結果的には電力供給の合法権を獲得するも，黄浦江には発電施設を造ることが出来なかったが（建設委員会が強硬に反対した），かといって治外法権は決して放棄せず，中国の法規を守るということも名義上のことで，交渉を成功させたのである。

　中国政府の最初の戦略と上海市政府の最初の草案と最終的な契約を比べてみると，大きな違いがある。財務方面においては，最も重要であった減価償却と営業権代価は，いずれも目標とはかけ離れていた。上海電力公司の得て

いた・得た権利については，制約を加えることができていない。上海電力公司は租界を超えて架線を設置でき，どこにでも電気を送ることができた。電気専営区の原則は見事に粉砕されてしまった。旧来の越界路の電力供給と比べてもひどい。国家主権について言えば，上海電力公司は中国の許可を得た以上，かえって中国側の関連する諸法規に従う必要はなくなり，全ての係争が最終的には仲裁で片付けられることとなり，中国の司法をないがしろにした。

　上海市代表が交渉して失敗した主因は交渉人達の不適格性にある。徐佩璜は談判の主役であり，最も大きく責任が問われる。次席の蔡増基はかえってややこしくさせた。兪鴻鈞は大人しすぎた。3人は治外法権の圧力下，おひとよしで反抗もしなかった。これは建設委員会の態度と大きく隔たっている。3人は過度に営業権代価についてのみ争いその他の方面にあまり関心を持たなかった。上海市は最初300万元をもって目標としたのであるが，この300万元という金額は1934年の市政府の収入の25.41％に過ぎず，決して大きな金額ではなかった。[68] 交渉時の技巧としても多くの失敗が随所にある。彼らは，主権の問題で決着できなければ，営業代価を過度に求めることは難しいということを知るべきであった。どうして中国側へ回収・買い上げるときにまだ利息を払うのか。彼らの失敗は策略の不当にあり，金銭を重視して主権問題を粗略にするべきではなかった。いわゆる戦略・策略といったものがあるべきはずであり，目標を決めることに始まり，交渉をどう進めどう退くか，どう臨機応変に対応するかを考慮しなければならなかった筈なのに，彼らには事前にいかなる計画もなく，代表間にも最低限の暗黙の了解も欠如しているという有様であった。だから戦略・策略はなかったとも言える。

　結局中国はどのようにするべきであっただろうか？　建設委員会が出した戦略を行うべきであっただろう。

（1）原則を堅持する。
　最初の14点の方針を堅持して，せっかちに成功を求めることなく，主権の方面から着手すべきであった。先に主権が中国側にあると問題を片付ければ，その他の些細な事柄の問題は簡単に解決できたはずである。この交渉においてそのような貫徹する方針がなければ，枝葉末節の問題は解決はしても，そ

の実相手に利権を与えるに異ならない交渉であった。原則を堅持するというのが，近代国際交渉の常なのである。[69] 交渉の場合で過度に譲歩するといつでも譲歩すると見なされる。

(2) よりよい時機を待つ。

原則を堅持して交渉をすれば，あるいは順調に交渉は進まず中止となったかもしれない。それでも，交渉を進めるべきでなければ時機を待ってもよかった。越界路の問題もすでに交渉がすすめられており1932年に工部局との間で合意が成立していた。いくつかの協議・合意は，この主権の問題が解決できてからしてよかったのである。治外法権の問題はすでに交渉中で，困難はあったが従前に比べれば情況はよく，やはり待ってもよかったのである。越界路の電力供給は一つの公益事業であり，普通の事業とは事情は異なる。中国政府の法に基づく許可なくしては営業することはできなかったはずで，この中国政府の許認可については米国の「中国貿易法(China Trade Act of 1922)」とてもどうすることもできないものだったのである。越界路の路権を回収しさえすれば，沿道で公益企業を営む権限は自然政府に帰すこととなり，このことにより交渉そのものを左右できたはずなのである。もし，上海電力公司が従わなければ，買いあげることだってできた。抗日戦争（日中戦争）勝利の後，上海北方の越界路の電力供給問題は，閘北会社と上海電力公司が交渉するだけであったし，現に容易に合意に達しその送電機材を買い上げたことから，このことは明らかである。[70]

(3) 買収することは可能だった。

滬西電力公司の最後の契約の第1条に明記する設備の資産は4,469,768元である。資産評価として過大であるかはまず置いて，この数字に基づけば1935年，1936年の両年に営業収入を担保として500万元の公債を発行することは決して難事ではなかった。1927年5月から1934年6月まで，中央政府は合わせて内国公債を35回発行しており，その発行総計の金額は1,306,000千元であった。[71] これには地方政府の発行の公債を算入していない。もし500万元の公債を増発しても0.383％増加するだけであり，政府中央にとってこれは難事ではなかった。上海市も1929年-1934年に3回，合わせて1,250万元の

公債を発行している。更に500万元の公債を発行することはできただろう。問題は滬西電力公司の利潤で十分に元利を支払うことができたかということだ。1935年の利潤によって見積れば，利息を支払ってもまだ余裕があった。1936年の情況は更によかったので，元利を支払うことだってできたのだ。

　当時の上海市の交渉代表は，いかなる交渉の策略・戦略も考えていなかった。そのため交渉時に何を堅持し，どう臨機応変にすればよいか判らず，自らが主導することができなかったのである。

---

1 ) Oran R. Young (ed): *Bargaining : Formal Theories of Negotiation* (Univ. of Illinois Press, 1975) p.5. Jaw-Ling Joanne Chang (張裘兆琳), "Peking's Negotiating Style : A Case of Study of U. S-PRC Normaliazation,"『美国研究』巻14期　4(1984. 12)，66頁。
2 ) Samuel B. Bacharach; Edward J. Lawler: *Bargaining: Power, Tactics, and Outcomes* (SanFrancisco, Jossey Bass Inc., 1980), pp. 3, 41-51. Oran R. Young, op. cit., pp.7, 303-307, K. T. Young: *Negotiation with the Chinese Communists: The U. S. Experience, 1953-1967,* (N. Y. McGraw-Hill, 1968), p. 389. 廖徳海『全面談判技巧』(台北：先見発行，1992年)，102-120頁。Herb Cohen 著，安紀芳訳『如何成為談判高手』(台北：絲路1991年，5版) 50-84頁を参照。
3 ) 易君博『政治学論文集──理論与方法』(台北：台湾省教育会，1980年3版) 80-109頁。游伯龍『行為与決策──知己知彼的基礎与応用』(台北：中央研究院経済研究所，1985年) 17-89頁。
4 ) 最近の中国電気事業についての研究は博士論文として鄭亦芳の『中国電気事業的発展1882-1949』(台北，国立台湾師範大学歴史研究所1988年博士論文) があるが，通論的な概述に止まり深く研究できていない。修士(碩士)論文として林美莉の『外資電業的研究，1882-1937』(台北，国立台湾大学歴史学研究所1990年碩士論文) があり，外資の発電所の発電容量と発電量を新たに算出して非常に大きな貢献をしている。大陸では李代耕編『中国電力工業発展史料－解放前的七十年，1879-1949』(北京水利電力出版社，1983年) この一著作があるのみであり，資料も多くはなく強烈な反帝国主義の意識で書かれている。日本においては金丸裕一が中国電気事業研究に尽力している。その修士論文『中国の工業化と電力産業』(東京，都立大学人文科学研究科1991年) は上海工業と電力の関係に重点を

置き4章中1章が民国14年の530運動（五卅惨案）時の上海電力交渉を述べており，これも電気をめぐる交渉事例の一つである。彼は他にも論文「工部局電気処の停電問題－1925年7月6日前後」『近きに在りて』第21号（1992, 5）を発表しており、同傾向の論考である。彼が書いているその他の論文はとても多く、逐一これを上げない。別にオーストラリア Murdoch UniversityのTim Wright 教授の1篇 "Electric Power Production in Pre-1937 China" China Quarterly（June,1991）がある。この論文は分析的な論文で、J. K. Chang 著の *Industrial Development in Pre-Communist China*（Chicago, Aldine Pub., 1969）にやや批判的である。

5) 蒯世勛「上海英美租界的合併時期」『上海通志館期刊』巻1期　3（1934, 12）607-648頁、661-674頁。懺世旦「上海公共租界拡充面積的実現和失敗」『上海通志館期刊』巻2期　3（1934, 12）693-694頁。
6) 董枢「上海法租界的発展時期」『上海通志館期刊』巻1期　3（1933年12月）730-759頁。唐振常『上海史』（上海、上海人民出版社1989年）512-513頁。
7) 註5、蒯前掲書、665-673頁。
8) 席滌塵「公共租界越界築路交渉」『上海通志館期刊』巻2期　4（1953, 3）、1296頁。これは1904年の滬道・袁樹旦が述べたものである。
9) 席前掲書、1283-1337頁。
10) 沈怡『沈怡自述』（台北：伝記文学、1985年）108-109, 110頁。
11) 『上海市年鑑』民国24年、H5-6頁。
12) 『上海特別市公用局業務報告』（以下『業務報告』）民国16年7至12月、44-45頁。22年上海市擬「滬西給電問題」『建档』23-25, 9-1。
13) 『業務報告』民国16年7至12月、45頁。
14) 『業務報告』民国17年7至12月、79頁。
15) 民国11年9月24日「四部会審査上海越界供電問題報告」『建档』23-25, 9-1。
16) 「滬西給電問題」『建档』23-25, 9-1。
17) 『業務報告』民国17年7至12月、81-82頁。
18) 「滬西給電問題」『建档』23-25, 9-1。
19) 民国21年8月20日、函行政院、8月30日「行政院回函」『建档』23-25, 9-1。
20) 中央政治会議第222次会議で外資を利用する案が通過した。
　　1．合資方式。中国人の株主と理事が多数を占めなければいけないが、理事長と社長などの職は中国人を任命し、外国の商人は中国の司法と法律の制限を受ける。
　　2．特許方式。中国政府が監督権を有し、経営年限を決めて、満期になれば無償で回収し、満期以前でも価格を用意できれば収回することができる。経営

している間は、純益の多寡に応じて上納金を納め、外国人は中国の司法と法律の制限を受ける。

3．貸借方式。すべて政府が経営して、債務者は監督権がある。(『建档』23-25, 9-1)

21) 天津比商電車電灯公司は光緒30年（1904）に、世昌洋行（E.Meyer&Co.）と北洋大臣の袁世凱が派遣した津税関道の唐紹儀らが契約を結び50年の特許を与えて、満期後には無償で回収することができるようになっていた。20年が経った後は、価格を用意すると回収できたのである。民国18年11月15日「天津市政府函」『建档』23-25-01, 18-1.

22) 民国21年9月24日「四部会審査上海越界供電問題報告」『建档』23-25, 9-1.

23) 民国21年11月14日「顧毓琮報告」『建档』23-25, 9-1.

24) 民国21年12月5日, 建設委員会補充意見, 以下の各社において総収入に納税の占める割合。　シカゴ電力公司, 1931年, 11.30%
太平洋煤気電力公司, 1931年, 10.96%
米国各社平均, 1931年, 14.00%。『建档』23-25, 9-1.

25) 民国21年12月19日「函行政院」『建档』23-25, 9-1.

26) 民国22年2月3日「会議紀録」『建档』23-25, 9-1.

27) 民国22年2月14日「惲震呈」『建档』23-25, 9-1.

28) 民国22年5月10日「実業部呈行政院文」『建档』23-25, 9-1.

29) 建設委員会『公報』31期（22, 8）43-44頁。民国22年4月24日「第二次会議紀録」『建档』23-25, 9-1.

30) 外務省情報部編『現代中華民国満洲帝国人名鑑』（1937年）237頁。

31) 前掲書, 193頁。徐友春『民国人物大辞典』（石家庄, 河北人民出版社1991年）1368頁, 建設委員会『公報』期21（1932, 4）204頁。期25（1932, 12）335頁。

32) 王紹斎・章君毅『俞鴻鈞伝』（台北：聖文書局, 1986）33-38, 42頁, 光緒23年12月12日（1898年1月4日）生まれとなっている。他の資料で光緒24年としているものもあるが, 誤りである。

33) ヘラルドは第2回会談から参加し, 第5回には欠席し, 第17回には入っておらず, 第28回から30回にはまた加わっている。最後の1回には参加しているが中座している。ハーマンは第14回から加わっている。

34) 民国24年10月25日「上海市函」『建档』23-25-72, 22-1.

35) 第37条、会社の呈文（申告書）と政府からの通知は書留郵便とする。第38-41条、各種の権限賦与の証明書の付属規定。

36) 本文207頁。

37) 領事裁判権は被告が外国人の時のみに限り領事が法廷で審理したものである。被告が中国人の時は会審公廨が審判するのである。民国15年8月31日、江蘇省政府と上海領事団が調印した「收回上海会審公廨章程」9条で、会審公廨は上海臨時法院と名称を改め、領事裁判権を享受していた外国の僑民が「被告」とされた案件以外は、臨時法院がすべての事件を管掌していた。（陳国璜『領事裁判権在中国之形成与廃除』（台北尼公司文化基金会，嘉新水1971年）61頁。被告が中国人であるなら、原告がどこの国の人間であろうと、中国の法廷に訴えがなされるべきなのである。そもそもの領事裁判権にしてからが、自国の僑民が「被告」となってその国の領事が裁いたのである。
38) 民国21年11月24日「賀清（＝ホプキンス）函公用局」『建档』23-25，9-1.
39) 契約第19条とほぼ同じ。
40) 株式引受人名簿によれば、その中でも閘北水道電気会社と華商電気会社はそれぞれ15,000株、周宗良と家族は16,500株引き受けて、残りの17人は26,500株引きうけている。李代耕『中国電力工業発展史料』（北京1983）53頁に掲げる株式分配表。中国側は35.6％のみ占める。資料の入手先を説明していないのは問題である。
41) 公用局は閘北の20,000kw設備費5,123,000元によって，滬西30,000kwの設備費を7,684,000元と見積もった。今，推計を9,000,000元と引き上げたが，まだ多少の余裕がある。『建档』23-25，9-1.
42) ホプキンスが提案した公式は，総収入×純利益率×5＝営業権代価。つまり，2,000,000×純利益率×5＝100,000. 純利益率がたったの1％というのは少な過ぎるだろう。
43) 中国通信社調査部編『上海電力会社の組織と事業』（上海，中国通信社調査部，1937年）54頁。上海電力公司は1929年の営業純利益は6,745,181両で，1930年が6,921,414両である。
44) この見積もりが信頼できる理由は次の通り。
　　1．第34回の交渉中、ホプキンスはこう言っている。：上海電力公司は8,100万両を支払うが、これは資産の半分にとどまる。工部局がいくつかの設備を買い入れるので、双方が同様の支出をすることになる。だから資産は帳簿上は小さくても実際は大きなものであり、上海電力公司は1,200万両だけを払っていたのである。この説明は、西方の会計の制度と合っていない。しかし確かに知ることができるのは、資産額がその半数を占めるということは確からしいということである。
　　2．その他の資料が明らかに示しているのは、1928年末の工部局電気処の資産

は39,410,422規両であったということである。(李美莉, 前引の修士論文16頁、陳真『中国近代工業史資料』(北京, 1967) 輯2877-878頁,『上海電力会社の組織と事業』36頁。) その上1929年に増設された設備は、おそらく8,100万両の半額で、ホプキンスが言ったことと一致する。

3. この見積もりに従って、上海電力公司の払うべき営業権の代価はおよそ3,240万両となり、毎年の純益650万両で割ると、およそ5倍となる。これまたまたホプキンスが最初に提示した5倍の公式と一致する。

45) 民国18年11月15日「天津市函」『建档』23-25-01, 18-1. 総収入3.5％と、12％の利益配当を除いた残りの10％を政府に納める。もし利益配当が15％だったら、残りの20％を納める。民国16年11月、契約を追加し、総収入によって比率を一定にした。100万両以下は3.5％、100-200万両は8％、200万両以上は10％。

46) 董枢「法租界公用事業沿革」『上海通志館期刊』巻2期 4 (1935年3月) 1163, 1191頁。1-10年2.5％、11-30年5.0％、31-50年7.5％を納めた。

47) 民国22年5月3日、5月30日「上海市函」『建档』23-25, 9-2.

48) 工部局電気処の減価償却率。1926年5.20％, 1927年5.09％, 1928年5.05％。1930年, 華商5.32％, 閘北5.80％, 翔華4.65％。『建档』23-25, 9-1.

49) 『民営公用事業監督条例』, 18年公布の第9条。22年公布の第12条。

50) もし25％を投資総額中の資本とすると、実収資本の25％の純益率は投資総額の6.25％に相当する、もし30％を実収資本とすると7.5％に、40％とすると投資総額の10％の純益率に相当する。純益中からすでに社債の利息分は差し引かれる。このように資本によって算出すると、純益率を大きく増やすことができた。

『上海電力会社の組織と事業』47-50頁によると、米国の商法では、資本の1/4まで負債が占めることが許されていた。上海電力公司は3種類の株券を発行していた。

1. 銀立ての優先株で議決権無いもの220,000株。1株100両で総計30,769,230元。
2. 米ドル年利の7元の第2種優先株で、議決権があった。55,797株、合計390,299米ドル、1,300000元。
3. 普通株の3,000,000株、議決権がなく、額面金額なし。1936年、総資本金56,502,058元から第1,第2の優先株分を差し引いて24,432,828元が普通株の株式資金となる。1936年の総負債額は177,830,216元であり、これは資本中ほぼ半分の46.57％を占め、議決権のある第2優先株は、取るに足りない(参照『中南支各省電気事業概要』63-64, 67頁。李代耕『中国電力工業発展史料』59-51頁。陳真『中国近代工業史資料』2輯344-345頁)。

実際には株式資金が占める割合は高くなかった。300万株の普通株がまだ

売り出されていなかったため、経営決定権は遠東電力公司にあった。このような状況であったので上海電力公司の経営決定と議決権の行使は第2種優先株によった。

51) 第11次の交渉時、ホプキンスはこう提案した。純益が10%に満たなければ、値上げをして純益が13%を上回るようにする。上海電力公司の料金を上回らない限り料金は下げず、上海電力公司の料金を上回れば料金を下げる。純益が15%を超える時は、上海電力公司の料金との多い少ないを問わず、必ず料金を下げる。

52) 第32回, 33回の会談記録参照。

53) 民国23年12月24日「惲震密呈国府」『建档』23-25-72, 21-2.

54) 民国24年1月23, 2月7日「函上海市」『建档』23-25-72, 21-2.

55) 許同莘編『道光条約』英約, 道光23年, 8-19, 18頁。席滌塵「収回会審公廨交渉」『上海通志館期刊』1巻3期761-779頁。呉圳義編『上海租界問題』(台北:正中書局, 1981年) 258-274頁。

56) 李恩涵「北伐期刊収回漢口・九江英国租界的交渉」『国立師範大学歴史学報』期10 (1983年6月)「中英収回威海衛租借地的交渉 (1921-1930)」『近代史所集刊』期21 (1992年6月)「九一八事変前中美撤廃領事裁判権交渉」『近代史所集刊』期15 (1986年)「九一八事変前中英撤廃領事裁判権的交渉」『近代史所集刊』期17 (1988年6月) を参照。

57) 第8回の交渉の時徐佩璜はこう表明した、もし工部局が上海電力公司に電架線を移すように求める時は工部局が出費する。付随した規定があった。「道路をつくるなど市政の工事により移転する場合は会社が費用を負担する」とあった。ヘラルドは直ちにこれを追究して、付随部分は「市政の工事により会社の供電サービスが妨害されたとき、会社は賠償を求めることはできないが決して会社が費用を負担しない」となった。

58) 民国20年6月に公布した「電気事業取締条例」第46条及び第72条。23年修正した第45条及び70条。

59) 董枢「法租界公用事業沿革」『上海通志館期刊』巻2期4 (1935年3月) 1169頁。

60) 同上, 1175頁。

61) 徐友春『民国人物大辞典』611-612頁。李盛平『中国近現代人名大辞典』(北京, 中国国際広播出版社1989年), 522頁。中華民国人事録編纂委員会『中華民国人事録』(台北, 中国科学公司, 1953年) 168頁。呉湘相『民国人物小伝』2冊 (台北: 伝記文学出版社1977年) 111-112頁。

62) 『俞鴻鈞先生紀念集』(文海影印本), 15頁。

63) 前掲書, 15, 36, 37頁。

64) 前掲書, 40, 44頁.
65) 前掲書, 18, 23, 25, 64-87頁. 陸宝千『黃通先生訪問紀錄』(1992年), 380, 383頁.
66) 前掲『俞鴻鈞先生紀念集』35頁.
67) 第23回の交渉で, 36条の調停法を討論した際, ホプキンスはこう言っている「自分が作った草案の第21条, 第22条」と. この3つの条文に振られた番号は, 全てホプキンスの草案の番号に一致する. この交渉が彼の草案に主に基づいていたと証明するに足る.
68) 『上海市年鑑』民国26年, J4, 収入から公債収入3,255,000元を削除した.
69) 中国共産党と米国の交渉 (1954-1978) は20数年の長期を経て, ようやく関係が正常化した. 原則をめぐる論争がいかに長期にわたるか, これでも知れる. 米国は中国共産党の台湾への武力侵攻に釘を刺そうとしたが, 逆に中国共産党が米国に台湾問題について絶対譲歩しないのだと信じ込ませ, 結局は米国が折れたのである. Chang, Jaw-Ling Joanne: "Peking's Negotiating Style: A Case Study of U. S.-PRC Normalization." 『美国研究』巻14期 4 (1984年12月), 80頁.
70) 民国36年9月6日「上海市函経済部」『経済部档案』18-25-11, 5-1. 閘北公司は98,854米ドルで電力モニターと配電盤などの機材を検品して買い上げた. その際に10年分割払いとし, 未完部分については毎年7％の利息を支払った.
71) 千家駒『旧中国公債史資料, 1894-1949』(北京, 財政経済出版社1955年) 370-373頁. もとは37回となっているが, そのうち2回は発行額が不明であったので数に入れなかった. また義和団の賠償金150万英ポンドも計算に含めていない.
72) 『上海市年鑑』民国26年, J4. 第1次は1929年, 300万元, 年利0.08％, 第2次は1932年, 600万元, 年利0.07％, 第三次は1934年, 350万元, 年利0.07％.
73) 満洲電業株式会社調査課『中南支各省電気事業概要』(新京, 満洲電気協会1939年) 138頁による. 1935年, 滬西電力公司の収入は3,919千元, 支出は3,728千元, 利益は191千元. しかし, そのうち上海市政府に支払う報酬金が3,919,000×0.05＝195,950元. この他, 営業権の代価1,500,000元の利息年0.07％の支払と, 3者の合計が491,950元に達した. 公債を500万元発行し, 年利0.07％で計算すれば350,000元が必要であるが, 利益は利息の支払に足りる. 1936年の収入は4,131千元, 支出3,863千元, 利益286千元, 前年の計算法によれば, 3項目の合計は597,550元に達する.

〔原載: 『中央研究院近代史研究所集刊』第22期上冊3-38頁 中央研究院近代史研究所 1993年6月〕

上海租界沿革圖

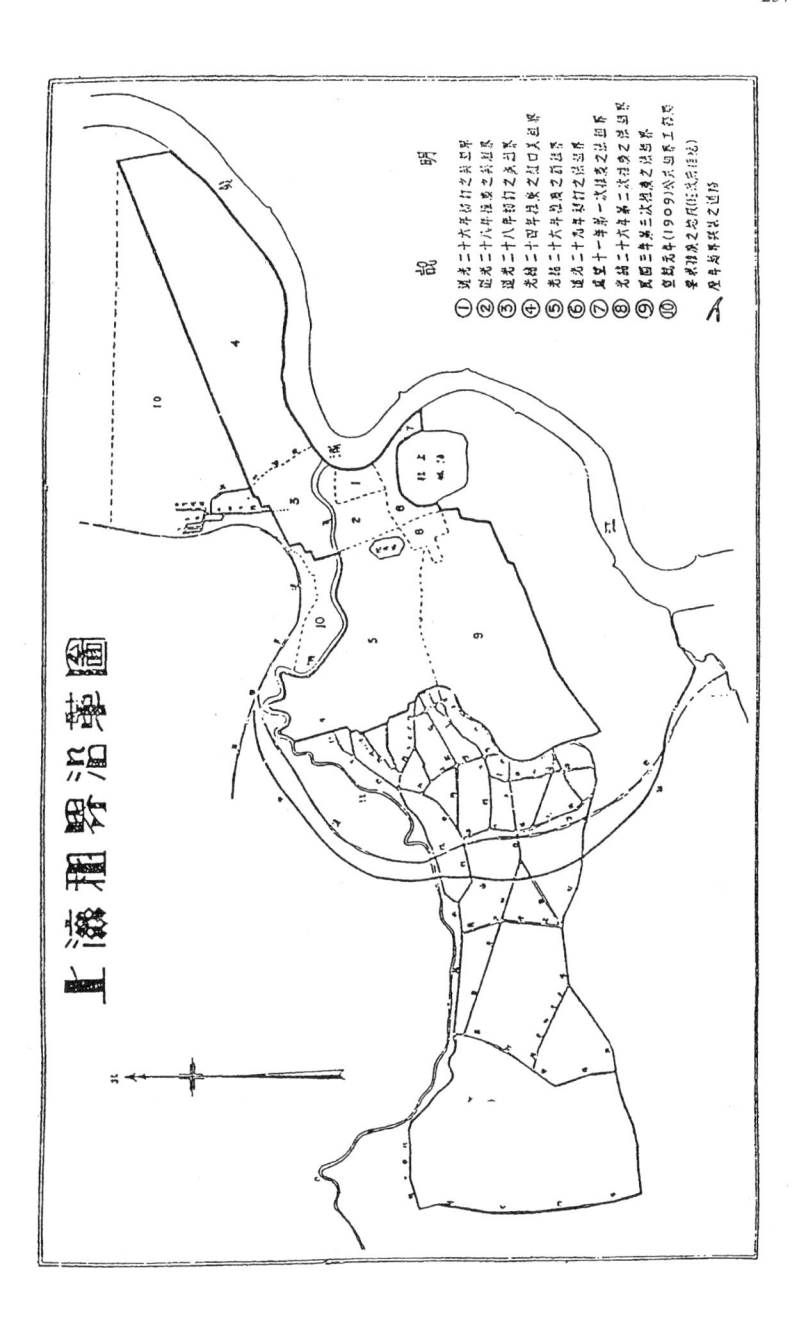

說　明
① 道光二十六年的行之界址
② 道光二十八年擴充之新址界
③ 道光二十八年的乙界址
④ 咸豐十四年擴充之川口大租界
⑤ 咸豐二十六年擴充之西區
⑥ 道光二十六年的行之路居留
⑦ 咸豐十一年第一次拓充之出租界
⑧ 光緒二十六年第二次拓充之法租界
⑨ 民國三十年第三次拓充之法租界
⑩ 宣統元年(1909)次國界工程局
　　畫界拘決之租界(現尚未注冊)

滬西電力公司の営業区

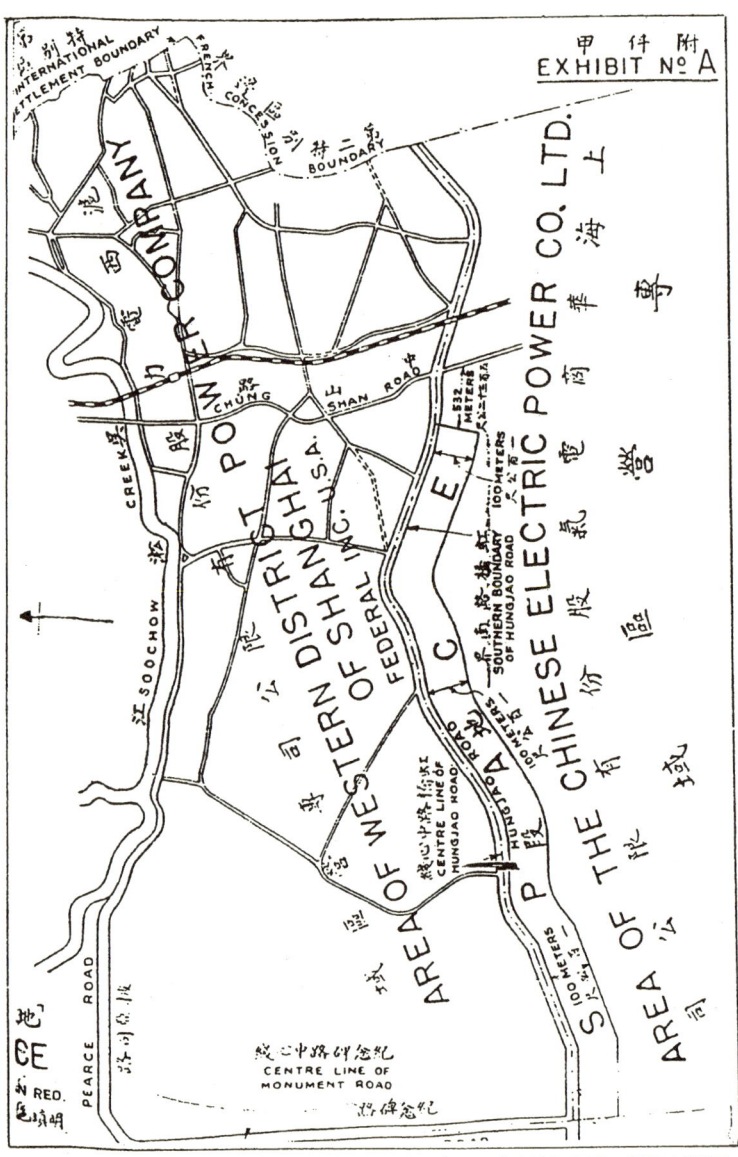

東側に国際共同租界とフランス租界の境界が見え、南には華商電気公司の営業区が隣接する。Federal Inc. U.S.A.とある

## 訳者あとがき

　ここに，中央研究院近代史研究所で長年にわたり研究員をつとめられた王樹槐先生の論文集を出版することができた。郭廷以教授以来のいわゆる南港学派の流れを継ぐ実直な学風は，本書を一読されれば容易に理解されるだろう。

　近代史研究所档案館の一階に研究室を構える王樹槐先生は，本書の執筆に最もふさわしい学者であろう。なんとなれば，近代中国電力産業史に関する膨大な数量の一次史料が，台北のまさにこの档案館に所蔵されているからである。王先生の論文に見られる実証性の高さについて，訳者が多くを述べる必要はないだろう。

　近代中国における屈指の経済都市・上海を扱ったこの本は，わたくしたちに多くの思考素材を提供してくれる。民族資本企業の個々の動向それ自体も極めて興味深いけれども，より総体的には，1990年代以降活発に議論がくりひろげられている「1930年代中国資本主義発展論」に対して，具体的史実を以て見直しを迫る研究であると評価できるからである。管見の限り，世界の研究史上，初めて誕生した中国電力産業史に関する実証研究であり，後進の我々は王樹槐先生の到達点をみずからの出発点とせねばならない。

　長年に及ぶ王樹槐先生の研究活動についても，本来は「あとがき」で言及する必要があるのかも知れないが，幸いなことに，侯坤宏・李宇平・林蘭芳「社会経済史的耕耘与拓展―学人王樹槐及其研究」（『社会経済史的伝承与創新―王樹槐教授八秩栄慶論文集』板橋市，稲郷出版社，2009年）という優れた評伝を得ているので，ここに譲りたいと思う。

　本書は，元々，『立命館経済学』に断続的に掲載した星野・金丸による訳稿を基礎にしている。但し，訳出を急いだために多くの欠陥を残す水準にとどまっていた。今回は，これを克服せんがため，早稲田大学第一文学部東洋史学専攻の同級生で，以来，学問的にも私生活においても親しくしている畏友・山腰敏寛氏の全面的な支援を受けた。原載時のものを遙かに上回る高いレベルに仕上がったのは，ひとえに山腰氏の尽力によるものである。あわせて学部の同級生となってから，現在に至るまでの30年，知的刺激とともに変

わらぬ友情で励ましてくれる弁納才一氏（金沢大学経済学部），松重充浩氏（日本大学文理学部）に対しても，この場を借りて感謝申し上げたい。

　なお，本書は中国語一次史料（档案）が全面的に活用された研究書となっている。日本人としていかに档案に向き合ったらよいのかについて，やはり山腰氏によって解題論文がまとめられた。これを付録として収録し，読者諸氏に提供したいと思う。

金丸　裕一

## 翻訳にかかわって

山腰　敏寬

　中国でビジネスをすることは難事である。個々の中国人が交渉相手としてはなかなかに逞しいからである。また中国人の集中力は驚異的で今日においてはコンピュータのプログラミングに適性すら有していると言われている。台湾の故宮には，何世代もかけてつくりましたという逸品はいくらでも所蔵されている。今の日本では中国に対して好悪の念はない交ぜであろうが，その人口統計の誤差が日本の人口規模ではないかとも疑われるこの巨大な中国とうまくつきあっていかなければならないというのは21世紀日本の宿命である。

　では，中国人はいかなる特性をもつ人々なのか。そのことについては，筆者の課題の1つであるカール＝クロウの著作である程度うかがい知ることができる。実際に，クロウの本が一番判りやすい中国ビジネス入門書であると，最近になってヴォーゲル教授の序文がつけられて米国で再刊されている（日本における筆者によるクロウの再評価は米国などの英字文化圏に於ける再評価よりも早いものであったと自負している）。

　かつて『東方』(2003年4月号) にクロウを紹介した記事を書いたことがあるが，そこで挙げたクロウの中国人分析の一例を再掲する。

> 中国人の労働者は正確にものを計算したり，精密な仕事をしたりすることはしないのが一般であるけれども，また頗る注目すべき一面があり，綿密正確を要する点は必ずこれが手落ち無く実行されていると言ってよい。(『支那人気質』74頁，一部改訳)

　クロウはいい加減さと精妙さの懸隔を中国人自身が「必要であるかなしかで明確に」判断している結果だという。谷崎光『中国てなもんや商社』(文春文庫1999) を見ると，縫製の失敗を「日本人はうるさすぎる」「没問題 (問題ない)」と強引に押し切ろうとする今日のワンダーな例がてんこ盛りとなって

いる。しかし，これについては，筆者は今日の中国においては事実上の一党独裁という，寧ろ王朝時代に回帰した弊害が更に加わっていると考える。民国期に長年中国に滞在したクロウはこう言っている。中国で長く過ごしたビジネスマンほど，交渉相手として手堅い相手はいない。これに反して，自身の勝手な思い込みが裏切られて中国と中国人の悪口を言うのは宣教師であると。さて，それで一旦必要だと中国人が判断するとどうなるか？

　……こういう一事に没頭するという性質があるから，現在自分のやっている仕事に熱中することができる。この注意集中力に加ふるに辛抱強さをもってするのだから，梃子でも動かぬ頑固さが示される。(『支那人気質』49〜50頁，一部改訳)

　クロウは，階下で銃撃戦があったのに，それにすら気づかず作業をしていた電話の交換手の例もあげる。中国人が発揮する集中力は驚異的である。しかし，それは一旦方向づけがなされると，暴走しがちでもある。百花斉放，百家争鳴について村松暎はこう分析している。

　……1956年の初めに毛沢東主席は最高国務会議で，例の「百花斉放・百家争鳴」の方針を打ち出している。結局これは翌1957年に入って激烈な共産党攻撃にまで発展し，暴動の発生にまで至った大失敗に終わり，同年6月の毛沢東の「人民内部の矛盾を正しく処理する問題について」を境に苛酷な「反右派闘争」に転じ，党の「言者無罪」の保証で「争鳴」した連中が一網打尽ということになる。もっとも，中共はこれについて，反右派闘争に移ってから，「うまくひっかけて『毒草』をおびき出してやった」という意味のことをいって(『人民日報』)，これが最初からの計画だったと称している。だが，「放・鳴」政策開始時の周恩来総理の演説やその後の党の知識分子への呼び掛けかたを見ると，「穏歩前進」から急激な社会主義建設に転ずるあたって，党が広く知識人の協力を望んでいたことは間違いなさそうに思われる。
　だが，それを認めることは，毛主席および党中央の認識の誤り，不明を認めることになる。はじめから計画的に陥穽を設けたとすれば，これほ

ど悪辣な詭計はないということになるが，毛主席や党中央は誤りや不明を認めるよりは，あえて不徳義漢となる方を選んだのであろう。なぜならば，不明を認めることは毛主席・党中央の不完全さを承認することになるが，不徳義行為は評価の問題であり，社会主義の敵や人民の敵を計略にひっかけておびき出すことは，純枠な社会主義国家の建設という大目的達成の手段として正当化することができるのだ。(村松暎『毛沢東の焦慮と孤独』中央公論社1967 pp.57-8)

　多少なりとも，近代的な政治言語などを知った共産党政権がどのように手のひらを返すかという好個の例と思うのでいささか長く引用した(村松暎の文革分析は今日尚衰えることのない光彩を放っているものである)。百花斉放は当初は共産党側にも悪辣な思惑もなかっただろうと村松はした上で，不満があるなら言ってごらんと言わせたらこれがタダことない不満であって手のひらを返したのではとしている。『天安門文書』を見ても，六四(天安門事件)の直後にうろたえる北京の老人達が描かれている。共産党政権にそんなに大した識見と判断力があるわけではないことがこれらの事象で知れよう。
　中国人には驚異的な集中力がある一方，進むべき方向性を示すと示された方面へ暴走しがちでもある。それが大躍進や文革そして今日の(平気で自国内の環境破壊も並行して進める)経済発展とその背後にあるのではと考えると穿ちすぎであろうか？
　さて，共産党一党独裁という特異な要素(王朝時代に回帰したとしてもよい)は20世紀後半以降の中国分析に欠かせないとしても，本書では中央政府の威令が弛緩した民国期における中国人起業家の逞しさが多く窺える。筆者としては一番印象的なのは第5章の翔英電気公司の事例であった。なんとその始まりは，不法というか海賊的な営業であったのである。それが有力な企業でもあった闡北水電廠の供電・供水サービスの不備を衝き，闡北水電廠の供電に不満を持つ消費者の支持を獲得し，闡北水電廠と対等に渡り合いいつの間にやら営業区も(借りるという形にはなったが)認められたのである。最小規模の電気会社にしてなかなかの逞しさである。また，あきれかえるのが，その闡北水電廠の民営化の紛争である。種々の抗争が役者が入れ替わり立ち替わり繰り拡げられるまさにバトルロワイヤル状態である。そして，意外にこの一

篇で，いや本書を通して，最も魅力的に見えるのは当時に上海にいた軍閥・何豊林である。民情を理解し取りなしはするが，閘北公団の無理な願いもよしとせず，省署も立てつつここぞというところでは意見もし，タイミングを見計らって民営化の仲裁を買って出ている。流石に軍閥で機を見るに敏であったのであろうが，それが私利私欲で動いていないところをみるべきであろう。しかし，「議決」についての記述もあきれかえるばかりの展開を見せる。本書の記述によれば，紛糾した議会では審議もできなかったのに民営化派の議長は民営化の議員と語らって，通ったことにしようと押し通そうとしたのである。本書で述べられているがごとく合理的な経営をするために民営化せざるを得なかったのは間違いない。相当理とすべきところがあったのである。しかし，そのような立場にして，議会での可決を急くあまりこのような法治主義社会の根幹のルールを無視して暴走するのであるから驚く外はない。そして，そのような違法な手続き故に更に論争に火種が提供されたのである。

今日，エネルギーが如何に安定的に利用できるかというのは世界規模の普遍的な問題である。また，本書で扱われる電気会社には水道事業に関わった会社もあった。水というのも今日に資源としてまた財源として注目を集めているものである。水資源と中国人というと昨近の話題にもなっていることである。本書は良くも悪しくも逞しき民国期の電気業界を紹介した豪快な論考集である。

史料読解の実例について

さて，筆者の専門の1つに近数百年来の中国の歴史公文書の読解というのがある。これについては『清末民初文書読解辞典』（汲古書院1989）とその増補改訂版で，定評のある『中国歴史公文書読解辞典』（汲古書院2004）でそれなりに多くの研究者に寄与してきたという自負はある。そのような来歴のある筆者としてこの『上海電力産業史の研究』を通読して，改めて面白かった事例がいくつかあったので紹介しておく。

新版たる『中国歴史公文書読解辞典』で語彙として増やしたものとして定型句とされるものが多くある。いろいろな定型句がある。例えば公文書の結びの定型句というのもある。日本語で言えば，文末で「よろしくお願いしま

す」という類のものである。これが本書で扱われている時期の公文では難字を使った「實紉公誼」という四字熟語だったりする。これを踏まえて，上海市公用局が交通部と対立したときのやりとりを読むと面白い。本文では，前後の文脈の中で適宜訳し分けたが，公文読解のテクニックであるので紹介しておきたい。

建設委員会内の文案の段階ではこの「實紉公誼」であったものが，より強力な表現に変えられた例が紹介されている。

> ……請貴府速將執照及營區圖發給公司收執，不得擅自扣留，<u>以重功令為荷</u>。
> 訳
> ……貴府は速やかに許可証と営業区図を公司に発給していただきたい。これ以上勝手に支給を遅らせてはならず，法律を重んじて発給されたし（法律を重んじるべきである。150頁）。

下線部は文案では「實<u>紉公誼</u>」であったが，あとで「以重功令」というより強く求める表現に改められたという。末尾の「為荷」は「していただければ幸甚です」または「多とします」という，これまた決まった熟字である。「實紉公誼」が定型句として使われている例もある。

> ……飭辦之事，務須迅捷辦理，傳達中央與地方貫通聯絡之目的，<u>實紉公誼</u>。
> 訳
> ……転達する業務は迅速に行うべきであろう。中央と地方の間で意思疎通を図るという目的を全うしていただければ，職責上のこととは言え，感謝に堪えない（153頁）。

一連のやりとりの中で，この後，やはりこの定型句が使われている。これで，わざわざ改めることで，前者の用例は強い意図があったことが判る。なお，「飭辦」は「命令したことを行う」という意味でもあろうが，この場合は命令した内容（出した許可証・執照を渡せという命令）に即して訳してみた。

ところが，上海市公用局というのが黙っていないのである。第3章を見ると，上海市がまだ体を成していない時期もあったのに，数年の内に自身の財力をつけたか，はたまた自分の職分が犯されるのは許せないと抵抗したのであろうか，（第4章では）中央の官庁に向かって，「法令を重んじられたし」と食ってかかっている。

次年一月，公用局仍不服，謂建委會「對此類逕呈事件，……勿遽予核准，以杜玩忽法令之弊。」
訳
翌年1月，公用局はなおも承服せず，建設委員会に「このような勝手に手順を無視した直訴に対して，……早まって安直に許可を与えないでいただきたい。法令を弄び軽んずる弊害を絶やすために」と回答した（153頁）。

この文書で窺えるのは，（上海市公用局は）立場としては対等だという気持ちで記した文書ではないかということである。その理由はよく判らない。1つの市の局が，中央の主管する官庁に向かって対等の気概を何故持っていたのであろうか。そうではなくこれは勝手な思い込み，過大な自信（はたまた何かの勘違い）にもとづくものであったのかもしれない（第6章で公用局の代表が自分達の側で何の打合せもせずに交渉に臨み複数の代表が好き勝手な交渉をした事例がある）。ただ，上海市公用局の側も相手をなじるとなると法律を守っているのですかと責めている。流石に，そこには自分の方が下級の機関であるという意識があったのであろうか。

この他にも，文末に来る慣用句を踏まえた表現もある。文末に来る叱責と督促の定型句にどのようなものがあるかも知っておきたい。

經營電氣事業，其所負使命，有異乎其他工商，……而啟迪人民，認識電氣之清潔與便利，俾樂於使用，尤屬責無旁貸焉。
訳
電気事業の経営が負っている使命は，他の商工業と異なる。……そして人民を啓発して，電気の清潔で便利なことを認識させて，電気を使うことを楽しいことだと判らせなければならない。これは電気産業人として逃れることができない厳し

い責務なのである（188頁）。

「責無旁貸」は前清の時代の公文書などでよく使われた「責任逃れできないぞ」と職務を遂行するよう叱責した文言である。しかし，ここでは自分を叱咤激励するかのごとき用法で，前清時代に皇帝が臣下を脅した用法とは異なる。民国期の文書を読むためにはやはり前清時代の文書の定型句を知っておく必要がある。また熟語として「仰候」という2字があった。拙編の辞書では「『しばし待て』にわかには判断できず，調査や他機関との連絡が必要な場合に使われる」としている。

　　檢察廳批示「仰候調巻再行核辦」。此後，湯曽四次請檢察廳速辦，均多批示靜候。
　　訳
　　檢察回答は「しばし調査を待て，改めて調査する」というものであった。この後，湯は検察庁に速やかに処理して欲しいと4度も請求したが，ほとんど「しばしまて」との回答が繰り返されただけであった（89頁）。

冒頭に検察庁の反応が「仰候調巻再行核辦」と2字ごとにまとまった熟語の固まりで示されている。和訳は「檢察回答は…」とした。「仰候」の2字は，「『しばし待て』にわかには判断ができず，調査や他の機関との連絡必要な場合に使われる」表現である。検察としては慣用語を使って逃げを打っていることが判る。結局，検察はいささか漢字は違うものの「しばし待て（靜候）」と繰り返し声明・回答して政争を背景とした捜査要求から逃げたのである。

　　文書の転達のしかた

おそらく日本人にして，中国の歴史的な公文書を読解するにあたって，とまどってしまうのは文書をどのように転達したかという表現が公用文において複雑に確立されていることである。
　このことで個人的に想起するのは谷崎潤一郎が大和言葉だけであると日本語の表現が実は限られてしまうとしていることである。例えば「まわる」「め

ぐる」という語は主体が回転することも，何かの周りを回ることも指す。英語だって中国語だってそれくらいの区別はしているのに大和言葉にはその区別はなかったとしている。現に中国語・漢字には「転」「旋」「繞」「環」「巡」「周」「運」「回」「循」とあり，皆それぞれに意味が違うとしている（谷崎潤一郎『文章読本』中公文庫11版2006，pp. 53-4）。勿論，漢字を取り込んだ書き言葉としての日本語はこれらの微妙なニュアンスを包含している。これと同じことが，日本人として中国の歴史公文書を読解するにあたっても言えるようである。中国における表現が，複雑でありそして型として決まったものがある一方，日本語の側にそれに相当する表現がない。または貧弱である。専門書の翻訳であるから「転呈」などをそのまま翻訳してもよかったのであるが，一般になじむ表現ではないので，読解した上で日本語の表記として適切な表現にした。結局本書の訳では，「呈」などは願いでる，「転〜」などは「取り次いだ」などとした。

さて，上海市公用局と浦東電気公司は一時期，険悪であった。以下に再引用する文章の「逕呈」が面白かったので，再び例として掲げる。

> 次年一月，公用局仍不服，謂建委會「對此類逕呈事件，在未收到地方監督機關據公司依法呈請及附具意見轉呈到會，勿遽予核准，以杜玩忽法令之弊。」
>
> 訳
> 翌年1月，公用局はなおも承服せず，建設委員会に「地方監督機関として申し上げますが，会社が法に則って申し出てきたものを，当公用局が受領してから意見をつけて建設委員会に転達するようになっております。そのような手順を踏んだ書類を受け取られてはいなかったはずです。このような勝手に手順を無視した直訴に対して早まって安直に許可を与えないでいただきたい。法令を弄び軽んずる弊害を絶やすために」と回答した（153頁）。

この「逕呈」とあるは，中国史の法制史でしばしば問題にされる「越訴」に相当する，手順を飛ばして上級機関に訴えることであろう（この「越訴」自体実は違法な行為であった）。

この第4章の前提となっているのは，上海市の公用局が浦東電気公司を

とっちめようとしているのに中央の交通部が浦東電気公司を支援しようとしたねじれ現象である。上海市としては発電事業は既に2つの民間の電気会社中心で振興すると決めたのに，勝手に電気事業を拡大しようとする浦東電気公司を野放しにはできないという公用局なりの理はあったようである。しかし，本書で記されたやりとりを見ると，浦東電気公司が出さなければいけない法的手続きの書類の受け取りを拒否したり，または無視をしたことが少なからずあったと思われる。おそらくそのような具体的事例の積み重ねがあって，浦東電気公司は中央の主管機関たる交通部へ直訴するようになったと思われる。その事の傍証として指摘しておくのは，中央の機関として逐一上海市の公用局に書類を送っていたはずであるので承知であろうとの交通部の詰問に，受け取っていませんと上海市の公用局が平気で答えていることである。政府中央の機関から来ていたはずの文書を平気で，来ていませんと公的に回答するとしたら，浦東電気公司が出したであろう種々の書類がどう扱われたかは想像に難くない。

　上海市公用局が浦東電気公司に絡んだいきさつは，建設委員会の鷹揚な態度でけりがつく。そのことを示したことを記した原文は以下の通りである

　　五月四日，上海市函告建委會，建委會以未經核准，即已實行，於法未合，
　　姑念事屬減輕市民負擔，免予置議。
　　訳
　　5月4日，上海市は建設委員会に通告した。建設委員会は，まだ当建設委員会が許可していないが，すでに実行されてしまったことだし，法に則っているとは言えないものの、市民の負担が軽減されることであるので，調査究明するまでもないとした（154頁）。

　実はこの文章は本来，2つに分かれるべき文章が1つにされていると判断して翻訳では2文に分けた。筆者も最初に読んだ時，上海市が全文を通しての主語と思って読んで戸惑った。しかし，これに続く文で浦東電気公司が上海市の公用局からの嫌がらせから解き放たれたとの文章がある。そこまでの意思決定または決定的な判断が出来る機関はというとやはり上海市公用局ではなく建設委員会の方であろう。そうなると「建委會」が後半の主語である

ことが判る。そうなると寧ろ冒頭の「五月四日，上海市函告建委會」は，状況を説明した従文ともでき，それ以下が主文であるともできる。そして，これは一応は地の文であるが，文言として公用文で使われる文言が使われている。「未經核准」「事屬……」「免予置議」などは明確にそうである（「經」は書類がどう受け付けられたか，どう処理されたかを形容する様々な熟語をつくる核となる）。そうなると，「即已實行」「於法未合」も史料の用語をそのまま使っていると思われる。こう分析すると，これは引用する形で表記してはいないが，実は史料で使われた語句で構成されている文章であることが判る。翻訳はそうと判ってしないといけない。また意外に重要なのは「以」の1字である。建設委員会が「思った」「考えた」「捉えた」という重要な動詞となっている。「置議」は詮議する，取り調べるであるが「処罰の取調べをする」も含む。結局取り調べもなされなかったし，その直後の文で浦東電気公司が救われたとあるので，こう分析して読むしかない。

　また，筆者は折に触れ言っていることであるが，このような論文であるとか，命令する公文書や規則・法令において，「由」の後に機関名・役職・人名が来れば，それはほぼ間違いなく，責任を負わせる主体が「由」によって示されているのである。今回の訳にあたっても，地の文と引用文の双方の読解において大いに役に立った。

# 索引

《事項索引》

[あ]

按察使署　　　　　　　　　　　245

[い]

威海衛　　　　　　　　　　237, 255
怡和静記紡績廠　　　　　　　　183
引虹電灯廠　　　　　　　　　　176
引翔郷電灯廠　　　　　　　　　176

[え]

営業区
　　　11, 20, 22, 32, 41, 43, 44-5, 47-8, 52,
　　　57, 59, 65, 69, 72-5, 80-1, 84, 89-90,
　　　116, 140-3, 146-50, 153, 163, 175-7,
　　　179-82, 186, 189, 191, 196, 198-9,
　　　213, 215, 219, 223-5, 231, 239
営業権
　　　28, 35, 45, 94, 97, 100-2, 106, 110,
　　　113, 179-82, 203, 212, 214-17, 219,
　　　227-30, 241-2, 247-8, 253-4, 256
営業権代価
　　　100, 181, 212, 215-7, 219, 227-30,
　　　241-2, 247-8, 253
永亨銀行　　　　　　　　　　　　63
永豊銭荘　　　　　　　　　　33, 63
永明電灯公司　　　　　　　129-30, 134
栄誉報奨　　　　　　　　　　　　57
越界築路　　　　　　206, 208, 217, 251
越界路
　　　76, 203-6, 208-10, 212-5, 226,
　　　237-8, 241, 245-9

[お]

大倉洋行　　　　　　　　26-7, 57, 68
卸電　　　　　　　　　　　　11, 143

[か]

華界　　　　　　　11, 108, 209, 210, 240

華興永記電灯廠　　　　　　　　　46
嘉興　　　　　44, 46, 129-30, 134, 183, 201
華商公司
　　　7, 9, 11, 13, 20-4, 40, 145-7, 167,
　　　175, 209
華商電車公司　　　　　　　　1, 4, 129
華中水電公司　　　　　　　　　　9
嘉豊紡織染公司　　　　　　　　　46
会審公廨　　　　　　　　237, 253, 255
海音庵　　　　　　　　　　　　　3
懐仁堂　　　　　　　　　　　　　90
改組辦法　　　　　　　　　　　　27
外交部　　　　　　200, 213, 216-8, 223
外順房屋公司　　　　　　　　　　45
街灯
　　　2, 4, 18, 22, 25, 141, 145, 162, 164,
　　　190, 194
外務部　　　　　　　　　　　　　26
官紳　　　　　　　　　　　　　　22
漢冶萍炭鉱　　　　　　　　　　　7
監察簡章　　　　　　　　　　97, 122
監察員　　　　　　　　　　96-7, 103, 122

[き]

基金保管委員会　　　　　　　　218
暨南大学　　　　　　　　　　　　46
「議場速記録」　　　　　　　　　93
技正　　　　　　　　　33, 168, 213, 216
行政院　　　　　　　212-4, 216-8, 251-2

[け]

経済科　　　　　　　　　　　　　30
検察庁　　　　　　　　　　　　　89
建設委員会
　　　13, 21, 23-4, 32-4, 37, 39-40, 42,
　　　57-8, 62-5, 145, 148-54, 164-7, 199,
　　　213, 215-8, 230-9, 243, 247-8, 252
建設庁　　　　　　　　　64-5, 148, 169

[こ]

滬西電力公司
　　　41-2, 203-4, 214-5, 217, 219, 224,

226, 245, 249-50, 256
五卅惨案（五・三〇事件）
　　　　　　　　　178, 182, 200, 206, 251
呉淞無線電局　　　　　　　　　27
護軍使　68, 77, 83, 96, 104-5, 109, 115, 146
光華生記電器行　　　　　　　　13
交流発電機　　　　　　4, 8, 21, 185
工業用電力　　12, 28, 48, 50, 59, 144-5, 199
工巡捐局　　　　　　　11, 109, 121, 209
工部局
　　　　27, 36, 37, 44, 59-60, 68-9, 71, 73-4,
　　　　76, 83, 99, 103, 164, 176-9, 200,
　　　　203-6, 208-9, 211, 215, 224, 228-30,
　　　　233, 240, 242, 245-7, 249, 253, 255
工部局電気処　　27, 36, 39, 99, 209, 251, 254
江浙戦争　　　　　　　　111, 137, 162
江蘇省政府　　60, 62, 64-5, 112, 140, 145, 253
江湾電灯廠　　　　　　　　　36, 44
恒大紗廠　　　　　　　　　　　145
恒利銀行　　　　　　　　　　　63
公共租界
　　　　41, 43, 131, 175, 203, 204-5, 209,
　　　　251
公団
　　　　27-8, 75, 77, 80-90, 92-6, 98-9, 101,
　　　　104-9, 111, 114-7, 119-21, 125, 178,
　　　　181
公董局　　　　　　　　　　　7, 241
公用局　→上海市政府
公用局の審査意見3点　　　　　　39
交通銀行　　　　　　　　　　34, 63
交通総長　　　　　　　　119, 146, 177
交通大学　　　　　　　　　　　7, 32
交通部
　　　　23, 27, 43, 62, 69, 72-3, 75, 83-4, 88,
　　　　116-7, 131-2, 145-6, 167-8, 176-82,
　　　　198, 200-1, 218
高橋電灯公司　　　　　　　140, 141
高等検察庁　　　　　　　　　　89
閘北工程総局　　　　　　　　　25
閘北公団連合会　　　　　　　　109
閘北自治籌備会　　　　　　　　98

閘北水電公司（閘北水電廠）
　　　　7, 11, 21, 22, 25-6, 28, 33, 47, 57, 59,
　　　　62, 65, 67-78, 80, 83, 88, 101,
　　　　108-12, 115-8, 122, 125, 135, 138,
　　　　147, 169, 175-7, 179, 190, 198, 210
閘北公司
　　　　9, 21, 26, 28-32, 34-7, 39-47, 50, 52,
　　　　57-65, 140, 142, 176-82, 184-5, 196,
　　　　198, 200-2, 209, 224, 231, 256
　官営水電廠　　　　　　　　75, 108
　省廠　　　　　　　70-2, 76, 80, 99, 117
　水電公司
　　　　7, 9, 11, 21-2, 25-8, 33, 57, 59, 62,
　　　　65, 67, 69-71, 75, 77, 83, 88, 90,
　　　　109-11, 118, 135, 138, 169, 175, 190,
　　　　198, 210, 241
　水電廠
　　　　27, 67-99, 101-5, 108, 111-8, 121-2,
　　　　125, 147, 175-7, 179
　経理制　　　　　　　　　29, 30, 35
　廠長
　　　　31-2, 70-3, 75, 77-8, 80, 82-3,
　　　　88-91, 93, 102, 118, 129, 147, 165
　辦事董事　　　　　　　　　　29
閘北水電公司準備処　　　　75, 77, 83, 88
　準備主任　　　　　　　　77, 94, 96
　準備処
　　　　69, 70, 75, 77-8, 83-90, 93, 95-6, 99,
　　　　105, 107, 109-10, 120-1, 131, 165,
　　　　182
　臨時準備委員　　　　　　　　77
国華銀行　　　　　　　　　　　63
国光綢緞廠　　　　　　　　　　184

[さ]

済南電灯公司　　　　　　　128, 130
山東省府　　　　　　　　　　　130

[し]

ジーメンス社　　　　　　　　8, 99
紫霞殿　　　　　　　　　　　3, 4
市郷制　　　　　　　　　　95, 178

| | | | | |
|---|---|---|---|---|
| 四行準備庫 | 34 | | 滬南 | 11, 209 |
| 四行儲蓄部 | 34 | | 滬寧鉄路 | 69, 72 |
| 四行儲蓄会 | 63 | | 滬寧路 | 179 |
| 四明銀行 | 63 | | 呉家庁 | 138 |
| 自家発電 | | | 呉淞区 | 43, 44 |
| | 36-7, 39, 41-3, 47, 57, 59, 140, 152, 163, 176, 179, 185-6, 224 | | 呉淞江 | 25, 80, 209 |
| | | | 呉淞鎮 | 131 |
| 執照 | 72, 179 | | 呉淞路 | 205 |
| 実業庁 | | | 護軍使署 | 105, 109, 146 |
| | 71, 88, 93-4, 96, 99-100, 103, 106, 115, 117, 118 | | 高行鎮 | 46, 141, 142 |
| | | | 高橋 | 134, 137, 140, 141, 142 |
| 実業庁長 | 93, 94, 96, 100, 103, 106, 115, 118 | | 高廟 | 137 |
| 実業部 | 22, 64, 213, 216-7, 244, 252 | | 江橋鎮 | 43 |
| 上海工業専科学校 | 7 | | 虹橋路 | 11 |
| 上海市 | | | 高鳳池 | 77 |
| | 4, 13, 20, 22, 23-5, 28, 33-5, 39-43, 47, 60, 62, 63-5, 117, 124, 140-1, 143, 148-9, 151, 152, 154, 163, 166-7, 169-71, 175, 199, 201-3, 205, 209-10, 212-3, 215-8, 220, 228, 230, 231-8, 240-2, 244-52, 254-6 | | 閘北 | |
| | | | | 10, 25-7, 43, 46, 47, 57, 59-62, 68-73, 75-77, 80-88, 92-4, 98-101, 103-4, 106-8, 111-4, 116-9, 122, 125, 131, 135, 138, 140, 142-3, 147, 152-3, 157, 163-4, 167, 169, 175-185, 190, 196, 198-202, 206, 208-11, 213, 214, 224, 231-2, 249, 253-4, 256 |
| 上海市郷および周辺の地名 | | | 江湾 | 36, 43, 44, 69, 116, 179 |
| 引翔 | | | 光復路 | 44 |
| | 43, 69, 116, 176, 177, 179, 180, 184, 187 | | 黄浦江 | 43, 80, 142, 153, 217, 247 |
| | | | 済陽橋 | 37, 38 |
| 殷行 | 43, 69, 116 | | 沙涇港 | 180, 181, 182, 196 |
| 王家渡 | 138, 151, 170 | | 三林 | 141, 142 |
| 華漕鎮 | 43 | | 周家渡 | 142, 146 |
| 嘉定県 | 43 | | 淞滬警庁 | 147 |
| 外順里 | 45 | | 松徳鎮 | 142 |
| 旗昌桟 | 140 | | 十六舗 | 2, 3 |
| 邱家宅 | 137 | | 葉村鎮 | 142 |
| 軍工路 | 37 | | 諸媼鎮 | 43 |
| 京滬 | 45 | | 新建大楼 | 44 |
| 胡家橋鎮 | 142 | | 新聞 | 25 |
| 胡家木橋 | 176-80, 187, 200 | | 徐家匯 | 11, 205 |
| 滬西 | | | 小沙渡 | 37 |
| | 39, 40, 41, 42, 203, 204, 205, 206, 208, 209, 210, 211, 212, 213, 214, 215, 217, 219, 224, 226, 228, 230, 232, 236, 237, 238, 241, 245, 249, 250, 251, 253, 256 | | 津浦 | 131, 168 |
| | | | 静安寺路 | 205 |
| | | | 川公路 | 107 |

| | | | |
|---|---|---|---|
| 川沙 | 132, 134, 140, 142 | 洋涇港 | 140 |
| 蘇州河 | 43, 44, 238 | 洋涇濱 | 245 |
| 漕涇区 | 11, 217 | 楊行郷 | 43, 44 |
| 倉鎮 | 142 | 楊思 | 141, 142 |
| 大場 | 32, 38, 43, 45 | 楊樹浦 | 41, 131, 200, 217 |
| 大西路 | 11 | 羅店 | 43, 45, 117 |
| 大団鎮 | 142 | 瀾泥渡 | 140 |
| 潭子湾 | 26 | 陸家嘴 | 140, 171 |
| 中山路 | 208 | 陸家渡 | 140 |
| 張家浜 | 43, 137 | 陸行鎮 | 46, 141, 142 |
| 張沢鎮 | 142 | 龍華站 | 11 |
| 鎮海 | 32 | 竜華 | 208 |
| 陳家渡 | 43 | 劉行 | 43 |
| 陳思橋 | 43 | 老閘 | 25 |
| 定海島 | 45 | 朧海 | 131 |
| 狄思威路 | 180 | 上海市銀行 | 63 |
| 東嘉興路 | 44 | 上海市政府 | |
| 陶家宅 | 46, 138 | | 39-40, 47, 60, 124, 141, 203, 209-10, |
| 塘橋郷 | 137 | | 212-3, 215-8, 234-7, 241, 245, 247, |
| 塘橋区 | 140 | | 256 |
| 南市 | | 公用局長 | 33, 45, 213-4, 216, 218, 240 |
| | 2, 4, 8, 11, 20-1, 23, 58, 129, 146, 208 | 第3科科長 | 150, 218, 240 |
| 南碼頭 | 140 | 公用局 | |
| 「飛行場」 | 43 | | 11, 13, 21, 24, 33-6, 39-45, 60-1, 63, |
| 碑坊路口 | 43 | | 141, 148-54, 163, 166-7, 170, 209-10, |
| 閔行鎮 | 11 | | 212-4, 216-9, 223, 225-6, 228, 230-3, |
| 福建路 | 25 | | 236, 240, 242, 244, 251, 253 |
| 奉賢 | 134, 142 | 上海市馬路工巡総局 | 25 |
| 宝山県 | 73, 95, 116, 117, 121, 140, 180, 181 | 上海事変 | |
| 宝山路 | 45 | | 17, 29, 33, 37-9, 42, 44-5, 48, 52, |
| 宝山 | 131, 141 | | 57-9, 61, 175, 199, 208 |
| 法華鎮 | 11 | 『上海時報』 | 93, 121 |
| 漕河涇 | 11 | 上海電業界聯合 | 148 |
| 漕涇 | 11, 217 | 上海電力公司 | |
| 曹行郷 | 11 | | 33-4, 37, 39, 40-2, 44-5, 59-61, 63, |
| 蒲淞 | 43 | | 190, 203, 210-5, 217-21, 223-7, 229 |
| 彭浦 | 43, 69, 116 | | -31, 235-8, 240-4, 246-9, 253-5 |
| 泖港鎮 | 142 | 上海道庫 | 98 |
| 望道橋 | 4 | 上海道台 | 2, 3, 25-6, 60, 146, 204-6 |
| 北市 | 26, 72, 93, 98, 99, 100, 116, 176, 177 | 上海内地自来水公司 | 7 |
| 楊家渡 | 140 | 上海比商電車電灯公司 | 241 |
| 洋涇区 | 46, 140 | 上海フランス租界公董局 | 7 |

| | | | |
|---|---|---|---|
| 珠浦電灯公司 | 11 | 淞浜公司 | 73-5, 78, 80-2, 84, 89-90, 112 |
| 翔華電気公司 | 46, 175-7, 181-2, 199 | 商辦 | 25, 57, 85, 109, 110, 166 |
| 翔華公司 | 64, 175-91, 194, 198-9, 201-2 | 商辦水電監督保護委員会 | 110 |
| 翔華 | 46, 64, 175-91, 194, 196, 198-9, 201-2, 254 | 商務印書館 | 128, 132, 134, 166, 168 |
| | | 商連会 | 95, 200 |
| | | 城廂内外総工程局 | 2 |
| 章華毛織廠 | 145 | 振興電廠 | 101 |
| 省議員 | 78, 80, 82-3, 85-90, 96, 97-8, 100, 102-5, 110-2, 114 | 振興電灯公司 | 81, 128 |
| | | 振市電灯公司 | 11 |
| | | 慎昌洋行 | 146 |
| 省議会 | 27, 28, 68, 71, 72-5, 77-8, 81-93, 95-103, 105-7, 110-3, 118, 123, 201, 218 | 莘荘興市電灯公司 | 11 |
| | | 真茹電気公司 | 46, 175 |
| | | 新通公司 | 37 |
| | | 新和興鋼鉄廠 | 7 |
| 省庫 | 99 | 新和興鉄廠 | 31 |
| 省公署 | 77, 83, 86-7, 105, 115, 176-7, 198 | 『申報』 | 24, 62, 65, 93, 116-24, 200 |
| 省署 | 27, 28, 71-3, 75, 77-80, 82-5, 87-9, 92-3, 95-9, 100-4, 110-2, 115, 120-1, 168, 176-80, 182, 198, 200 | 仁社党 | 91 |
| | | [す] | |
| | | 水電廠案 | 85, 91 |
| 　財政庁 | 103, 181 | 水電廠長 | 70-2, 77-8, 80, 82, 89 |
| 　財政庁長 | 103 | 水務科長 | 32 |
| 　実業庁 | 99 | [せ] | |
| 　実業庁長 | 93-4, 96, 100, 103, 106, 115, 118 | 正社党 | 91-3 |
| 　政務庁第4科 | 72, 112 | 籍貫 | 31, 132 |
| 省政府 | 27, 60, 62, 64-5, 68, 100, 112, 140, 145, 147, 179, 253 | 戚墅堰電廠 | 164 |
| | | 石景山鋼鉄工場 | 9 |
| | | 浙江 | 31-2, 63, 68, 118, 127, 129, 132, 168, 201 |
| 省長 | 68, 71-3, 78, 80, 82-4, 86-7, 89-90, 92-6, 100-17, 119, 131 | | |
| | | 浙江興業 | 63 |
| 省民合資案 | 72, 85, 100, 103 | 銭荘 | 33-4, 63 |
| 祥経織綢廠 | 107 | 川北電気公司 | 142 |
| 松江電気公司 | 11 | 全国電気事業指導委員会 | 24, 65, 216 |
| 淞滬護軍使 | 68, 77, 115, 146 | [そ] | |
| 軍使 | 83, 90, 93, 96, 101, 104-10, 115 | 総工程師 | 30, 219 |
| 廠産 | 97, 98, 99 | 総商会 | 85, 86-7, 99, 107-8, 116, 118-9 |
| 廠務委員 | 88, 93-6, 101-3, 110, 114 | 総務科 | 30, 134 |
| 廠務監察員 | 96 | 租界 | 7, 11, 21, 25-8, 31, 39-41, 43, 59-61, |
| 廠務主任 | 97, 134 | | |
| 廠務問題 | 96 | | |
| 淞浜電気公司 | 72 | | |

|  |  |
|---|---|
| | 67, 71, 73, 76, 81-2, 86, 100, 106-8, 113, 116, 131, 164, 175-7, 179, 187, 203-6, 208-11, 230, 237, 241-2, 246, 248, 251, 254-5 |
| 工部局 | |
| | 27, 36-7, 39, 44, 59-60, 68-9, 71, 73-4, 76, 83, 99, 103, 164, 176-9, 200, 203-6, 208, 209, 211, 215, 224, 228-30, 233, 240, 242, 245, 246-7, 249, 251, 253-5 |
| 工部局電気処 | |
| | 27, 36, 39, 60, 99, 203, 209, 251, 254 |
| 蘇州 | 103, 129 |
| 蘇州河 | 43, 44, 238 |
| 蘇州振興電灯公司 | 81, 128 |
| 蘇州関監督 | 89 |
| 蘇州電気公司 | 87 |
| 蘇州電気廠 | 81 |

[た]

|  |  |
|---|---|
| 多生斯水電機製造廠 | 32 |
| 大場大耀電灯公司 | 32 |
| 大川公司 | 148-9 |
| 大通仁記航業公司 | 7, 31 |
| 大明公司 | 143 |
| 大明電気公司 | 138 |
| 大明電灯公司 | 45 |
| 大耀余記電灯公司 | 45 |
| 大理院 | 110 |

[ち]

|  |  |
|---|---|
| 地皮章程（土地章程） | 204 |
| 中華勧工 | 63 |
| 中外輿図局 | 128 |
| 中国塩業銀行 | 63 |
| 中国貿易法 | 222, 249 |
| 直流発電機 | 4, 5, 8, 21, 45, 69 |

[て]

|  |  |
|---|---|
| 碾米廠 | 142 |
| 碾米電灯廠 | 142 |
| 電気事業監理規則 | 148 |

|  |  |
|---|---|
| 電気事業指導委員会 | 24, 65, 164, 216 |
| 「電気事業取締条例」 | |
| | 72, 83, 84, 100, 176, 255 |
| 「電気事業取締規則」 | 241 |
| 電気料金 | |
| | 12, 14, 20-22, 32, 40, 46, 59-61, 65, 71, 94, 127, 130, 141, 143-4, 154, 162, 164, 188-90, 199, 209, 215, 227, 229, 232, 234, 244, 246 |
| 電政司監理科 | 27 |
| 「電柱取締規則」 | 148 |
| 電灯 | |
| | 1-5, 11-2, 18, 20-1, 26, 28, 32, 36, 44-6, 48, 50, 55, 57-8, 61, 65, 69-70, 75, 81, 128-9, 130-1, 134, 140-7, 154, 162-8, 176, 179, 188-91, 194-5, 202, 209, 213, 230, 241, 252 |
| 電灯碾米廠 | 142 |
| 電熱 | |
| | 11-2, 48, 55, 145, 162, 164, 188-90, 194 |
| 電力販売 | |
| | 20, 45, 49-50, 55, 59, 163-4, 178, 189, 199, 215 |

[と]

|  |  |
|---|---|
| 到祥銭荘 | 63 |
| 盗電 | 10, 12-4, 129 |
| 董事会 | 30, 131, 150, 180, 208 |
| 董辦事処 | 184 |
| 道庫 | 97, 98 |
| 督辦 | 181 |

[な]

|  |  |
|---|---|
| 内地水廠公司 | 26 |
| 内地電灯公司 | 1-4, 128, 146 |
| 内務部 | 102, 107, 108, 110 |
| 南京電workers | 82, 118, 129-30, 165-6, 168 |
| 南京電灯廠 | 32, 129 |
| 南沙公司 | 143 |
| 南翔商会 | 46 |
| 南翔生明電気公司 | 46 |

| | | | |
|---|---|---|---|
| 南翔鎮 | 131 | | 171 |
| 南翔電灯公司 | 46 | 浦東塘工局 | 147, 167 |
| [に] | | 宝山県議会 | 95 |
| 日華紗廠 | 164 | 宝山羅店纉記電気公司 | 45 |
| 日中戦争 | 1, 9, 37, 138, 140, 151, 202 | 宝山大場郷 | 45 |
| 寧波電灯公司 | 128 | 宝明電気公司 | 44, 175 |
| [ね] | | 宝明公司 | 43, 44, 175 |
| 寧波　→ [に] | | 法商電気公司 | 11 |
| [の] | | 法商電車電灯公司 | 11, 209 |
| 農工商部 | 26 | 報効（金） | 4, 213, 215-7 |
| [は] | | 報酬金 | 5, 34, 227, 230-2, 235, 239-41, 256 |
| パリ高等電気専科学校 | 32 | 報奨金 | 144, 148 |
| 馬路総工程局 | 1, 2 | 包灯戸 | 48 |
| 博山発電所 | 9 | 北伐 | 6, 67, 124, 137, 237, 255 |
| [ひ] | | [ま] | |
| 秘書長 | 91, 147, 212, 218 | 満洲電業株式会社 | 23, 256 |
| 表灯戸 | 48 | [み] | |
| 美最時洋行 | 36 | 三井 | 164 |
| [ふ] | | 三菱 | 164 |
| フランス租界 | 7, 11, 31, 41, 60, 205-6, 209 | 民営公用事業監督条例 | 148, 254 |
| 物華絲織廠 | 176, 178 | 民営閘北水電廠準備処 | |
| 物華織物公司 | 183, 184 | →閘北水電公司準備処 | |
| [へ] | | 『民国日報』 | 93, 116-24 |
| ベルギー租界 | 237 | [り] | |
| [ほ] | | 立亨公司 | 143 |
| 保証金 | 148, 157, 184, 188 | 立徳油廠 | 44 |
| 浦東塘工局 | 147, 167 | 両江総督 | 26 |
| 浦東電気公司 | | 領事裁判権 | 221, 223, 237, 253, 255 |
| 　7, 11, 22, 24, 31, 46, 127-8, 131, | | [わ] | |
| 　133-4, 163, 167 | | 和興鋼鉄廠 | 146-7 |
| 浦東公司 | | 和興碼頭堆棧公司 | 7, 31 |
| 　9, 21, 45, 46, 60, 64, 134-5, 137-8, | | 匯北公司 | 143 |
| 　140-54, 157, 160, 162-7, 169-70, | | | |

## 《人名索引》

### [う]

惲震　　33-4, 40, 62-3, 150, 165, 170, 216-7, 252, 255

### [え]

エンジェル　　26-7, 31
袁樹勛　　2, 206
袁世凱　　206, 252

### [お]

汪慶淦　　132
汪康培　　32
汪正聯　　27, 32, 178
王蔭承　　27, 62, 116
王雲甫　　30
王景常　　91
王瑚　　72, 73
王彬彦　　121
王子松　　34
王銓運　　183
王朝棟　　91
王棟　　118
王秉驥　　178

### [か]

何毓麟　　132
何歩青　　134
何豊林　　68, 77, 79, 83, 88-9, 90-1, 93, 96-7, 101, 104-11, 115, 118, 146
華蔭薇　　27, 116, 178-80, 200-1
金丸裕一　　200, 250
韓国鈞　　62, 68, 80, 87, 109, 112-3, 124
管際安　　121
顔作賓　　89-90, 120

### [き]

宮慕久　　204
許沆（秋颿）　　93
許人俊　　109
許銘範　　78-9, 85, 90, 97, 99, 118
金一新　　129-30
金其原　　72
金其照（金左臨）　　72-3, 75, 80, 82, 89, 117-8

### [け]

阮宝傳　　134
厳恩栄　　92
厳家熾　　103
源豊潤　　98

### [こ]

顧毓琅　　213-4, 216, 252
呉在章　　132, 168
呉大廷　　131
呉中偉　　101, 123
呉輔且　　80, 82
虞和徳（洽卿）　　129
黄允元　　147
黄炎培　　131-2
黄家璘　　85
黄伯樵　　33, 45, 214
黄鷹白　　206

### [さ]

蔡鈞　　2
蔡増基　　218, 227, 237, 238-40, 248
蔡乃煌　　25

### [し]

施肇祥（施博羣）　　30
施道元　　32
朱頤寿　　183, 201
朱棄塵　　30
朱孔嘉　　99
朱紹文　　91, 98-105, 111
朱日宣　　147

| | |
|---|---|
| 周鏡芙 | 72 |
| 周滌園 | 97 |
| 周清泉 | 77 |
| 周乃文 | 78, 85, 97 |
| 蔣宗濤（篕光？，方？，先？） | 74, 93, 147 |
| 邵仲輝 | 81 |
| 鐘良玉 | 140 |
| 徐恩弟 | 7, 21 |
| 徐果人 | 90, 91-3, 107 |
| 徐師周 | 101, 105 |
| 徐春栄 | 96, 101 |
| 徐仁鏐 | 32 |
| 徐佩璜 | 216-9, 221-2, 224-5, 227, 229, 231, 233-4, 238-40, 242-5, 248, 255 |
| 徐懋（乾麟） | 30, 77, 96, 118 |
| 沈怡 | 206, 251 |
| 沈嗣芳 | 99, 200 |
| 沈緝（聯芳） | 71, 118 |
| 沈田葦 | 121 |
| 沈宝昌 | 109, 147 |
| 沈銘盤 | 32 |
| 沈鏞 | 72, 76-7, 81 |

[せ]

| | |
|---|---|
| 盛筱仙 | 79 |
| 錢允利（貴三） | 72-4, 77, 80, 118 |
| 錢永銘 | 34, 131-2 |
| 錢淦 | 72-3, 117 |

[そ]

| | |
|---|---|
| 曹元度 | 74-5, 80, 82 |
| 曹汝霖 | 146 |
| 孫綺恨 | 78 |
| 孫伝芳 | 206 |

[た]

| | |
|---|---|
| 戴海齢 | 110 |
| 単毓斌 | 31, 72-5, 80, 82, 84, 88-9, 112-3, 118-9, 132 |

[ち]

| | |
|---|---|
| 仲潄蓉 | 88, 89 |
| 丁文江 | 206 |
| 張一鵬（雲搏） | 77, 96, 100-1, 103-4, 107, 109-10, 123 |
| 張軼欧 | 93-4, 96, 100, 103, 106, 110, 115, 117 |
| 張家祉 | 216 |
| 張煥斗（逸槎） | 3, 4, 23 |
| 張人駿 | 26 |
| 張蟾芬 | 131-2, 134 |
| 張定璠 | 208, 218 |
| 張福增 | 91, 111, 119 |
| 張福禎 | 92 |
| 張宝桐 | 21, 23-4, 62-4, 166, 168, 171, 201 |
| 趙以麖 | 23 |
| 趙志游 | 79 |
| 趙錫恩 | 132 |
| 陳亜軒 | 92 |
| 陳似蘭 | 180 |
| 陳家棟 | 76-7, 118 |
| 陳其美 | 98 |
| 陳紹昌 | 25 |
| 陳宗漢 | 218 |
| 陳德馨 | 184 |
| 陳炳謙 | 77 |
| 陳保欽 | 176-7, 182-4, 187, 200-1 |
| 陳有豊 | 129 |
| 陳良輔 | 32, 62 |

[て]

| | |
|---|---|
| 程德全 | 129 |
| 鄭葆成 | 216, 218, 238-9, 240, 242 |
| 狄梁孫 | 90 |

[と]

| | |
|---|---|
| 屠宜厚 | 87 |
| 杜月笙 | 6 |
| 唐経綏 | 184, 201 |

唐在章　　　　　　　　　　　35, 63
湯文鎮　　　　　　　　　　　32
湯有為　　　　　　　　　　　89
鄧根廉　　　　　　　　　　　 7
童世亨
　　　　　21, 24, 127-30, 132, 134-5, 140,
　　　　　146-7, 164-6, 168-9, 171
童伝中　　　132, 135, 140, 150, 166, 169

[は]

馬甲東　　　　　　　　　　　91
馬真　　　　　　　　　　　　90
莫子経　　　　　　　　　　　23
潘承曜　　　　　　　　78, 85, 97

[ひ]

馮応熊　　　　　　　71, 77, 82-3, 88-9
馮嘉錫（暁青）　　　　　　93, 121
馮炳南　　　　　　　　　　　132

[へ]

ヘラルド　　　219, 229, 238, 240, 252, 255

[ほ]

ホプキンス
　　　　　212-3, 218-9, 221-2, 224-34, 238-9,
　　　　　241-2, 244-7, 253-6
　賀清〔ホプキンスの中国名〕
　　　　　　　　　　　212, 218, 253
穆湘瑤　　　　　　　　93, 104, 131

[ゆ]

兪鴻鈞
　　　　　218, 221-2, 225, 230, 233, 242-4,
　　　　　246, 248, 252, 255-6
兪祖望　　　　　　　　　　　89
兪宗周　　　　　　　　　　　121

[よ]

楊曾翔　　　　　　　　　　　216
楊兆濤　　　　　　　　　　　132

[り]

李済生　　　　　　　　　　　30
李鐘珏（平書）　　　　　4, 22, 62
李鐘鈺　　　　　　　　　　　25
李祖夔　　　　　　　　　　　180
陸栄錢　　　　　　　　　　　109
陸熙順（伯鴻）
　　　　　4, 6-7, 21, 23, 31, 35, 58, 77, 84, 88,
　　　　　93-4, 97, 105, 107, 129, 132, 146-7,
　　　　　166
陸宗権　　　　　　　　　　　150
陸端甫　　　　　　　　　　　121
陸仲麟　　　　　　　　　　　 7
劉煥章　　　　　　　　　　　92
劉瀚如　　　　　　　　　　　97
劉鐘麟　　　　　　　　　89, 90
劉仁山　　　　　　　　　　　176
凌伯華　　　　　　　　　　　 6
林美莉　　　　　　　　　　　250

## 著者

王　樹槐（Wang Shu-huai）
1929年12月、中国湖南省邵陽生まれ。日中戦争期は貴州に疎開し、戦後はふたたび湖南に帰郷するが、国共内戦時の1949年春に台湾へ。台湾大学物理系を経て1954年7月に歴史系卒業。1956年7月より現在にいたるまで、中央研究院近代史研究所に勤務。1963年1月には米国ハワイ大学で修士学位を取得。清末改革運動史・江蘇省地域史研究・財政金融史・電力産業史の研究で数多くの成果をあげている。

## 訳者

山腰　敏寛（やまごし・としひろ）
徳島県立城北高等学校教諭。
立命館大学社会システム研究所客員研究員。

星野　多佳子（ほしの・たかこ）
立命館大学社会システム研究所客員研究員。

金丸　裕一（かねまる・ゆういち）
立命館大学経済学部教授。
(財)東洋文庫研究員（客員）。

上海電力産業史の研究
The Historical Study of Shanghai Electric Power Industry, 1904〜1937

2010年10月1日　印刷
2010年10月13日　発行

| 著　者 | 王樹槐（Wang Shu-huai） |
|---|---|
| 訳　者 | 山腰敏寛・星野多佳子・金丸裕一 |
| 発行者 | 荒井秀夫 |
| 発行所 | 株式会社　ゆまに書房 |

　　　　〒101-0047　東京都千代田区内神田2-7-6
　　　　TEL. 03-5296-0491　FAX. 03-5296-0493

| 組　版 | 有限会社　ぷりんてぃあ第二 |
|---|---|
| 印　刷 | 株式会社　平河工業社 |
| 製　本 | 東和製本株式会社 |

©Wang Shu-huai 2010, Printed in Japan　ISBN978-4-8433-3063-0　C3021
定価：本体5,800円＋税
落丁・乱丁本はお取り替えいたします。